遵义耕地

周开芳　邵代兴　主编

中国农业出版社

图书在版编目（CIP）数据

遵义耕地 / 周开芳，邵代兴主编．—北京：中国
农业出版社，2017.12
ISBN 978-7-109-23211-2

Ⅰ.①遵… Ⅱ.①周… ②邵… Ⅲ.①耕作土壤－土
壤肥力－土壤调查－遵义②耕作土壤－土壤评价－遵义
Ⅳ.①S159.273.3②S158.2

中国版本图书馆 CIP 数据核字（2017）第 182995 号

中国农业出版社出版
（北京市朝阳区麦子店街 18 号楼）
（邮政编码 100125）
责任编辑　杨晓改

中国农业出版社印刷厂印刷　新华书店北京发行所发行
2017 年 12 月第 1 版　2017 年 12 月北京第 1 次印刷

开本：787mm×1092mm 1/16　印张：16　插页：14
字数：400 千字
定价：96.00 元
（凡本版图书出现印刷、装订错误，请向出版社发行部调换）

万物土中生。耕地是土地的精华，是农业发展最基本的生产资料。正确认清耕地，合理利用耕地，切实保护好耕地，是每一位公民应尽的责任和义务。

然而，耕地资源是有限的，保护和使用好耕地是我国的基本国策。要确保粮食安全，必须严防死守耕地红线。把住食品生产环境安全关，净化农产品产地环境，必须切断污染物进入农田的链条。因此，研究耕地、了解耕地、保护耕地、管理和使用好耕地迫在眉睫，责任重大，意义深远。连续多年的中央1号文件都以"三农"为主题，强调要坚决守住耕地保护红线，强化测土配方施肥，扩大耕地保护与土壤有机质提升项目的实施范围和补助标准，重视耕地质量建设，加强农业投入品监管，着力提升农产品的产量和品质，确保广大人民群众"舌尖上的安全"。

1979—1987年，遵义市各县（区、市）先后完成了第二次土壤普查工作，查清了各种土壤的类型、面积、分布，建立了主要农作物土壤养分丰缺指标和推荐施肥指标，完整地建立了遵义市土壤的数据、文字、图件资料，并以这些资料为基础，于1991年出版了《遵义地区土壤》一书。但是，近三十年来，由于城乡人口、资源、环境的变化，对农业发展提出了更高的要求。农村经营体制、耕作制度、作物品种、种植结构、栽培方式、产量水平、肥料和农药的使用、土壤肥力等要素均发生了巨大的变化，第二次土壤普查所获得的耕地养分数据已不能准确地反映现阶段耕地质量的真实情况，再依据过去的数据指导现在的农业生产已落后现实。为了解决现实生产中影响作物产量和耕地质量的问题，必须查清现在的耕地资源，才能有效、合理地利用耕地。

2005年，遵义市从遵义县（现播州区）开始实施财政部、农业部测土配方施肥资金补贴项目，至2009年已覆盖遵义市各县（区、市）。经过10余年艰苦努力，各县（区、市）获得了大量的基础数据及研究成果。遵义市土肥站收集了相关的施肥参数，摸清了遵义市耕地土壤养分现状，建立健全了遵义市不同区域、不同作物科学施肥技术体系，搭建了耕地资源信息平台，实现了项目成果与现代信息技术的有机对接，为遵义市建立耕地资源数据库与评价指标体系创造了先决条件。同时，遵义市土肥站对遵义市第二次土壤普查成果深入挖掘，根据遵义市第二次土地详查资料，参阅其他相关资料，对遵义市耕地数量和质量、分类和评价、改良和利用等方面进行了全面深入的分析研究。

《遵义耕地》以科学严谨、求真务实的态度对遵义市 10 余年测土配方施肥技术成果进行了提炼与整理，引用了大量调查数据和详实的研究资料，从专业视角对遵义市耕地资源状况、耕地地力、耕地利用与改良、耕地科学施肥等进行了全面细致的阐述。本书内容丰富，数据资料详实，理论指导和实践操作性较强，集中体现了广大土肥科技工作者的辛勤劳动和智慧结晶。这是一本工具书，更是一本不可多得的农业知识读本。希望本书的出版，能对从事农业生产、土地资源管理及教学等人员有所裨益，对遵义市农业供给侧结构改革及农业产业提升有所借鉴，并为遵义现代山地高效农业的发展和生态文明建设做出积极的贡献。

中共遵义市农村工作委员会书记
遵义市农业委员会党组书记、主任

2017 年 5 月

前言

农业是国民经济的基础，土地是人类赖以生存和发展最根本的物质基础，是一切物质生产的源泉。耕地是土地的精华，是农业发展最基本的、人们获取粮食及其他农产品不可替代的生产资料，是农民最基本的生活保障，是保持社会和国民经济可持续发展的重要资源。随着社会经济的发展和农业生产水平的不断提高，耕地集约化水平也得到相应提高。但耕地资源状况特别是耕地地力和耕地环境质量正在发生变化，如耕地面积不断减少，耕地土壤养分耗竭，耕地综合生产能力和耕地环境容量降低，耕地重用轻养，耕作制度不合理，轻有机肥、重化肥，化肥施用超量等现象时有发生，导致农田土壤养分失调、土壤板结，耕地基础地力下降，耕地综合生产能力不高。

近年来，受人口、资源、环境等多重因素的影响，农村经营体制、耕作制度、化肥和农药施用等多方面发生了巨大变化，导致耕地数量减少，质量下降，优质耕地资源越来越少。针对这些问题，连续多年的中央1号文件都以"三农"为主题，强调要坚决守住耕地的保护红线，强化测土配方施肥，扩大耕地保护与土壤有机质提升项目的实施范围和补助标准，重视耕地质量建设，加强农业投入品监管，着力提升农产品产量和品质，确保广大人民群众"舌尖上的安全"。

2005年，遵义市从遵义县（现播州区）开始实施财政部、农业部测土配方施肥资金补贴项目，至2009年，遵义市各县（区、市）相继开展了项目的实施工作，各县（区、市）农牧局及土肥站为遵义市建立耕地数据库与评价指标体系做出了卓有成效的工作。此项工作由遵义市土肥站牵头，各县（区、市）土肥站参与，历经十余年完成了遵义市测土配方施肥项目。该项目共采集土壤样品 90 712 个，调查遵义市耕地面积 845 364.92hm²，其中水田259 622.25hm²，旱地 585 742.67hm²（2011 年底数据）。耕地地力等级划分以遵义市第二次土地调查的耕地面积为基础数据，利用"耕地资源管理信息系统"软件，结合遵义市实际情况，通过综合分析，计算出各地力等级面积，并将遵义市耕地划分为一级地、二级地、三级地、四级地、五级地和六级地6个等级。从2005年开始实施测土配方施肥项目，到2011年遵义市项目县均通过省级验收，再到2012—2015年继续实施，进入成果推广应用阶段。10多年来，测土配方施肥助推了遵义农业的快速发展，主要粮油作物产量稳中有升，特色产业发展向好。

《遵义耕地》一书是在汇总整理了各县（区、市）测土配方施肥研究成果，参阅相关资料，并对遵义市第二次土壤普查成果挖掘整理的基础上编写而成的。全书共九章：第一章为自然资源与农业概况；第二章为耕地土壤；第三章为耕地立地条件与土体性状；第四章为耕地土壤养分；第五章为耕地地力评价；第六章为耕地地力等级划分及其特征；第七章为耕地利用与改良；第八章为耕地施肥管理；第九章为耕地资源管理信息技术开发与应用。书后附有附录。

本书以科学严谨、求真务实的态度，从专业的角度，对遵义市耕地资源状况、耕地地力、耕地利用与改良、耕地科学施肥等进行了全面细致的阐述。这是一本工具书，更是一本不可多得的农业知识读本，希望能为从事农业生产、土地资源管理及教学等人员提供参考。本书在编写过程中，得到了贵州省农业委员会、贵州省农业科学院、贵州大学、遵义市农业委员会等单位专家的悉心指导，在此一并表示感谢！

由于编写时间仓促，书中难免存在不妥或错误之处，敬请广大读者批评指正。

编 者

2017 年 5 月

目 录

遵义市地处贵州省东北部，位于北纬 27°08′～29°12′，东经 105°36′～108°23′之间，东西长约 247.5km，南北宽约 232.5km。东与铜仁市交界，南与黔东南州、黔南州、贵阳市相邻，西南、西北部与毕节市、四川省泸州市毗连，北与重庆市接壤。中心城区南到省会贵阳市 144km、北达重庆市 239km。2012 年，遵义市面积 30 767km²，占贵州省总面积的 17.46%；遵义市耕地面积 845 364.92hm²，占遵义市总面积的 27.47%；森林覆盖率为 53.12%。遵义市素有"黔北粮仓""中国辣椒城""万亩*标准化茶园""四在农家发源地""国家历史文化名城""中国红色旅游城市""中国酒都"等称号。

遵义市是贵州省地域大、人口多、经济和文化较发达的市（州）之一。遵义市辖 2 市（赤水市、仁怀市）、3 区［红花岗区、汇川区、播州区（2016 年 6 月 6 日，遵义县撤县设区，遵义市播州区正式成立）］、9 县［桐梓县、绥阳县、正安县、道真仡佬族苗族自治县（以下简称道真县）、务川仡佬族苗族自治县（以下简称务川县）、凤冈县、湄潭县、余庆县、习水县］，涵盖 164 个镇、63 个乡（其中，包括 8 个民族乡）、17 个街道办事处、2 007 个村、25 546 个村民组。截至 2014 年，遵义市常住人口 615.79 万人，户籍人口 787.03 万人，农业人口 655 万人，农业人口占户籍人口的 83.22%。

第一节　自然资源

一、气候资源

遵义市位于云贵高原向湖南丘陵和四川盆地过渡的斜坡地带，具有亚热带高原季风湿润气候的特点，年均气温 15.6℃，属于中亚热带高原湿润季风区。气候四季分明，雨热同季，无霜期长，多云寡照，绝大部分地区冬无严寒、夏无酷暑。

（一）热量

遵义市全年总辐射在 3 253～3 718MJ/m² 之间，是全国太阳辐射低值区之一。通过对 1981—2010 年 30 年历史气象资料统计分析（表 1 - 1），遵义市年平均气温 15.6℃，各县（区、市）年平均气温赤水市最高，为 18.0℃；习水县最低，为 13.3℃，其余各

---

* 亩为非法定计量单位，1 亩＝1/15hm²。

地在 14.9（遵义县）～16.3℃（桐梓县）之间。遵义市月平均气温最低为 1 月
（4.9℃），介于 2.9～7.9℃之间；最高为 7 月（25.2℃），介于 22.8～27.1℃之间；历
史上有记录的最高气温在赤水市，达 42.3℃（2006 年 8 月 18 日）；最低气温在习水县
仙原地带，为−9℃。遵义市热量状况的时空分布差异，主要从不同地域性气候和气候
的垂直变化反映出来。

表 1-1　遵义市月平均气温统计表

单位:℃

月份	中心城区	遵义县	桐梓县	绥阳县	正安县	道真县	务川县	凤冈县	湄潭县	余庆县	习水县	赤水市	仁怀市	遵义市平均
1 月	4.8	4.0	5.5	4.3	5.2	5.1	4.4	5.2	4.3	4.8	4.3	7.9	4.3	4.9
2 月	6.6	5.8	7.3	6.0	7.0	6.8	6.1	7.1	6.1	6.6	6.0	9.9	6.1	6.7
3 月	10.7	9.9	11.2	9.9	10.8	10.6	10.0	11.2	10.0	10.7	9.9	13.7	10.0	10.6
4 月	15.9	15.2	16.5	15.2	16.1	16.0	15.5	16.2	15.4	15.9	15.2	18.4	15.4	15.8
5 月	20.0	19.3	20.5	19.3	20.1	20.2	19.7	20.1	19.5	20.0	19.3	22.1	19.5	19.8
6 月	22.8	22.1	23.4	22.3	23.1	23.2	22.8	22.6	22.6	22.8	22.3	24.3	22.6	22.7
7 月	25.3	24.6	26.2	24.8	25.8	25.9	25.2	25.4	25.0	25.3	24.8	27.1	25.0	25.2
8 月	24.9	24.3	25.9	24.3	25.5	25.2	24.8	25.1	24.6	24.9	24.3	27.0	24.6	24.9
9 月	21.5	20.9	22.3	20.9	21.8	22.0	21.3	21.6	21.2	21.5	20.9	23.2	21.2	21.4
10 月	16.3	15.6	16.8	15.8	16.5	16.6	16.0	16.3	15.9	16.3	15.8	18.2	15.9	16.2
11 月	11.8	11.1	12.3	11.2	11.8	11.9	11.3	12.0	11.3	11.8	11.2	14.0	11.3	11.7
12 月	6.7	6.1	7.2	6.1	6.9	6.9	6.3	6.9	6.3	6.7	6.1	9.2	6.3	6.7
年平均	15.7	14.9	16.3	15.1	15.9	15.9	15.3	15.8	15.2	15.7	13.3	18.0	15.2	15.6

注：统计时段为 1981 年 1 月 1 日至 2010 年 12 月 31 日。

（二）降水

遵义市年降水量总趋势是由东至西递增，相对湿度 78％～85％。但一年之内的降水
量，各地、各时段分布不均，连续最大 4 个月降水量与年降水量的比值在 53％～65％之
间。通过对 1981—2010 年 30 年历史气象资料统计分析（表 1-2），遵义市年平均降水量
为 1 082.1mm。主要分布特征为东部凤冈县、务川县、湄潭县、绥阳县等地和西部赤水
市为遵义市降水量高值区，桐梓县、遵义县、仁怀市等地为遵义市降水量低值区。年降水
量最低值出现在桐梓县，仅 666.9mm（2013 年）；最高值出现在赤水市，为 1996.5mm
（2011 年）。各县（区、市）降水天数均在 166d 以上。日降水量大于或等于 100mm 的大
暴雨天数，年平均在 0.5d 以下。降水量集中在 4～8 月，1 月降水较小，其余月份相对
较少。

表 1-2　遵义市月平均降水量统计表

单位：mm

月份	中心城区	遵义县	桐梓县	绥阳县	正安县	道真县	务川县	凤冈县	湄潭县	余庆县	习水县	赤水市	仁怀市	遵义市平均
1月	26.0	27.2	18.3	24.2	19.5	17.4	23.4	28.7	24.2	24.8	27.1	33.6	28.3	24.8
2月	22.6	24.6	15.1	21.1	20.7	21.2	24.8	27.8	23.5	30.4	27.6	30.0	24.5	24.1
3月	38.3	36.6	34.4	42.5	40.0	37.7	43.1	50.1	42.3	48.4	46.6	52.8	41.2	42.6
4月	78.1	80.6	77.1	90.8	96.1	101.8	102.2	103.3	90.5	99.7	85.0	87.7	76.9	90.0
5月	137.2	140.1	135.0	166.0	155.4	150.1	174.8	163.9	153.1	164.1	136.9	155.5	144.1	152.0
6月	193.9	171.7	177.7	208.8	181.8	173.8	207.6	223.2	212.9	177.7	178.9	175.2	163.6	188.2
7月	163.4	166.2	159.3	162.0	162.0	160.3	187.1	188.0	176.4	146.0	183.9	198.4	168.5	170.9
8月	130.1	110.7	131.4	137.9	135.6	130.0	139.5	135.7	128.6	123.5	144.7	162.7	131.2	134.0
9月	89.4	91.5	96.0	97.9	91.6	95.0	91.9	92.9	92.0	87.7	86.3	111.9	93.8	93.7
10月	93.9	91.7	89.4	97.7	91.4	85.8	101.9	112.7	100.8	87.6	80.9	96.1	84.4	93.4
11月	40.3	41.8	39.4	45.0	47.2	42.3	51.1	55.1	44.8	46.2	42.7	55.9	42.1	45.7
12月	22.7	23.1	18.1	20.6	17.1	16.5	21.5	23.7	21.9	21.6	26.1	35.9	26.6	22.7
年合计	1 036.0	1 005.9	991.3	1 114.6	1 058.3	1 031.9	1 168.4	1 250.1	1 111.1	1 057.8	1 066.5	1 195.6	1 025.3	1 082.1

注：统计时段为 1981 年 1 月 1 日至 2010 年 12 月 31 日。

（三）日照

遵义市云雾多，全年云雾天占总天数的 61%～68%。冬季高达 75%，日照少，日照率为 23%～29%。通过对 1981—2010 年 30 年历史气象资料统计分析（表 1-3），遵义市各县（区、市）年平均总日照时数为 966.2～1 144.9h。年总日照时数最低值出现在道真县，仅 665.4h（2012 年）；最高值出现在桐梓县，为 1 543.1h（1963 年）。全年日照时数冬季最少，为 100～131h；夏季最多，为 430～516h。冬季余庆县、仁怀市全年日照较多，中北部较少；夏季赤水市、仁怀市全年日照较多，务川县、桐梓县较少。纬度相近的务川县、正安县、赤水市，夏季日照时数分别为 446h、483h 和 548h，而经度相近、纬度偏南的余庆县，年日照时数比务川县多 65h。最北的道真县最小太阳高度角冬至日 37.5，最南的余庆县最大太阳高度角夏至日 86.5°。以道真县为例，太阳可照射时间（以地平面日出日落时间为准），夏至日为 14h，冬至日为 10h 17min。由于夏季太阳高度角大，光照时间长，故夏季光照强度比冬季大。一天之中，又以中午的光照强度最强。但若有云雾，则会造成较大差异。例如，夏季晴朗天气下的中午，阳光照射强度可达 10 万 lx，而在阴天，则只有 1 万～2 万 lx。

表1-3 遵义市月平均日照时数

单位：h

月份	中心城区	遵义县	桐梓县	绥阳县	正安县	道真县	务川县	凤冈县	湄潭县	余庆县	习水县	赤水市	仁怀市	遵义市平均
1月	28.6	30.5	28.7	27.3	28.0	31.8	31.6	26.5	29.6	31.5	32.6	34.4	30.5	30.1
2月	32.9	34.8	33.8	30.0	27.8	29.2	28.3	30.4	32.0	36.8	36.9	43.0	36.6	33.3
3月	60.3	60.6	62.2	53.1	53.0	52.9	50.4	48.0	54.4	55.8	65.4	79.9	69.7	58.9
4月	87.3	87.4	87.9	79.7	82.9	84.3	75.3	77.7	79.7	81.8	92.0	111.7	97.0	86.5
5月	108.0	106.2	107.1	100.3	103.0	105.9	97.4	98.8	102.5	102.2	110.2	130.2	116.2	106.8
6月	99.5	100.6	98.1	94.0	97.3	99.6	93.9	95.6	99.6	101.6	98.5	113.2	105.5	99.8
7月	159.7	168.7	158.0	156.6	160.3	152.8	148.3	148.2	161.3	157.1	164.9	181.1	183.1	161.5
8月	174.8	175.4	171.5	174.5	174.0	175.6	169.1	167.2	177.8	169.5	171.4	184.3	183.5	174.5
9月	116.6	118.9	115.4	112.8	113.1	115.1	111.0	115.2	122.4	119.9	116.0	115.3	123.7	116.6
10月	62.4	62.0	57.8	59.9	58.9	61.9	62.8	64.2	64.4	70.4	54.5	59.2	61.0	61.5
11月	57.1	61.7	58.1	58.0	53.1	57.8	57.1	58.6	61.5	65.4	57.0	54.8	59.8	58.5
12月	43.6	46.3	45.0	44.9	37.5	41.6	41.2	43.9	46.0	52.2	47.3	37.9	46.5	44.1
年合计	1 030.8	1 053.2	1 023.4	991.0	989.2	1 008.6	966.2	974.4	1 031.1	1 044.2	1 046.5	1 144.9	1 113.2	1 032.1

注：统计时段为1981年1月1日至2010年12月31日。

(四) 农业气象灾害

遵义市地处云贵高原东北部，具有亚热带高压季风湿润气候的特点，加上复杂的地形影响，一年四季都有气象灾害发生。因此，气象灾害对遵义市农业生产发展影响较大，即使正常年景，也有部分耕地遭受干旱、暴雨、秋风、绵雨等危害，造成不同程度的减产。

1. 干旱

干旱是遵义市最主要的气象灾害。从出现时间、影响范围和对农业生产的危害程度来看，最严重的是7~8月的"夏（伏）旱"，其次是出现在4~5月的春旱，秋冬两季干旱出现频率及强度较小。

夏（伏）旱：夏季6~8月各月均可能出现干旱。其中，以7月干旱频率最大，8月次之，6月较小。根据夏（伏）旱发生频率、影响强度可将遵义市分为重旱区、中旱区、轻旱区。其中，重旱区包括余庆县、湄潭县、播州区南部、道真县、务川县、正安县及桐梓县北部；中旱区包括凤冈县、绥阳县、桐梓县南部、仁怀市、红花岗区、汇川区、播州区北部；轻旱区包括赤水市、习水县。由于正值水稻分蘖、拔节、孕穗、扬花之时以及玉米的抽穗、授粉等关键生长时期，所以夏（伏）旱对农作物生长影响很大。

春旱：春季的遵义市为省内的轻旱区，重旱年份不多，只有少数年份出现。春旱在3月至4月上半月出现频率较高。由于不能满足打田需水和作物生长发芽需水要求，对水稻栽插和其他作物的播期带来影响。偏重春旱区包括仁怀市、播州区西南部、桐梓县、正安县、道真县等位于大娄山两条主山脊之间的河谷地带；一般春旱区包括余庆县、湄潭县、绥阳县、红花岗区、汇川区、播州区大部、赤水市、习水县及桐梓县北部；轻春旱区包括务川县、凤冈县。

秋冬旱：遵义市大部分地方出现秋旱的频率在 0.40～0.56 之间，赤水市不到 0.1；秋旱发生月份以 9 月稍多，10 月次之。冬旱东部重于西部，受地形的影响，处于大娄山脉两条主山脊之中的河谷地带的桐梓县、正安县、道真县三县冬旱频率＞0.6，西北的赤水市、习水县、仁怀市冬旱频率＜0.2，其他地区频率在 0.2～0.5 之间。

2. 暴雨

暴雨洪涝是遵义市的主要气象灾害之一。因遵义市境内多为山地，山高坡陡，一旦出现暴雨，极易引发山洪，损坏耕地，给农业生产带来严重损失。强降雨还会引发山体滑坡、塌方等次生灾害，对国家、人民生命财产安全造成威胁。

遵义市各地年平均暴雨为 2～3 次，年暴雨日数最多的是务川县、绥阳县，达到 8 次/年；大暴雨日数以赤水市最多，年平均 0.5 次。据历史资料记载，一年中的最早暴雨出现在 1971 年 3 月 21 日凤冈县（52.5mm），最迟暴雨出现在 1962 年 11 月 27 日绥阳县（50.2mm）；而最早大暴雨为 1969 年 3 月 28 日绥阳县（107.1mm），最晚大暴雨为 1951 年 10 月 12 日红花岗岗和汇川区（以下简称两城区）（103.2mm）。以气象台站资料统计，最大日暴雨量为 1976 年 9 月 1 日务川县的 189.1mm。暴雨频率以 6 月最高，5 月次之，7～8 月再次之。

3. 倒春寒

倒春寒是指 3 月下旬至 4 月发生的低温灾害，此时正值遵义市水稻、玉米播种时期及其他作物种植期，当持续出现日平均气温＜10℃时，往往影响农作物的正常生长发育，甚至烂种。

遵义市在全省倒春寒的发生中属中等地区。严重倒春寒区包括习水北部及桐梓县、绥阳县、正安县海拔 1 000m 以上地区；偏重倒春寒区包括湄潭县、绥阳县、两城区、播州区北部、仁怀市北部、正安县西部、桐梓县大部分等地区；轻倒春寒区包括务川县、道真县、正安县、凤冈县东部、余庆县、播州区南部及习水县、仁怀市的河谷地带；赤水市大部分地区为无倒春寒区。

4. 风、雹灾

遵义市平均每年出现大风日数为 2.9d。各月出现概率以 8 月最大，平均每年出现 0.7d；其次是 4 月和 7 月，平均每年 0.6d；10 月和 12 月基本无大风发生。

虽然平均每年出现约 3 个大风日，但大风持续时间并不长，一般为 1～2min，因此大风造成的危害记载并不多。从 1967 年正式有大风记录以来，风速以两城区 1971 年 5 月 22 日为最大（极大风速 35.9m/s），大风持续时间以两城区 2002 年 5 月 5 日持续时间最长（11min），大风灾害也以 2002 年 5 月 5 日造成的影响最为严重。

冰雹是影响遵义市农业生产的主要灾害性天气，由于地形地貌的差异，各地降雹程度不同。遵义市相对少雹区为东北部的道真县、务川县和赤水河谷的仁怀市、赤水市及桐梓县，平均年降雹日数不到 1d；其余各地年降雹日数为 1～2d，其中以余庆县降雹日数最多。经统计各月均有冰雹出现，以 4 月出现频率最大，占总站次的 37.3%；其次为 5 月，占总站次的 18.8%；再次 3 月，占总站次的 15.3%。对有记录的降雹时间进行分段整理，降雹时段主要出现在 14：00 至翌日凌晨 2：00，而最为集中的时段是在 16.00～

22.00，60％的降雹时间集中在这一阶段。

5. 秋风

秋风是指 8 月至 9 月初所出现的日平均气温＜20℃的天气。此期间正值水稻抽穗扬花期，当持续气温＜20℃时，则影响水稻的正常授粉及生长发育，导致空壳率增加，产量降低。

秋风随海拔高度增高的趋势特别明显。重秋风区包括习水县大部、桐梓县东部、绥阳县西北部、正安县西北部；一般秋风区包括播州区、两城区、绥阳县及桐梓县大部、湄潭县西部、仁怀市东部等；轻秋风区包括务川县、正安县、余庆县、仁怀市、凤冈县、湄潭县西部；赤水市无秋风。

6. 秋绵雨

遵义市秋绵雨一般自西北向东南逐渐减轻。大娄山西北部的桐梓县、习水县、赤水市秋绵雨频率＞0.8，其中以习水县为最重，几乎年年发生，其余地区秋绵雨频率为 0.5～0.7。秋绵雨 10 月出现频率最高，其次是 11 月，而 9 月最低。

7. 凝冻

凝冻对国民经济和人民生活影响极大，严重的雪凝冰冻对越冬作物以及电力、交通、林业及畜牧业影响更大。例如，2008 年初发生在遵义市的最为严重的低温雨雪冰冻天气，造成了水管爆裂、电杆倒塌、房屋垮塌、交通受阻、通讯瘫痪，给遵义市工农业生产和人民生产生活带来了巨大的影响，造成了数十亿元的经济损失。而且许多后续影响，可能会延续一年甚至数年，其经济损失无法评估。

遵义市雪凝冰冻以习水县最重，其次为播州区，平均每年有 2～3 次雪凝冰冻天气过程，为重雪凝冰冻区（Ⅰ区）；桐梓县、务川县、两城区、绥阳县、湄潭县、凤冈县平均每年有 1～2 次雪凝冰冻天气出现，属中等雪凝冰冻区（Ⅱ区）；而正安县、道真县、仁怀市、余庆县出现雪凝冰冻的概率平均每年不到一次，为轻雪凝冰冻区（Ⅲ区）；赤水市为无雪凝冰冻区。一年内同一站出现雪凝冰冻过程次数最多的有 4 次，最长持续时间以 2008 年习水县 32d 为最长。

冬季各候均可能出现雪凝冰冻天气，以 1 月 6 候出现概率最大，其次为 1 月 4 候、2 月 2 候、2 月 1 候、12 月 6 候、1 月 3 候。这 6 个候雪凝冰冻发生概率占整个冬季雪凝冰冻概率的 63.4％。

二、地质地貌

（一）地质

遵义市地质构造复杂，在大地构造上遵义市属扬子准地台黔北台隆遵义断拱，基底由元古代前震旦系板溪群浅变质岩组成，盖层发育，累计平均厚度达 3 500～4 000m。从寒武系至佛罗系（缺失泥盆系）均有出露，岩性为碳酸盐岩（石灰岩、白云岩）和碎屑岩（砂岩、泥页岩等）。第四系不发育，分布零星，一般厚 1～10m。沉积盖层在古生代和中生代团振荡运动强烈，沉积环境不稳定，碳酸盐岩和碎屑岩多为互层；燕山运动后，境内格皱形态紧密，碳酸盐岩与碎屑岩沿构造线呈条带状交替出露，则岩溶地貌与流水侵蚀地貌也呈条带状交替分布、发育。沉积盖层在垂向和水平方向的岩性变化与分布，控制不同地貌类型的分布与发育。

中山、低中山山地，山岭多由砂页岩形成。山岭之间谷地由石灰岩、白云岩形成。遵义向斜轴部砂岩，抗外营力较强，东南部构造形迹为北北东向形态紧密的平行招皱，形成垄状（垄岗状）丘陵与槽形谷地相间分布地形，背斜泥页岩形成丘陵，向斜石灰岩、白云岩形成槽谷。

（二）地貌

遵义市处于云贵高原向湖南丘陵和四川盆地过渡的斜坡地带，在云贵高原的东北部，在全国地势第二阶梯上，地形起伏大，地貌类型复杂，海拔高度一般在 1 000～1 500m。遵义市地貌主要有平坝、丘陵、山地三大类。耕地中平坝只占遵义市耕地面积的 4.96%，丘陵占 16.41%，山地占 78.63%。大娄山山脉自西南向东北横亘其间，成为天然屏障，是市内南北水系的分水岭，在地貌上明显地把遵义市划分为两大片，南片占遵义市总面积的 37.6%，北片占 62.4%。山南是贵州高原的主体之一，以丘陵和平坝为主，一般耕地比较集中连片，土地利用率较高，是粮食、油料作物和蔬菜的主要产地。从乌江谷缘到大娄山脉，明显可见三级台地：最低一级海拔高度 1 000～1 200m；中间一级 1 300～1 350m；最高一级 1 500～1 600m。山北以中山峡谷为主，山高谷深，山地垂直差异明显，耕地比较分散。

三、水文资源

（一）地表水

遵义市地表水资源量 172.4 亿 m³（其中，乌江水系 115.6 亿 m³，占 67.1%；赤水河水系为 41.9 亿 m³，占 24.3%；綦江水系为 14.9 亿 m³，占 8.6%。），耕地水拥有量 47.4 亿 m³。河流属长江流域，以大娄山山脉为分水岭，东南面属乌江水系，西北面属赤水河水系和綦江水系。河网密度 0.22km/km²，河长大于 10km 或集雨面积大于 20km² 的河流有 416 条。

除乌江、赤水河外，境内主要河流大多发源中部，河流走向多随地势呈放射状，河道迂回曲折。有的河流潜入地下，成为伏流，枯期无地表水；有的河流由于河床下切，跌坎部位水流直降，形成瀑布；有的河流由于泄水洞堵塞，形成季节性的水涵。

（二）地下水

遵义市地下水储量很丰富，水资源量为 42.2 亿 m³，占地表水资源量的 24.5%，但分布不均匀。其中，乌江水系地下水资源量为 28.9 亿 m³，占 68.5%；赤水河水系地下水资源量为 10.7 亿 m³，占 25.4%；綦江地下水资源量为 2.6 亿 m³，占 6.1%。地下水若出露在泥石岩地段，则多形成冷烂田。地下水的水质在石灰岩地区总硬度为 1 200mg（CaO）/L，一般无污染，除溶解氧多为二级外，其余各项指标基本为一级，是较为优质的灌溉水源和理想的饮用水源。

四、植被资源

遵义市位于云贵高原的东北部,属中亚热带湿润高原山区。山地垂直差异明显,地貌类型多样,生态环境复杂,在不同地形、地势影响下温度差异显著,雨水分布不均。因此,不同的地域植被组成和生态类型有所不同。

大娄山脉及以北地区,包括桐梓县、绥阳县北部、正安县、道真县、务川县、习水县、赤水市、仁怀市,地势南高北低,是贵州高原向四川盆地过渡的斜坡地带,地貌类型以中山峡谷为主。该地区由于地面起伏较大,地形复杂,海拔高低相差悬殊,水热条件随海拔高度不同而异。海拔在1 400m以上的地区,近似于暖温带,自然植被为常绿阔叶落叶混交林,出现了温带植物区系,具有明显的北亚热带特点。常绿成分以甜槠变种、青冈栎、鹿角杜鹃等为主;落叶成分以椴树、亮叶山毛榉、长柄山毛榉、光皮桦、槭树、鹅耳枥、檫木等为主。海拔在800~1 400m之间的地区为中亚热带常绿阔叶林黄壤地带。海拔在500~800m之间的地区,天然植被仍以常绿林为主,但在林种成分上南亚热带种属相应增多。海拔在500m以下的赤水河谷,海拔低,地形闭塞,热量条件好,具有南亚热带的自然景观,天然植被有大叶榕,栽培树种有龙眼、荔枝、香蕉等。

大娄山脉以南地区,包括红花岗区、汇川区、播州区、绥阳县南部、凤冈县、湄潭县、余庆县,是贵州高原主体的一部分。地貌以山地丘陵为主,除个别山峰海拔在1 400m以上外,一般为800~1 000m,地表相对起伏不大,相对高差多在100~200m之间。丘陵分布较广,低山插花分布于丘陵、盆地之间,山行破碎,山势不高,盆地规模较大而数量较多。该地区具有明显的中亚热带高原型温暖湿润的特点,有利于森林植物的生长,地带性植被为常绿阔叶林,代表成分有小叶栲、大叶锥栗、丝栗、甜槠、青冈栎、黄杞、石栎、楠木、大头茶、乌饭、杜鹃等。该地区碳酸盐岩层分布广,在岩溶作用比较强烈的丘陵上,适宜于喜钙植物生长,分布着石灰岩地区特有的植被类型,代表成分有柏木、化香、云南樟、大叶女贞、南天竺、马桑等。由于多数地区的原生植被尚无存在,多沦为灌丛或经人工改造变成以马尾松为主的人工林,此外还有杉木、杨梅、白栎、枫香、山胡椒、油茶、杜鹃、盐肤木、铁芒萁次生林等。只有在偏僻的山区,原生植被得以残存,代表着亚热带常绿阔叶林的自然景观。

第二节 农业概况

一、农业生产概况

遵义市从2005年开始实施测土配方施肥项目,到2011年遵义市各项目县均通过省级验收,2012—2015年继续实施,进入成果推广应用阶段。10多年来,测土配方施肥项目助推遵义市农业快速发展,主要粮油作物产量稳中有升,特色产业发展向好。

统计数据显示(表1-4、表1-5),主要粮油作物(水稻、玉米、油菜、薯类)播种面积由2005年的734 605hm²增加到2015年的738 042hm²,平均每年播种面积726 214hm²;年产量由2005年的312 3170t减少到2015年的2 882 605t,平均年产量2 878 828t。水稻播种面积由2005年的170 555hm²减少到2015年的159 913hm²,平均每年播种面积160 774hm²；年产量由 2005 年的 1 182 294t 减少到 2015 年的 950 635t，平均年产量994 195t。玉米播种面积由 2005 年的 141 508hm² 增加到 2015 年的 155 145hm²，平均每年播种面积 152 203hm²；年产量由 2005 年的 751 332t 增加到 2015 年的 792 454t，平均年产量 763 860t。油菜播种面积由 2005 年的 142 964hm² 减少到 2015 年的 130 807hm²，平均每年播种面积 130 072hm²；年产量由 2005 年的 264 688t 减少到 2015 年的 256 093t，平均年产量 238 788t。薯类播种面积由 2005 年的 279 578hm² 增加到 2015 年的292 177hm²，平均每年播种面积 283 163hm²；年产量由 2005 年的 924 856t 减少到 2015 年的 883 423t，平均年产量 881 984t。蔬菜播种面积由 2005 年的 118 000hm² 增加到 2015 年的 222 070hm²，平均每年播种面积 166 658hm²；年产量由 2005 年的 2 305 755t 增加到 2015 年的 3 985 240t，平均年产量 3 053 360t。

表 1-4　遵义市 2005—2015 年主要农作物播种面积统计表

单位：hm²

作物	年　份										
	2005	2006	2007	2008	2009	2010	2011	2012	2013	2014	2015
水稻	170 555	169 521	160 000	158 237	160 266	158 890	156 118	157 763	157 357	159 895	159 913
玉米	141 508	142 506	154 818	151 485	155 284	156 609	159 745	154 814	148 530	153 798	155 145
油菜	142 964	144 639	112 832	111 113	129 793	131 209	133 459	130 820	130 454	132 709	130 807
蔬菜	118 000	127 753	137 547	141 959	148 689	155 117	169 800	186 004	206 341	219 958	222 070
薯类（折粮）	279 578	287 413	269 495	271 579	292 462	273 851	282 236	285 177	287 775	293 054	292 177
合计	852 605	871 832	834 692	834 373	886 494	875 676	901 358	914 578	930 457	959 414	960 112

表 1-5　遵义市 2005—2015 年主要农作物产量统计表

单位：t

作物	年　份										
	2005	2006	2007	2008	2009	2010	2011	2012	2013	2014	2015
水稻	1 182 294	880 760	1 120 809	1 178 364	1 141 103	1 173 933	691 678	889 274	814 600	912 700	950 635
玉米	751 332	633 136	832 943	892 205	881 207	914 002	616 730	726 557	621 300	740 600	792 454
油菜	264 688	276 456	220 387	205 008	238 809	190 751	230 430	241 874	246 103	256 067	256 093
蔬菜	2 305 755	2 250 766	2 260 854	2 589 566	2 762 741	3 067 515	3 200 564	3 492 461	3 687 621	3 983 875	3 985 240
薯类（折粮）	924 856	865 746	966 759	995 129	1 009 164	914 938	673 148	800 661	808 500	859 500	883 423
合计	5 428 925	4 906 864	5 401 752	5 860 272	6 033 024	6 261 139	5 412 550	6 150 827	6 178 124	6 752 742	6 867 845

　　由图 1-1 和图 1-2 可以看出，2005—2015 年间，水稻、油菜的播种面积和年产量都略有减少；而玉米、蔬菜无论是播种面积还是年产量都明显呈上升趋势；薯类作物播种面积在增加，而产量却在减少。这是由于近来农业产业结构调整，集中流转耕地的农业园区、种植大户、公司企业都是以蔬菜、花卉、中药材等特色产业为主。

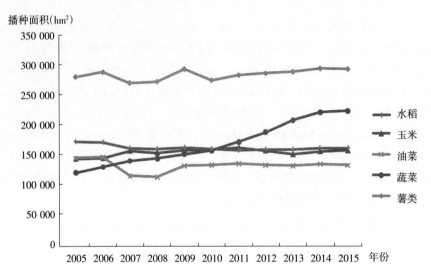

图 1-1　遵义市 2005—2015 年主要农作物播种面积趋势图

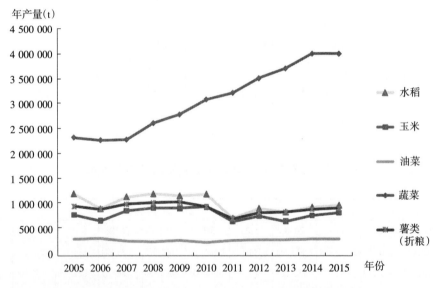

图 1-2　遵义市 2005—2015 年主要农作物年产量趋势图

二、农村经济概况

2005—2015 年，遵义市各县（区、市）农村经济在党委、政府的正确领导下，在稳定粮食生产的前提下，积极推广农业增产技术。紧紧围绕"四型"（观光型、效益型、科技型、示范型）现代农业发展，"四化"（专业化、标准化、规模化、产业化）已经形成了一定的规模，达到了预期的目标和效果。例如，湄潭县、凤冈县的茶叶，新蒲新区的莲藕，红花岗区和汇川区的水果、蔬菜等都形成了一定的规模，发挥了较好的效益。不但美化了农村，而且确保了农民的稳定收入。由表 1-6 和图 1-3 可以看出，11 年来农村经济持续向好，人均年可支配收入从 2005 年的 2 319 元增加到 9 249 元，并呈持续上升趋势。

表 1-6　遵义市 2005—2015 年农民人均可支配收入统计表

单位：元

年 份	2005	2006	2007	2008	2009	2010	2011	2012	2013	2014	2015
人均可支配收入	2 319	2 419	2 820	3 300	3 661	4 207	5 216	6 061	7 422	8 369	9 249

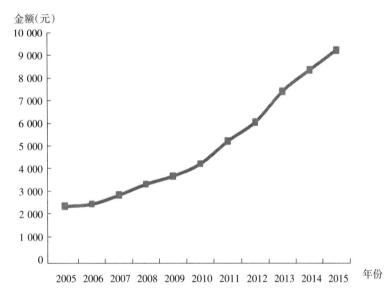

图 1-3　遵义市 2005—2015 年人均年可支配收入增加趋势图

三、农田基础设施概况

(一) 排灌条件

耕地调查数据（表 1-7、表 1-8）结果显示，遵义市达到保灌的耕地面积仅有 29 257.34hm²，占遵义市耕地面积的 3.46%；达到能灌条件的耕地面积为 136 109.12hm²，占遵义市耕地面积的 16.10%；面积为 89 883.29hm² 的耕地具有未来可发展灌溉的条件，占遵义市耕地面积的 10.63%；不需要灌溉的耕地面积有 14 275.32hm²，占遵义市耕地面积的 1.69%。不需要灌溉的耕地全部为水田，主要是烂泥田和冷浸田。这些田主要分布在阴山夹沟和冷泉水头、水库坝脚、地势低洼积水处，常年积水，因此不需要灌溉。遵义市无灌溉能力的耕地面积最大，面积为 575 839.85hm²，占遵义市耕地面积的 68.12%。这些耕地多数为旱地，大多分布在坡度大、水源条件差和农田基础设施不完善的地方，因此灌溉难度大。排水能力较强的耕地面积为 247 160.78hm²，占遵义市耕地面积的 29.24%；排水能力强的耕地面积为 280 031.24hm²，占遵义市耕地面积的 33.14%；遵义市排水能力在中以上的面积为 769 173.86hm²，占遵义市耕地面积的 90.99%；排水能力弱的耕地面积只有 76 191.06hm²，占遵义市耕地面积的 9.01%。排水能力弱的耕地在各县（区、市）都有少量面积分布，排水能力较弱、面积较大的耕地在正安县、播州区、凤冈县，面积分别为 8 413.85hm²、8 016.60hm² 和 6 238.11hm²。排水能力差的主要是冷烂田土属和质地偏黏的土壤，冷烂田土属类耕地地下水位高，长期有冷水浸入。以上数据说明遵义市基本农田配套设施建设滞后，基础设施薄弱，抗御自然灾害的能力不强。遵义市大部分耕地灌不进、排不出的问题十分突出，需要修建大量山塘水库、水池、沟渠等基础设施解决遵义市耕地的灌排问题。

表 1-7　遵义市灌溉能力耕地统计情况表

灌溉能力	面积（hm²）	比例（%）
保灌	29 257.34	3.46
能灌	136 109.12	16.10
可灌	89 883.29	10.63
无灌	575 839.85	68.12
不需	14 275.32	1.69
合计	845 364.92	100

表 1-8　遵义市耕地排水能力统计情况表

排水能力	面积（hm²）	比例（%）
较强	247 160.78	29.24
强	280 031.24	33.13
中	241 981.84	28.62
弱	76 191.06	9.01

（二）田间基础设施建设

由于机耕道和田间道路建设不配套，遵义市农田农业机械化程度低。为改善农田基础设施建设，遵义市积极争取高标准基本农田建设项目。截至 2015 年 12 月，遵义市"十二五"高标准基本农田建设项目累计完成土地平整 11 176.83hm²；修建农田渠灌沟渠 2 390.41km；修建田间道路 4 703.37km；完成农田林网建设 3.07km；完成农田防护林共计 47 004 株。新增耕地 8 421.6hm²，建成高标准基本农田 68 520hm²，新增和改善机耕面积 29 486.7hm²；新增和改善节水灌溉面积 5 580hm²，新增和改善农田防涝面积 2 513hm²；提高粮食产能 2.43 亿 kg。通过高标准农田建设，推动了农业现代化建设的步伐，提高了区域粮食安全保障能力。田间基础设施建设情况见表 1-9。

表 1-9 遵义市"十二五"高标准农田建设情况表

工程类型	具体指标	统计单位	工程量
土地平整工程	土地平整面积	hm²	11 176.83
田间道路工程	田间道	km	2 206.76
	生产路	km	2 496.61
灌溉与排水工程	灌、排渠（管）道	km	2 390.41
	农用桥	座	959
	涵（含渡槽、倒虹吸）	座	1 373
	机井、塘堰等水源工程	座	288
	水闸	座	9
	泵站	座	24

四、耕地资源情况

（一）耕地资源分布情况

根据耕地调查数据，2011 年，遵义市耕地面积 845 364.92hm²，占遵义市面积的 27.48%。其中，水田 259 622.25hm²，占遵义市耕地面积的 30.71%；旱地 585 742.67hm²，占遵义市耕地面积的 69.29%。桐梓县耕地面积最大，为 100 774.09hm²，占遵义市耕地面积的 11.92%；赤水市耕地面积最小，仅有 23342.63hm²，占遵义市耕地面积的 2.76%。只有赤水市水田面积多于旱地，其余各县（区、市）都是旱地多于水田。遵义市耕地资源分布面积、比例见表 1-10。

表 1-10 遵义市各县（区、市）耕地面积统计表

县（区、市）	耕地面积（hm²）	占遵义市耕地面积比例（%）	水田面积（hm²）	占本区域耕地面积比例（%）	旱地面积（hm²）	占本区域耕地比例（%）
红花岗区	45 163.31	5.34	16 984.34	37.61	28 178.97	62.39
汇川区	40 811.18	4.83	10 977.82	26.90	29 833.36	73.10
播州区	77 857.15	9.21	26 030.72	33.43	51 826.43	66.57
桐梓县	100 774.09	11.92	20 783.93	20.62	79 990.16	79.38
绥阳县	72 985.07	8.63	18 997.21	26.03	53 987.86	73.97
正安县	73 336.67	8.68	20 947.28	28.56	52 389.39	71.44
道真县	51 657.41	6.11	11 591.55	22.44	40 065.86	77.56
务川县	61 045.40	7.22	17 213.82	28.20	43 831.58	71.80
凤冈县	57 645.45	6.82	27 744.42	48.13	29 901.03	51.87
湄潭县	57 152.84	6.76	19 677.95	34.43	37 474.89	65.57
余庆县	46 645.78	5.52	15 519.70	33.27	31 126.08	66.73
习水县	81 880.38	9.69	27 238.03	33.27	54 642.35	66.73
赤水市	23 342.63	2.76	15 084.75	64.62	8 257.88	35.38
仁怀市	55 067.56	6.51	10 830.73	19.67	44 236.83	80.33
合计	845 364.92	100.00	259 622.25	30.71	585 742.67	69.29

（二）耕地资源利用情况

据表 1-11 中的统计数据显示，遵义市耕地利用程度总体较高，垦殖率、复种指数、粮食单产、集约化程度近年来都有了大幅度的提高。水田的油-稻、菜-稻等一年两熟制的面积稳中有升；旱地以玉、烟、药等一年一熟为主；薯-玉、玉-椒、薯-椒、玉-菜为遵义市典型的旱地种植模式。但是由于遵义市特殊的地貌类型，又受经济条件、环境条件、劳动力条件制约，耕地利用程度要进一步提高，还十分困难。

表 1-11　2011—2015 年遵义市耕地资源利用情况表

县 （区、市）	农作物播种面积（hm²）					复种指数（%）				
	2011 年	2012 年	2013 年	2014 年	2015 年	2011 年	2012 年	2013 年	2014 年	2015 年
遵义市	1 204 281	1 235 860	1 267 544	1 302 152	1 018 465	141.5	144.9	148.6	153.0	119.0
红花岗区	24 121	23 747	24 372	24 459	20 708	138.2	139.3	145.1	149.4	123.3
汇川区	27 981	28 224	28 608	28 600	23 026	135.5	137.0	139.6	140.5	112.34
播州区	236 648	244 374	251 191	256 940	212 842	189.0	195.0	200.7	206.1	170.1
桐梓县	107 999	109 865	117 219	118 454	89 652	107.2	109.2	116.5	117.7	89.1
绥阳县	99 812	102 132	106 815	109 845	88 319	136.5	139.5	145.9	150.1	120.7
正安县	103 033	104 725	102 723	105 078	85 686	138.6	140.6	137.6	141.0	114.8
道真县	62 036	66 148	71 328	77 952	57 564	120.2	128.1	138.1	151.2	111.4
务川县	90 042	94 564	93 550	97 638	67 064	147.5	154.9	152.7	159.5	109.5
凤冈县	67 317	67 494	68 210	74 144	61 612	117.0	117.6	118.9	129.4	107.4
湄潭县	77 313	78 544	79 601	81 671	70 158	135.5	136.9	138.1	142.7	122.3
余庆县	68 967	70 284	73 096	72 219	55 157	147.3	148.9	154.6	152.6	116.7
习水县	106 950	111 715	115 627	118 092	84 878	130.5	136.4	141.4	144.9	103.8
赤水市	39 701	40 314	41 336	42 223	31 711	170.9	174.7	179.6	183.3	137.8
仁怀市	92 361	93 730	93 868	94 837	70 088	167.0	170.2	170.6	173.1	127.4

耕地土壤

耕地土壤是农业生产的基本物质基础，为农作物的生长提供必要的营养元素和物理支撑，是人类生存最基本、最广泛、最重要的自然资源。耕地土壤的科学开发、利用和保护能保证土壤中的物质和能量保持动态平衡，促进耕地的可持续发展，确保农业生产的协调发展，不断满足人类生产和生活日益增长的物质需求。如果耕地土壤不能够科学地利用和保护，将会打破土壤中物质和能量运动的动态平衡，使耕地土壤资源发生退化、枯竭，导致数量减少，质量降低，引起土壤生态系统的恶化，影响农业生产的正常发展和社会经济的发展。通过客观地对遵义市耕地土壤资源数量、分布规律、类型、理化性质进行统计分析和评价，可以为科学合理利用、改良、保护耕地土壤提供依据，科学指导农业产业布局区划和合理施肥，确保节约、集约、合理、高效地利用现有耕地土壤资源和促进耕地土壤资源的可持续发展，促进粮食增产、农民增收和山地高效现代农业的健康发展。

第一节　概　　况

2011年遵义市耕地土壤面积为845 364.92hm²，占国土面积的27.48%。遵义市耕地土壤共分为5个土纲、5个亚纲、7个土类、17个亚类、49个土属、144个土种，耕地土壤类型、面积、比例见表2-1，耕地土壤基本理化性质见表2-2，耕地土壤分布区域、面积见表2-3。

表2-1　耕地土壤类型、面积、比例

土类类型	面积（hm²）	比例（%）
水稻土	259 622.25	30.71
黄壤	244 093.71	28.87
石灰土	226 199.71	26.76
紫色土	70 817.16	8.38
粗骨土	39 755.47	4.70
黄棕壤	4 149.49	0.49
潮土	727.13	0.09

表 2-2　耕地土壤基本理化性质

指标	土体厚度 (cm)	抗旱能力 (d)	坡度级 (级)	海拔 (m)	有效积温 (℃)
变幅	30～100	7～30	1～5	260～2 100	3 500～6 000
平均值	69.4	19.4	3.68	933	4 503
指标	降雨量 (mm)	耕层厚度 (cm)	pH	有机质 (g/kg)	全氮 (g/kg)
变幅	800～1 400	10～30	4.2～8.9	1.2～111.80	0.054～5.42
平均值	1 096	20.5	6.82	29.63	1.76
指标	碱解氮 (mg/kg)	有效磷 (mg/kg)	缓效钾 (mg/kg)	速效钾 (mg/kg)	
变幅	1.1～758	0.1～89.9	3～1 845	10～595	
平均值	146.7	17.6	309.8	130.9	

表 2-3　耕地土壤分布区域、面积

单位：hm²

县 (区、市)	水稻土	黄壤	石灰土	紫色土	粗骨土	黄棕壤	潮土
红花岗区	16 984.34	9 967.07	12 361.50	4 517.13	1 084.38	0.00	12.50
汇川区	10 977.82	12 519.39	9 143.98	3 006.48	4 446.00	0.00	21.25
播州区	26 030.72	15 727.33	24 225.86	7 073.64	4 347.40	0.00	10.60
桐梓县	20 783.93	23 254.51	41 829.62	9 697.53	2 454.40	319.66	116.80
绥阳县	18 997.21	25 314.34	24 089.18	3 026.07	63.25	618.00	0.00
正安县	20 947.28	33 606.83	12 647.68	1 169.16	33.00	1 195.34	0.00
道真县	11 591.55	28 106.64	6 741.60	807.08	878.80	1 774.15	25.45
务川县	17 213.82	16 412.65	23 325.55	247.25	3 703.73	0.00	85.28
凤冈县	27 744.42	11 282.10	17 215.02	1 235.50	125.07	0.00	0.00
湄潭县	19 677.95	20 865.06	15 732.32	759.93	0.00	0.00	117.58
余庆县	15 519.70	15 241.87	12 645.20	2 765.71	42.85	0.00	338.80
习水县	27 238.03	20 675.99	10 922.72	20 220.67	808.80	242.33	0.00
赤水市	15 084.75	912.45	0.00	7 337.02	0.00	0.00	8.41
仁怀市	10 830.73	10 318.53	15 319.49	8 954.00	7 671.46	0.00	0.00

第二节　分布规律

土壤是各种成土因素综合作用的产物，在成土条件下产生一定的土壤类型，各类土壤都有着与之相适应的空间位置和组合情况，并呈现有规律的变化，这就是土壤的分布规律。土壤的分布表现为广域的水平分布规律和垂直分布规律，又与地方性的成土因素如母质、地形、水文以及成土年龄等相适应，表现为区域分布规律。在耕作、施肥、灌溉等影响下，耕地土壤分布受人为活动影响比较大。遵义市具有中亚热带湿润气候特征，同时具有不同海拔的高原面和复杂的地貌类型，加之一定的生物气候条件，成土母质及人类生产活动的影响，耕地土壤类型繁多，其分布不仅具有水平地带性和垂直性地带性，还具有特殊的区域分布特征。

一、地带性分布规律

土壤地带性分布规律是指土壤类型与大气候、生物条件相适应的分布规律，也称土壤显域性分布规律，包括水平地带性分布规律和垂直地带性分布规律。

（一）水平地带性分布规律

土壤水平地带分布规律是指在水平方向上土壤随着生物气候而演替的规律，包括纬度地带和经度地带分布规律。遵义市所跨经度范围不大，土壤的水平分布规律主要受地形条件及由于地形条件引起的水、气、热状况变化制约。大娄山的南坡和北坡、东段和南段，在同一海拔高度上生物气候条件有明显的差异，土壤分布也有相应的特点，北坡的黄壤分布规律与南坡不同，东段的黄壤分布规律与西段有所差异。在西部河谷500m以下的地段，主要是紫色土土类和紫色岩形成的水稻土。

（二）土壤垂直地带性分布规律

土壤垂直分布规律是指由于随海拔高度的变化，气温相应的升高或者降低，降雨量也不同，因此自然植被也随之变化，土壤的形成、分布也发生相应的变化。垂直分布的土壤分布类型虽然与水平地带性土壤相似，但由于山地的水热条件、植被群落、地形及因地形条件差异所引起的水分运动特性不同，因此形成的山地土壤与相应的水平地带性土壤在发育特征和利用上也有差异。遵义市土壤垂直带结构比较复杂，大娄山东段海拔1 350m以上为黄棕壤，1 350m以下为黄壤，在海拔400m以下地段未发现有黄壤的分布。西段海拔500m以下地段土壤发育不深，属于幼年土壤类型，大多数为紫色土，1 500～1 600m为黄壤，1 600m以上为黄棕壤。

二、区域性分布规律

在不同的地域由于地形条件、成土母质、水热状况、人为活动和经济发展等的不同，土壤类型组合变化较大。研究不同区域的土壤组合情况，对因地制宜开发利用土壤资源，合理调整农业结构，充分发挥土壤资源的生产潜力等具有重要意义。

（一）丘陵盆地地区土壤分布

遵义市地貌类型以低中山丘陵宽谷盆地为主，第四系黄色黏土保留较好，覆盖面积大。同时，成土母岩还有石灰岩、灰绿和黄绿色页岩、紫色页岩、砂岩等。因地貌类型、地形部位不同和母岩性状差异形成土壤的区域分布特点。

1. 低山丘陵河谷盆地土壤分布规律

代表这种类型的地区有汇川区的板桥镇和高坪镇、绥阳县的洋川镇和蒲场镇、湄潭县的永兴镇和黄家坝镇、余庆县的白泥镇等。如湄江河谷盆地海拔约 800m，山地多在 1 000～1 200m 之间，除常见有石灰岩、砂页岩低山丘陵外，盆地中有第四系黄色黏土残丘，河流两侧有明显的阶地发育，土壤分布和组合特点见图 2-1。潮泥田主要分布在一级阶地上，河漫滩多潮砂田。二级阶地上老冲积母质则发育成黄泥土，部分受侧渗水影响的地段，可见到漂黄泥田。

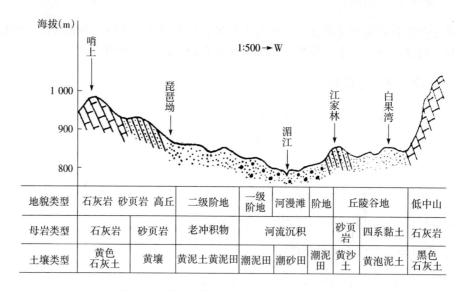

图 2-1　湄潭县湄江河谷盆地土壤分布断面图

引自《遵义地区土壤》。

2. 低山丘陵宽谷盆地土壤分布规律

典型代表地区有播州区的鸭溪镇和枫香镇、红花岗区的新蒲镇、绥阳的郑场镇、湄潭的永兴镇永兴茶场和余庆的松烟镇等。盆地内地势比较平坦，相对高差一般不超过 5m，残积风化物保留完整，土层深厚。地下水虽然丰富，但由于没有较大水系，地表水缺乏，利用上多以旱地为主，在一些地势较低的地方则有烂泥田分布，如红花岗区新蒲镇盆地（图 2-2）。

由图 2-2 可以看出，盆地中第四系黄色黏土保留较好，仅在盆地边缘和局部第四系黏土遭受侵蚀的沟谷可见到基岩，在地下水位较高地段可见到烂泥田或鸭屎泥田。

3. 深切河谷地带土壤分布

由于受深切谷地的影响，侵蚀基准面低，因此河流多呈峡谷，相对高差达到 500～800m。沿河两岸无阶地发育，水土流失严重，土壤发育不深，土壤类型与岩性相一致，土层浅薄，地表水流缺乏，地下水埋藏较深，农业利用以旱地为主，土壤分布和组合规律见图 2-3。

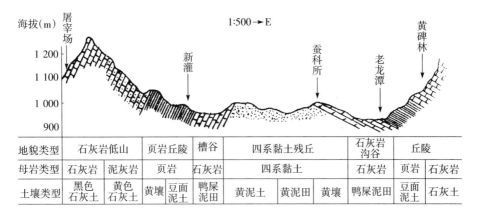

地貌类型	石灰岩低山		页岩丘陵	槽谷	四系黏土残丘		石灰岩沟谷	丘陵	
母岩类型	石灰岩	泥灰岩	页岩	石灰岩	四系黏土		石灰岩	页岩	石灰岩
土壤类型	黑色石灰土	黄色石灰土	黄壤	豆面泥土	鸭屎泥田	黄泥土	黄泥田	黄壤	鸭屎泥田	豆面泥土	石灰土

图 2-2　红花岗区新蒲镇低山丘陵宽谷盆地土壤断面图
引自《遵义地区土壤》。

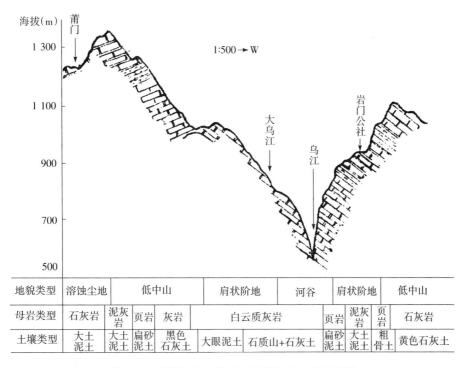

地貌类型	溶蚀尘地	低中山		肩状阶地	河谷		肩状阶地	低中山	
母岩类型	石灰岩	泥灰岩	页岩	灰岩	白云质灰岩		页岩	泥灰岩	页岩	石灰岩
土壤类型	大土泥土	大土泥土	扁砂泥土	黑色石灰土	大眼泥土	石质山+石灰土	扁砂泥土	大土泥土	粗骨土	黄色石灰土

图 2-3　播州区乌江镇乌江深切河谷土壤断面图
引自《遵义地区土壤》。

（二）中山峡谷区土壤分布

这些区域地面坡度大，地貌类型以中山峡谷为主，仅在一些断裂带可以见到沿软岩发育成的山间盆地，通常规模不大。这些地区石灰岩分布面积最广，其次为页岩。在大娄山东段以琉状构造为主的地段形成中山峡谷，而在箱状构造为主的西段可见到峰丛槽谷、单面山地形。土壤类型分布和组合规律分述如下：

1. 低中山峰丛槽谷土壤分布

代表该类型的有正安县的安场镇、道真县的隆兴镇和务川县的都儒镇等。务川县都儒镇附近海拔 800～1 200m 以上，为石灰岩所组成的峰丛槽谷，顶深圆且多陡岩，坡度 35°以上，基岩露头达 60%～70%，峰间谷地多坡积母质。农业生产以旱地为主，水田很少。土壤分布和组合比较简单，一般在山间谷地为大土泥土，城郊因耕作施肥管理比较精细，土壤熟化度高，为大眼泥土。在老风化残积物堆积的缓坡丘陵地段为黄泥土，石质山地区的岩隙中为黑色石灰土（图 2-4）。

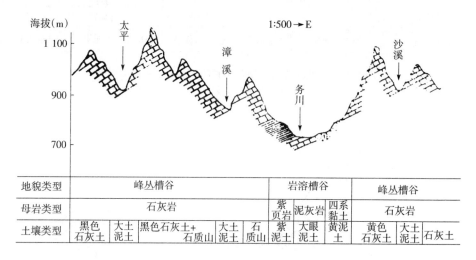

地貌类型	峰丛槽谷					岩溶槽谷			峰丛槽谷		
母岩类型	石灰岩					紫页岩	泥灰岩	四系黏土	石灰岩		
土壤类型	黑色石灰土	大土泥土	黑色石灰土+石质山	大土泥土	石质山	紫泥土	大眼泥土	黄泥土	黄色石灰土	大土泥土	石灰土

图 2-4 务川县都儒镇低中山峰丛槽谷土壤断面图
引自《遵义地区土壤》。

2. 侵蚀溶蚀单面山土壤分布

代表这种类型的地区有道真县的洛龙镇、正安县的桴焉镇和庙塘镇、务川县的泥高乡栗元村。由于背斜比较开阔，岩层倾角度小，遭受侵蚀后，多形成不对称的山地，切倾坡坡度通常达 50°～60°，而顺倾坡坡度多小于 30°。在切倾坡上，风化物受侵蚀，土壤发育差，土层薄。谷地多因背阴，日照差，地下水位高，水温低冷浸，土地生产力低。顺倾坡由于地势平坦，分化残积物保留较好，土层深厚，土壤发育较深。不少地方可见到石灰岩风化物发育形成的黄壤，土壤分布组合见图 2-5。

3. 中山峡谷土壤分布

代表这种类型的地区有习水县寨坝镇石坝村和二郎乡、仁怀市长岗镇堰塘坎村和桐梓县花秋镇等。由于河谷深切，相对高差在 800～1 000m 以上，土壤组合和分布受岩性影响很大。在河谷下段，如为石灰岩，因岩性硬，多为障谷。在砂页岩地段，因坡度大，水土流失严重，土层薄，发育程度不深。沿河两岸无阶地和盆地发育，仅在谷肩部位有小片林地，土壤分布和组合见图 2-6。

4. 中山盆地土壤分布

代表这类型的地区有桐梓县楚米镇元田村、正安县土坪镇和流渡镇、道真县三桥镇和旧城镇、务川县镇南镇等。由于受断裂的影响，谷地多沿断裂带软岩层发育，因此宽度不

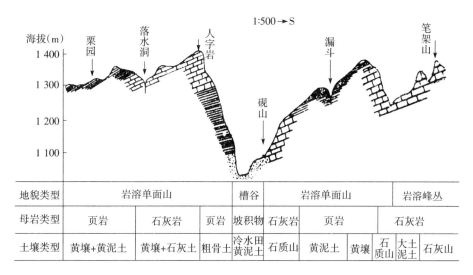

图 2-5 务川县泥高乡侵蚀溶蚀单面山土壤断面图

引自《遵义地区土壤》。

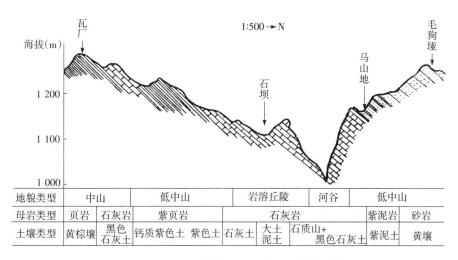

图 2-6 习水县石坝乡中山峡谷土壤断面图

引自《遵义地区土壤》。

大。在河流经过的地段，有阶地发育，沿河两岸为潮砂泥土。一级阶地为潮泥土，二级阶地山沉积物多遭受侵蚀，以岩成土为主，在局部有沉积物残留的地段可见到黄泥土。在没有河流经过的谷地，土壤多为黄泥田或者黄泥土。谷地两侧的中山，由于上体高大，近谷一侧地面坡度大，土壤发育度较轻，另一侧因坡度较缓，土壤发育度较深。土壤类型分布和组合规律见图 2-7。

（三）边缘桌面山丘河谷区土壤分布

边缘桌面山丘河谷区地质构造以宽阔向斜为主，出露有侏罗系、白垩系地层。由于岩层近于水平，受侵蚀后多形成方山，山顶部地势平缓，地面起伏不大，植被保留较好，土

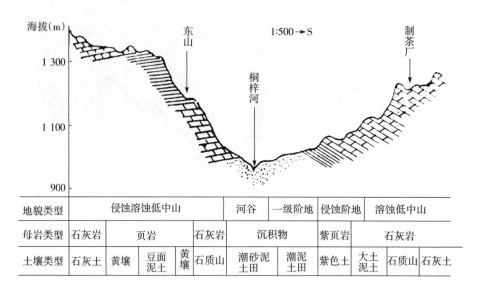

图 2-7 桐梓县楚米镇低山盆地土壤断面图

引自《遵义地区土壤》。

壤发育度深，其分布组合特点如下：

1. 侵蚀河谷方山区土壤分布

代表这种类型的有赤水河流域和官渡河流域地区。如赤水的葫市镇，位于赤水河中游，是侏罗系紫色砂岩组成的方山河谷地貌类型。山地海拔 1 200～1 300m，河谷仅 400～500m，相对高差为 700～800m，河谷山高陡峭，而山地顶部比较平坦。因此，河谷沿岸耕地少，主要以粗骨土为主，土壤分布和组合规律见图 2-8。

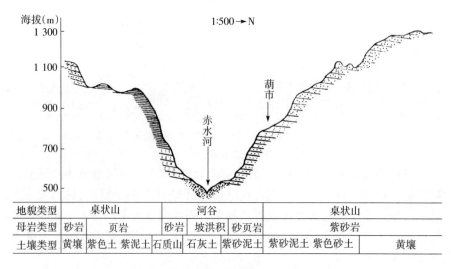

图 2-8 赤水市葫市镇侵蚀河谷方山土壤断面图

引自《遵义地区土壤》。

2. 低山丘陵河谷土壤分布

代表这类型的地区有赤水市的复兴、长沙、官渡等，如赤水市文化街道办事处位于赤水河的中下游，出落地层为侏罗系紫色页岩和少量砂岩。海拔一般 400～600m，相对高差 150～300m，除河谷区外，地面起伏不大，地势比较平缓。河谷多为水田，丘陵多为旱耕地，土壤分布和组合规律见图 2-9。

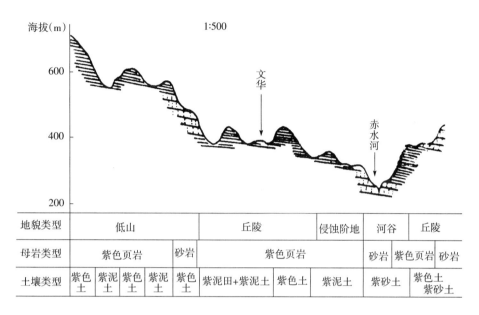

地貌类型	低山					丘陵			侵蚀阶地	河谷	丘陵
母岩类型	紫色页岩				砂岩	紫色页岩				砂岩	紫色页岩	砂岩
土壤类型	紫色土	紫泥土	紫色土	紫泥土	紫色土	紫泥田+紫泥土	紫色土	紫泥土		紫砂土	紫色土 紫砂土

图 2-9　赤水市文化街道办事处低山丘陵河谷土壤剖面图
引自《遵义地区土壤》。

第三节　分　类

　　土壤分类是根据土壤在自然和人为因素的共同作用下，依据土壤的形成条件、发生发展规律，对种类繁多的土壤按照一定的原则和依据进行归纳，形成的一个科学的系统。土壤分类的目的在于阐明土壤在成土因素综合作用下的形成规律，指出各种土壤发生演变的主要和次要过程，揭示成土条件、成土过程和土壤属性之间的必然联系，为认识和利用土壤资源提供依据。此次遵义市耕地土壤的分类以全国第二次土壤普查分类系统为依据，再按照有关要求和标准把遵义市土种对应到贵州省和国家分类系统中。

一、分类原则和依据

　　遵义市耕地土壤按照土壤分类的发生学原则、统一性原则和系统性原则，在发生学原理的指导下，以土壤属性（比较稳定的土壤剖面形态和理化性质）作为土壤分类的依据。分类采用土纲、亚纲、土类、亚类、土属、土种的分类制。

（一）土纲

　　土纲是土壤分类的最高级别，根据主要成土过程产生的或影响主要成土过程的性质划分。遵义市耕地土壤分为半水成土、初育土、铁铝土、淋溶土、人为土 5 个土纲。

（二）亚纲

亚纲是土纲的辅助级别，主要是按照影响现代成土过程的控制因素所反映的性质划分。遵义市耕地土壤分为淡半水成土、石质初育土、湿暖铁铝土、湿暖淋溶土、人为水成土 5 个亚纲。

（三）土类

土类是土壤分类的高级基本单元，是按照成土条件、成土过程和由此发生的土壤属性三者的统一和综合进行划分的，是在一定的气候、植被、母质、地形和人为活动等因素的作用下形成的，具有独特的成土过程和土壤属性。同一土类具有相同的成土条件及主导成土过程，剖面构型特征大体一致，物质的转化移动、有机质的合成分解方式基本相同。不同的土壤类型由于成土过程和发育特点不同，所形成的土壤属性和生产性能以及改良、利用均有本质的不同。遵义市耕地土壤分为潮土、粗骨土、黄壤、黄棕壤、石灰土、紫色土、水稻土 7 个土类。

（四）亚类

亚类是土类范围的续分，根据主导成土过程以外的次要成土过程或者同一土类不同的发育阶段来划分。同一亚类土壤农业利用改良方向一致，不同亚类土壤在基本属性和生产性能上有一定差异。遵义市耕地土壤共有 17 个亚类：典型潮土、钙质粗骨土、酸性粗骨土、典型黄壤、黄壤性土、漂洗黄壤、暗黄棕壤、黄色石灰土、黑色石灰土、石灰性紫色土、酸性紫色土、中性紫色土、淹育型水稻土、渗育型水稻土、潴育型水稻土、潜育型水稻土、漂洗型水稻土。

（五）土属

土属是分类系统中承上启下的分类单元，既是亚类的续分，又是土种的归纳。土属主要根据成土母质、水文等地方因素以及土壤的残留特征来划分。遵义市耕地土壤共有 49 个土属。

（六）土种

土种是基层分类单元，在土属范围内根据反映发育程度或熟化程度的性状来划分。同一土种具有类似的土体构型和剖面构型，不仅指发生层次的排列，也包括发育程度的类似，同时景观特征、地形部位及水热条件相同。不同土种之间只有量的差异，而无质的区别。同一土种生产性和生产潜力相似，而且具有一定的稳定性，在短期内不会发生改变。遵义市共有 144 个土种。

二、分类系统

按照土壤分类的原则和依据，结合遵义市实际，将遵义市耕地土壤划分为 5 个土纲、5 个亚纲、7 个土类、17 个亚类、49 个土属、144 个土种（水稻土土类 76 个土种、黄壤土类 26 个土种、石灰土土类 10 个土种、紫色土土类 19 个土种、黄棕壤土类 3 个土种、粗骨土土类 8 个土种、潮土土类 2 个土种）。对应到国家分类系统中有 113 个土种（水稻土土类 55 个土种、黄壤土类 23 个土种、石灰土土类 7 个土种、紫色土土类 17 个土种、黄棕壤土类 3 个土种、粗骨土土类 6 个土种、潮土土类 2 个土种），遵义市耕地土壤分类系统见表 2-4。

表 2-4　遵义市耕地土壤分类系统表

土类	亚类	土属	国家土种	贵州省土种	遵义市土种
水稻土	淹育型水稻土	浅黄泥田	幼黄砂泥田	幼黄砂泥田	黄泡砂田
			幼黄砂田	幼黄砂田	黄砂田
		浅鳝泥田	黄扁砂田	幼黄扁砂田	扁砂田
			遵义浅黄泥田	幼黄泥田	死黄泥田、豆瓣田、豆面黄泥田
		浅灰泥田	大土砾泥田	砂大土泥田	灰砂田
			大土泥田	大土泥田	大土黄泥田
			胶大土泥田	胶大土泥田	死胶泥田
		浅紫泥田	凤冈羊肝泥田	幼羊肝泥田	浅紫泥田
			红紫砂泥田	幼血砂泥田	浅紫砂田
			酸性紫泥田	幼血泥田	浅紫血泥田
			幼血胶泥田	幼血胶泥田	浅紫胶泥田
	渗育型水稻土	渗潮砂泥田	洪砂泥田	潮砂泥田	潮砂泥田、黄潮泥田
			洪砂田	潮砂田	砂底潮泥田
		渗灰泥田	胶大泥田	胶大泥田	黄胶泥田
			荔波大泥田	大泥田	大土泥田、灰小土黄泥田
			砂大泥田	砂大泥田	灰砂田
		渗马肝泥田	黄胶泥田	黄胶泥田	黄泥田
		渗砂泥田	道真黄砂泥田	黄砂泥田	黄砂泥田、黄泡砂泥田
			绥阳扁砂泥田	黄扁砂泥田	扁砂泥田
		渗鳝泥田	煤泥田	煤泥田	煤泥田、煤砂田
			黄泥田	黄泥田	灰豆面黄泥田、豆瓣黄泥田
		渗紫泥田	肝泥田	羊肝泥田	紫泥田
			血胶泥田	血胶泥田	紫胶泥田
			血泥田	血泥田	血泥田
			血砂泥田	血砂泥田	红砂泥田、紫砂泥田
	潴育型水稻土	油潮泥田	河潮泥田	油潮泥田	黑潮泥田
		油潮砂泥田	油潮泥砂田	油潮砂泥田	油潮砂泥田
		黄泥田	斑黄泥田	斑黄泥田	暗豆面黄泥田

（续）

土类	亚类	土属	国家土种	贵州省土种	遵义市土种
水稻土	潴育型水稻土	黄泥田	斑黄砂泥田	斑黄砂泥田	暗黄泡砂泥田
			山黄泥砂田	黄扁泥田	扁油泥田
			乌当黄泥田	油黄砂泥田	黄油砂泥田
			小黄泥田	小黄泥田	小黄泥田
		灰泥田	大眼泥田	大眼泥田	大眼泥田
			龙凤大眼泥田	龙凤大眼泥田	龙凤大眼泥田
			砂大眼泥田	砂大眼泥田	灰油砂泥田
		紫泥田	血油泥田	浅血泥田	血油泥田
			瓮安灰紫泥田	紫泥田	紫油泥田
			紫胶泥田	浅血胶泥田	紫油胶泥田
			紫砂泥田	紫砂泥田	紫油砂泥田
	潜育型水稻土	青潮泥田	锦屏青潮泥田	青潮泥田	重青潮泥田、青潮泥田
		青灰泥田	青鸭屎泥田	苦鸭屎泥田	湿鸭屎泥田
			鸭屎泥田	鸭屎泥田	熟鸭屎泥田干鸭屎泥田
		青紫泥田	习水青紫泥田	青紫胶泥田	重青紫胶泥田
			下湿紫泥田	青紫泥田	重青紫泥田、青紫泥田、青紫砂泥田
		锈水田	烂锈田	烂锈田	煤锈田
		烂泥田	烂湿田	深脚烂泥田	深脚烂泥田
			浅脚烂泥田	浅脚烂泥田	浅脚烂泥田
		冷浸田	桐梓冷浸田	冷浸田	冷砂田、冷浸田、冷粉砂田、冷灰砂田、冷水田
	漂洗型水稻土	漂黄泥田	熟白胶泥田	熟白胶泥田	熟灰胶泥田
			中白胶泥田	中白胶泥田	灰胶泥田、白胶泥田、红白泥田
		漂鳝泥田	白鳝泥田	熟白鳝泥田	熟白鳝泥田、黄白泥田、熟紫泥田
			轻白鳝泥田	轻白鳝泥田	白鳝泥田
			中白鳝泥田	中白鳝泥田	紫白泥田、漂灰泥田
		浅砂泥田	独山白砂田	白砂田	熟白砂泥田、白砂泥田
黄壤	典型黄壤	硅质黄壤	熟黄砂土	熟黄砂土	黄油砂土
			遵义黄砂土	黄砂土	黄砂泥土
		灰泥质黄壤	大黄泥土	大黄泥土	小粉黄泥土、灰砂黄泥土
			死大黄泥土	死大黄泥土	黄胶泥土
			油大黄泥土	油大黄泥土	大眼黄泥土

（续）

土类	亚类	土属	国家土种	贵州省土种	遵义市土种
黄壤	典型黄壤	泥质黄壤	复钙黄泥土	复钙黄泥土	次生豆面泥土
			复盐基黄黏泥土	黄黏泥土	小土泥土
			黄泥土	黄泥土	豆面泥土
			黄黏泥土	黄黏泥土	黄泥土
			死黄泥土	死黄泥土	豆面黄泥土
			死黄黏泥土	死黄黏泥土	死黄泥土
			油黄泥土	油黄泥土	黄油泥土
			油黄黏泥土	油黄黏泥土	小黄泥土
		砂泥质黄壤	复钙黄砂泥土	复钙黄砂泥土	次生扁砂泥土
			遵义黄砂泥土	黄砂泥土	黄泡土
		紫土质黄壤	紫黄砂泥土	紫黄砂泥土	紫黄泥土、紫黄砂土
	黄壤性土	硅质黄性土	花溪黄砂土	幼黄砂土	黄砂土
		泥质黄壤性土	道真黄泥土	幼黄泥土	豆瓣泥土
			幼煤泥土	幼煤泥土	煤泥土
		砂泥质黄壤性土	扁砂黄泥土	黄扁砂泥土	扁砂泥土
			幼黄砂土	幼黄砂土	黄泡土
	漂洗黄壤	灰泥质漂洗黄壤	白鳝泥土	白泥土	漂洗灰砂泥土、漂洗小粉土
		泥质漂洗黄壤	白泥土	白鳝泥土	漂洗黄泡土
石灰土	黄色石灰土	黄色石灰土	大胶泥土	大胶泥土	胶泥土、淋溶胶泥土
			大泥土	大泥土	大土泥土
			大砂泥土	大砂泥土	白云砂泥土、淋溶白云砂泥土
			砾大泥土	砾大泥土	黄泡泥石灰土、豆瓣石灰土
			油大泥土	油大泥土	大眼泥土
			油大砂泥土	油大砂泥土	扁砂泥土石灰土
	黑色石灰土	黑色石灰土	岩泥土	岩泥土	岩泥土
紫色土	石灰性紫色土	灰紫泥土	大紫泥土	大紫泥土	钙质紫泥土
			砾紫泥大土	砾紫泥大土	钙质羊肝石土
			紫胶泥大土	紫胶泥大土	钙质紫胶泥土
		灰紫壤土	砾紫砂泥大土	砾紫砂泥大土	钙质紫砂泥土
			紫砂泥大土	紫砂泥大土	钙质血泥土
	酸性紫色土	酸紫砾泥土	砾血泥土	砾血泥土	酸性羊肝石土
		酸性紫壤土	血砂泥土	血砂泥土	酸性紫砂泥土、酸性血泥土

（续）

土类	亚类	土属	国家土种	贵州省土种	遵义市土种
紫色土	酸性紫色土	酸性紫壤土	血砂土	血砂土	酸性紫砂土
			紫血砂泥土	紫血砂泥土	酸性红砂泥土
		酸紫黏土	血胶泥土	血胶泥土	酸性紫胶泥土
			血泥土	血泥土	酸性紫泥土
	中性紫色土	紫泥土	凤冈紫泥土	紫泥土	中性紫泥土
			砾紫泥土	砾紫泥土	中性羊肝石土
			紫胶泥土	紫胶泥土	中性死胶泥土、中性紫胶泥土
		紫壤土	砾紫砂土	砾紫砂土	中性紫砂土
			桐梓紫砂泥土	紫砂泥土	中性血泥土
			紫砂土	紫砂土	中性紫砂泥土
粗骨土	钙质粗骨土	灰泥质钙质粗骨土	白云砂土	白云砂土	砾石白云砂土
			岩砂土	岩砂土	砾质扁砂石灰土
	酸性粗骨土	泥质酸性粗骨土	砾石黄泥土	砾石黄泥土	扁砂土、豆瓣土、煤砂土
			砾石黄砂泥土	砾石黄砂泥土	黄泡土
			砾石黄砂土	砾石黄砂土	黄石砂土
			砾石灰泡砂土	砾石灰泡砂土	黄灰泡土
黄棕壤	暗黄棕壤	灰泥质暗黄棕壤	黄大灰泡土	黄大灰泡土	灰泡土
		泥质暗黄棕壤	暗灰泡泥土	暗灰泡泥土	黑灰泡土
		砂泥质暗黄棕壤	暗灰泡砂土	暗灰泡砂土	黑灰泡砂土
潮土	典型潮土	潮壤土	潮砂泥土	潮砂泥土	潮砂泥土
			潮砂土	潮砂土	潮砂土

第四节　土壤类型特征

一、水稻土

　　水稻土是在种植水稻或以种植水稻为主的耕作制度下，经长期水耕熟化而成的特殊耕种土壤。在水耕熟化这一特殊的成土条件和成土过程的影响下，土壤有机质的合成与分解、物质的淋溶与淀积、盐基淋溶和复盐作用、铁锰的淋溶和淀积等形成了特有的剖面形态、理化性质和生化特性。

　　遵义市水稻土面积 259 622.25hm²，占遵义市耕地面积的 30.71％。遵义市水稻土主要分布在海拔 1 200m 以下的低山丘陵、坝地、槽谷及河流两岸地区，尤其是在水热条件较好的大娄山以南各县（区、市）和赤水河谷地带分布比较集中。遵义市各县（区、市）水稻土面积、比例见表2-5。

表2-5 遵义市各县（区、市）水稻土面积、比例

县 （区、市）	面积 （hm²）	占遵义市水稻土 比例（％）	占本区域耕地土壤 面积比例（％）
红花岗区	16 984.34	6.54	37.61
汇川区	10 977.82	4.23	26.90
播州区	26 030.72	10.03	33.43
桐梓县	20 783.93	8.01	20.62
绥阳县	18 997.21	7.32	26.03
正安县	20 947.28	8.07	28.56
道真县	1 591.55	4.46	22.44
务川县	17 213.82	6.63	28.2
凤冈县	27 744.42	10.69	48.13
湄潭县	19 677.95	7.58	34.43
余庆县	15 519.70	5.98	33.27
习水县	27 238.03	10.49	33.27
赤水市	15 084.75	5.81	64.62
仁怀市	10 830.73	4.17	19.67
全市	259 622.25	100.00	30.71

根据土体构型、土壤理化性质、生产性能、耕作性质的不同，将水稻土分为5个亚类。水稻土亚类面积、比例见表2-6。

表2-6 水稻土亚类面积、比例

亚类名称	面积（hm²）	比例（％）
淹育型水稻土	35 189.72	13.55
渗育型水稻土	179 048.89	68.97
潴育型水稻土	29 949.42	11.54
潜育型水稻土	11 477.43	4.42
漂洗型水稻土	3 956.79	1.52
合计	259 622.25	100

（一）淹育型水稻土

遵义市淹育型水稻土面积35 189.72hm²，占遵义市水稻土面积的13.55％，占遵义市耕地面积的4.16％。遵义市除正安县和赤水市外，其余12个县（区、市）都有不同面积淹育型水稻土的分布。其中，红花岗区1 400.65hm²、汇川区1 743.76hm²、播州区1 274.86hm²、桐梓县1 362.57hm²、绥阳县201.12hm²、道真县5 692.80hm²、务川县

2 890.93hm²、凤冈县 2 622.99hm²、湄潭县 8 328.53hm²、余庆县 292.08hm²、习水县 7 091.69hm²、仁怀市 2 287.72hm²。

淹育型水稻土一般管理比较粗放，远离村寨和水源较缺乏的山、丘、岗坡地，一般为望天田或者为新开田，水淹时间短，土壤层次风化不明显，剖面构型为 Aa - Ap - C，犁底层发育差，有的甚至没有犁底层和完全没有发育特征的母质层，心土层有的能见铁、锰淀积物。耕层浅，土壤熟化度低，养分含量一般比较低，产量不高，一般一年一熟。

根据成土母质、土壤性质的不同，淹育型水稻土分为浅黄泥田、浅灰泥田、浅鳝泥田和浅紫泥田土属。

1. 浅黄泥田

遵义市浅黄泥田面积 7 669.83hm²，占遵义市淹育型水稻土面积的 21.80%，占遵义市水稻土面积的 2.95%。成土母质为砂岩、砂页岩风化坡积和残积物，多由黄砂土、黄砂泥土等淹水种稻逐步发育而来。分布区域和面积：红花岗区 541.21hm²、汇川区 739.84hm²、播州区 485.30hm²、绥阳县 11.62hm²、道真县 514.24hm²、务川县 463.08hm²、湄潭县 983.19hm²、习水县 3 429.74hm²、仁怀市 501.61hm²。依据土壤属性划分为黄泡砂田、黄砂田 2 个土种，面积分别为 3 690.90hm²、3 978.93hm²。

浅黄泥田土体和耕层薄，土体厚度 40～70cm，平均 56cm；耕层厚度 13～30cm，平均 20cm。层次发育不明显，剖面构型为 Aa - Ap - C，多为壤质土，粒状或小块状结构，耕层常夹有砾石。土壤 pH4.4～7.58，平均 6.02；有机质 4.8～86.2g/kg，平均 29.96g/kg；全氮 0.70～4.74g/kg，平均 1.78g/kg；碱解氮 38～374mg/kg，平均 152.4mg/kg；有效磷 0.1～75.0mg/kg，平均 16.1mg/kg；缓效钾 16～1002mg/kg，平均 253.6mg/kg；速效钾 24～421mg/kg，平均 111.0mg/kg。浅黄泥田生产条件差，部分地方因水源得不到保障易受干旱影响，作物产量不高；土壤宜耕期长，耕作容易，通透性好，宜种性宽，但保水保肥性能差。

2. 浅灰泥田

遵义市浅灰泥田面积 4 658.29hm²，占遵义市淹育型水稻土面积的 13.24%，占遵义市水稻土面积的 1.79%。成土母质为石灰岩、白云质灰岩、燧石灰岩和泥灰岩风化坡积及残积物。遵义市除正安县、余庆县、习水县、赤水市外，其余各县（区、市）都有不同面积的分布。例如，红花岗区 555.81hm²、汇川区 726.51hm²、播州区 789.56hm²、桐梓县 198.10hm²、绥阳县 189.50hm²、道真县 148.45hm²、务川县 2.39hm²、凤冈县 80.27hm²、湄潭县 1 944.10hm²、仁怀市 2.10hm²。根据土壤性质差异的特点，分为 3 个土种：灰砂田、大土黄泥田、死胶泥田，面积分别为 3 919.24hm²、666.93hm²、72.12hm²。

浅灰泥田耕层浅、土层薄，土体厚度 40～70cm，平均 61cm；耕层厚度 17～20cm，平均 18cm；土壤质地沙壤至中黏，耕层小块状结构；土壤养分含量不高，速效养分缺乏。土壤 pH 7.5～8.10，平均 7.73；有机质 4.7～107.5g/kg，平均 33.83g/kg；全氮 0.52～4.12g/kg，平均 2.04g/kg；碱解氮 34～536mg/kg，平均 177.4mg/kg；有效磷 2.5～79mg/kg，平均 24.3mg/kg；缓效钾 24～739mg/kg，平均 211.6mg/kg；速效钾 33～512mg/kg，平均 125.1mg/kg。除胶大土泥田外，一般耕作容易，因耕层内含有母岩碎屑，群众称为火石砂田。

3. 浅鳝泥田

遵义市浅鳝泥田面积 19974.20hm²，占遵义市淹育型水稻土面积的 56.76%，占遵义市水稻土面积的 7.69%。成土母质为灰绿色、青灰色页岩坡积和残积物，多由黄泥土水耕发育而来。分布区域和面积为红花岗区 104.49hm²、汇川区 269.32hm²、桐梓县 560.41hm²、道真县 5 030.10hm²、务川县 2 403.95hm²、凤冈县 2 542.73hm²、湄潭县 5 401.25hm²、习水县 3 661.96hm²。依据成土母质和土壤属性划分为扁砂田、死黄泥田、豆瓣田、豆面黄泥田 4 个土种，面积分别为 5 877.72hm²、5 862.30hm²、4 626.29hm²、3 607.90hm²。

浅鳝泥田层次发育不明显，土体中母岩风化碎片残留较多，土壤质地松沙至中黏。土壤养分含量中等，土壤仍有黏、酸、浅、瘦等特点。土壤 pH 4.3～7.57，平均 6.00；有机质 9.2～106.4g/kg，平均 30.50g/kg；全氮 0.13～4.90g/kg，平均 1.82g/kg；碱解氮 31～385mg/kg，平均 148.7mg/kg；有效磷 0.1～72.4mg/kg，平均 15.6mg/kg；缓效钾 21～1 458mg/kg，平均 314.9mg/kg；速效钾 12～457.4mg/kg，平均 120.6mg/kg。浅鳝泥田土壤结构不良，耕作难度大，多是缺水高塝田，因水源得不到保障，常常因干旱严重影响作物产量。

4. 浅紫泥田

遵义市浅紫泥田面积 2 887.39hm²，占遵义市淹育型水稻土面积的 8.21%，占遵义市水稻土面积的 1.11%。成土母质为酸性紫色页岩、中性或钙质紫色砂页岩、紫红色砂岩、紫色泥砾岩风化坡积和残积物，多由紫泥土、紫胶泥土、紫砂土等淹水种稻逐步发育而来。分布区域和面积为红花岗区 199.14hm²、汇川区 8.09hm²、桐梓县 604.06hm²、余庆县 292.08hm²、仁怀市 1784.01hm²。依据土壤属性划分为浅紫泥田、浅紫砂田、浅紫血泥田、幼紫胶泥田 4 个土种，面积分别为 284.73hm²、1 714.13 hm²、824.78hm²、63.75hm²。

浅紫泥田土壤质地重壤至中黏，土壤层次发育不明显，耕层平均 21.04cm。土壤养分缺乏，尤其是全氮、有效磷和速效钾含量不高。土壤 pH4.50～8.00，平均 6.48；有机质 5.30～105.20g/kg，平均 30.85g/kg；全氮 0.46～4.90g/kg，平均 1.62g/kg；碱解氮 33～259mg/kg，平均 116.2mg/kg；有效磷 0.5～76.4mg/kg，平均 11.6mg/kg；缓效钾 77～940mg/kg，平均 260.7mg/kg；速效钾 28～350mg/kg，平均 106.0mg/kg。浅紫泥田土壤抗旱能力不强，生产条件不好，作物产量不高。

（二）渗育型水稻土

遵义市渗育型水稻土面积 179 048.89hm²，占遵义市水稻土面积的 68.97%，占遵义市耕地面积的 21.18%，是土壤亚类中面积较大的土壤类型。遵义市 14 个县（区、市）都有不同面积渗育型水稻土的分布，各县（区、市）渗育型水稻土的面积、比例见表 2-7。渗育型水稻土一般分布在水源相对较好的丘陵、盆地、垄岗槽谷地以及河谷阶地中上部位，排灌基本能满足水稻的生产需求。土层深厚，水耕时间长，熟化程度比淹育型水稻土高，土壤层次发育明显，剖面构型为 Aa‐Ap‐P‐C，耕层下犁底层较厚，托水托肥性较好，心土层淋溶淀积作用明显，渗育层发育显著。pH平均值中性，土壤有机质、氮和钾含量都较高，有效磷含量偏低。

表 2-7　渗育水稻土面积、比例

县 （区、市）	面积 （hm²）	占渗育型水稻土 比例（%）	占本区域水稻土 比例（%）
红花岗区	12 814.76	7.16	75.45
汇川区	7 292.20	4.07	66.43
播州区	20 064.18	11.21	77.08
桐梓县	11 209.09	6.26	53.93
绥阳县	14 186.39	7.92	74.68
正安县	17 368.98	9.70	82.92
道真县	2 609.33	1.46	22.51
务川县	13 424.21	7.50	77.99
凤冈县	24 926.29	13.92	89.84
湄潭县	7 670.30	4.28	38.98
余庆县	9 893.37	5.52	63.75
赤水市	14 496.45	8.10	96.10
习水县	17 971.37	10.04	65.98
仁怀市	5 121.97	2.86	47.29

根据起源土壤类型及属性的不同，分为渗潮砂泥田、渗灰泥田、渗马肝泥田、渗砂泥田、渗鳝泥田、渗紫泥田6个土属，面积分别为3 599.56hm²、87 906.76hm²、8 630.52hm²、23 632.09hm²、20 289.88hm²、34 990.08hm²。

1. 渗潮砂泥田

遵义市渗潮砂泥田面积3 599.56hm²，占遵义市渗育型水稻土面积的2.01%，占遵义市水稻土面积的1.39%。成土母质为溪、河流冲积物。遵义市除播州区、赤水市和仁怀市外，其余各县（区、市）都有不同面积渗潮砂泥田的分布。其中，红花岗区85.62hm²、汇川区59.99hm²、桐梓县585.64hm²、绥阳县439.66hm²、正安县292.53hm²、道真县80.30hm²、务川县217.19hm²、凤冈县209.71hm²、湄潭县797.04hm²、余庆县390.74hm²、习水县441.16hm²。根据土壤性质差异的特点，分为3个土种：潮砂泥田、黄潮泥田、砂底潮泥田，面积分别为724.16hm²、2 647.79hm²、227.61hm²。

渗潮砂泥田土属分布于河流、溪流两侧，水源条件好。干旱时水源能得到保证，由于地下水位高，有返潮回润特点，抗旱能力强。土壤pH4.60～7.55，平均6.26；有机质8～86.9g/kg，平均30.46g/kg；全氮0.62～3.68g/kg，平均1.90g/kg；碱解氮29～321mg/kg，平均163.5mg/kg；有效磷0.5～75.9mg/kg，平均20.0mg/kg；缓效钾51～

1 138mg/kg，平均 279.6mg/kg；速效钾 38～495mg/kg，平均 127.0mg/kg。渗潮砂泥田土壤结构好，宜耕期长，易于耕种，宜种性广；犁底层发育好，保水保肥能力强，离河流和溪流近的地方土壤质地偏沙，土体厚度相对较薄。

2. 渗灰泥田

遵义市渗灰泥田面积 87 906.76hm²，占遵义市渗育型水稻土面积的 49.10%，占遵义市水稻土面积的 33.86%。成土母质为白云岩、石灰岩、白云灰岩、泥灰岩坡残积物。遵义市除赤水市外，各县（区、市）都有不同面积渗灰泥田的分布。其中，红花岗区8 668.33hm²、汇川区 4 150.46hm²、播州区 14 137.24hm²、桐梓县 6 291.41hm²、绥阳县2 842.10hm²、正安县 6 488.20hm²、道真县 2 423.51hm²、务川县 9 494.88hm²、凤冈县17 417.30hm²、湄潭县 3 538.48hm²、余庆县 5 506.69hm²、习水县 4 837.62hm²、仁怀市 2 110.54hm²。根据成土母质的差异和土壤性质的不同，分为 4 个土种：黄胶泥田、大土泥田、灰小土黄泥田、灰砂泥田，面积分别为 11 903.76hm²、44 660.48 hm²、673.56hm²、30 668.96hm²。

该土属结构好，层次发育明显，犁底层黏粒沉积多，托水托肥性好。该土属养分含量高，供肥及缓冲性较好。土壤 pH7.5～8.40，平均 7.78；有机质 2.90～105.20g/kg，平均 33.51g/kg；全氮 0.19～4.87g/kg，平均 1.97g/kg；碱解氮 7.6～623mg/kg，平均158.67mg/kg；有效磷 0.1～88mg/kg，平均 18.3mg/kg；缓效钾 23～1 759mg/kg，平均283.10mg/kg；速效钾 11～595mg/kg，平均 129.3mg/kg。该土属质地偏黏，宜耕期长，易于耕种，供水难度不大，宜种性广。

3. 渗马肝泥田

遵义市渗马肝泥田面积 8 630.52hm²，占遵义市渗育型水稻土面积的 4.82%，占遵义市水稻土面积的 3.32%。成土母质为老风化壳、黏土岩、泥页岩、板岩坡残积物。分布区域和面积为红花岗区 859.62hm²、汇川区 234.11hm²、播州区 1 219.20hm²、桐梓县113.36hm²、绥阳县 2 884.90hm²、正安县 422.33hm²、务川县 1 516.64hm²、余庆县1 289.87hm²、仁怀市 90.48hm²。

该土属平均耕层厚 20cm 左右，质地偏黏。该土属土壤 pH4.4～7.55，平均 6.20；有机质 2.8～72.0g/kg，平均 34.09g/kg；全氮 0.60～4.90g/kg，平均 2.01g/kg；碱解氮25.7～487mg/kg，平均 168.05mg/kg；有效磷 0.8～86.4mg/kg，平均 20.18mg/kg；缓效钾 22～1 482mg/kg，平均 297.12mg/kg；速效钾 10～479mg/kg，平均 134.54mg/kg。该土属保水保肥能力较好，供肥较强，作物长势好，宜种性广，利用率高。由于质地偏黏，耕性差，脱水易开裂，裂口宽而深，复水不易闭合。该土属通透性不良，土温回升慢，好气性微生物活性弱，肥料转化慢，前期供肥缓，后劲较长。

4. 渗砂泥田

遵义市渗砂泥田面积 23 632.09hm²，占遵义市渗育型水稻土面积的 13.20%，占遵义市水稻土面积的 9.10%。成土母质为砂页岩坡残积物。遵义市除道真县、赤水市外，其余各县（区、市）都有不同面积渗砂泥田的分布。其中，红花岗区 919.87hm²、汇川区1 383.28hm²、播州区 1 694.55hm²、桐梓县 781.80hm²、绥阳县 3 626.75hm²、正安县4 345.11hm²、务川县 109.25hm²、凤冈县 6 230.65hm²、湄潭县 1 123.21hm²、余庆县

697.66hm²、习水县 2 110.70hm²、仁怀市 609.26hm²。根据土壤性质差异的特点，分为 3 个土种：黄砂泥田、黄泡砂泥田、扁砂泥田，面积分别为 2 195.16hm²、3 734.98hm²、17 701.95hm²。

渗砂泥田土属土壤养分不高，土体较厚，层次发育明显，淋溶淀积作用显著，土壤质地偏黏。土壤 pH4.5~7.85，平均 6.14；有机质 3.80~99.80g/kg，平均 30.56g/kg；全氮 0.39~4.38g/kg，平均 1.87g/kg；碱解氮 17.2~458mg/kg，平均 150.37mg/kg；有效磷 0.1~88.20mg/kg，平均 16.95mg/kg；缓效钾 30~1 459mg/kg，平均 318.32mg/kg；速效钾 23~481mg/kg，平均 129.09mg/kg。该土属保水保肥能力强，耕性好，宜耕期长，宜种性广。

5. 渗鳝泥田

遵义市渗鳝泥田面积 20 289.88hm²，占遵义市渗育型水稻土面积的 11.33%，占遵义市水稻土面积的 7.82%。成土母质为灰绿色、青灰色页岩、碳质页岩、黏土岩、老风化壳、板岩坡残积物。遵义市除道真县、赤水市外，其余各县（区、市）都有不同面积渗鳝泥田的分布。其中，红花岗区 809.44hm²、汇川区 953.64hm²、播州区 678.89hm²、桐梓县 2 436.03hm²、绥阳县 4 221.33hm²、正安县 5 265.38hm²、务川县 1 881.46hm²、凤冈县 44.30hm²、湄潭县 1 178.50hm²、余庆县 1 175.49hm²、习水县 76.46hm²、仁怀市 1 568.96hm²。根据土壤性质差异的特点，分为 4 个土种：煤泥田、煤砂田、灰豆面黄泥田、豆瓣黄泥田，面积分别为 70.84hm²、182.56hm²、14 010.54hm²、6 025.95hm²。

渗鳝泥田土层发育明显，淋溶淀积作用显著，质地偏黏。土壤 pH4.48~7.60，平均 6.18；有机质 3.7~97.9/kg，平均 31.82g/kg；全氮 0.49~5.42g/kg，平均 1.93g/kg；碱解氮 18.9~465.4mg/kg，平均 154.2mg/kg；有效磷 0.1~89.4mg/kg，平均 18.31mg/kg；缓效钾 31~1 373mg/kg，平均 341.24mg/kg；速效钾 12~495mg/kg，平均 132.63mg/kg。耕作较易、宜耕性好、宜种性强，保水保肥能力强。煤泥田由于成土母质含碳，有机质一般较高，但是有效磷、钾含量中等。

6. 渗紫泥田

遵义市渗紫泥田面积 34 990.08hm²，占遵义市渗育型水稻土面积的 19.54%，占遵义市水稻土面积的 13.48%。成土母质为酸性紫色页岩、中性或钙质紫色砂页岩、紫红色砂页岩、紫色泥页岩坡残积物。遵义市各县（区、市）分布面积为红花岗区 1 471.87hm²、汇川区 510.73hm²、播州区 2 334.30hm²、桐梓县 1 000.09hm²、绥阳县 171.67hm²、正安县 555.42hm²、道真县 105.52hm²、务川县 204.79hm²、凤冈县 1 024.33hm²、湄潭县 1 033.09hm²、余庆县 832.92hm²、习水县 10 505.43hm²、赤水市 14 496.45hm²、仁怀市 742.71hm²。根据成土母质和土壤性质差异的特点，分为 5 个土种：紫泥田、紫胶泥田、血泥田、红砂泥田、紫砂泥田，面积分别为 8 071.20hm²、7 396.70hm²、2 069.03hm²、2 080.13hm²、15 373.03hm²。

渗紫泥田土体厚 70cm 左右，耕层 22cm，层次发育明显。质地一般偏黏，土壤结构差，尤其是血胶泥田黏重结实，结构差，耕作难度大，干时坚硬难耕，湿时粘铧。土壤 pH4.3~8.4，平均 6.01；有机质 2.3~99.3g/kg，平均 22.84g/kg；全氮 0.11~5.16g/kg，平均 1.36g/kg；碱解氮 18.7~471mg/kg，平均 128.8mg/kg；有效磷 0.1~

88.7mg/kg，平均13.5mg/kg；缓效钾10～1 367mg/kg，平均381.6mg/kg；速效钾22～592mg/kg，平均131.1mg/kg。所处海拔一般都较低，雨热同季，宜种性广，保肥供肥及缓冲性较好。

（三）潴育型水稻土

遵义市潴育型水稻土面积29 949.42hm²，占遵义市水稻土面积的11.54%，占遵义市耕地面积的3.54%。遵义市除赤水市外，其余各县（区、市）都有不同面积潴育型水稻土分布。其中，红花岗区2 422.15hm²、汇川区1 374.97hm²、播州区3 622.81hm²、桐梓县3 406.68hm²、绥阳县4 258.34hm²、正安县2 124.07hm²、道真县1 981.04hm²、务川县716.89hm²、凤冈县3.7hm²、湄潭县2 048.41hm²、余庆县3 857.69hm²、习水县166.76hm²、仁怀市2 465.93hm²。

潴育型水稻土一般分布在盆坝、开阔槽谷和缓坡丘陵地带，河流沿岸、离村寨近和耕种方便的地方，排灌条件好。由于耕种时间长，土体层次发育明显，土壤剖面构型为A-Ap-W-C。土壤pH一般为中性，有机质含量高，速效养分含量丰富，土壤质地和结构好，保肥供肥及缓冲性都较强，多为一年两熟或者一年三熟，是产量较高的土壤类型。

根据起源土壤类型及属性的不同，分为油潮泥田、油潮砂泥田、黄泥田、灰泥田、紫泥田5个土属。

1. 油潮泥田

遵义市油潮泥田面积327.58hm²，占遵义市潴育型水稻土面积的1.09%，占遵义市水稻土面积的0.13%，面积较小。成土母质为河流沉积物。分布区域和面积为红花岗区9.54hm²、桐梓县95.64hm²、绥阳县74.09hm²、湄潭县35.27hm²。该土属只有1个土种——黑潮泥田。

该土属分布于河流阶地，所处地势平坦，具有良好的水热条件，灌溉能得到保证，抗旱能力强；土体平均厚100cm，耕层平均厚23cm，土壤层次发育明显，心土层具有明显的潴育特征，犁底层发育好，保水保肥能力强；土壤质地沙壤至中黏，养分含量高。该土属pH4.8～7.5，平均6.59；有机质9.3～54.63g/kg，平均32.33g/kg；全氮0.69～3.38g/kg，平均2.00g/kg；碱解氮47～532.2mg/kg，平均181.1mg/kg；有效磷4.9～83.5mg/kg，平均24.6mg/kg；缓效钾85～758mg/kg，平均279.3mg/kg；速效钾40～252.5mg/kg，平均107.8mg/kg。油潮泥田宜耕期长，耕种方便，宜种性广，作物产量较高。

2. 油潮砂泥田

遵义市油潮砂泥田面积258.46hm²，占遵义市潴育型水稻土面积的0.86%，占遵义市水稻土面积的0.10%，面积较小。成土母质为河流沉积物，分布区域和面积为红花岗区109.91hm²、汇川区8.13hm²、播州区2.83hm²、桐梓县124.50hm²、道真县13.09hm²。该土属只有1个土种——油潮砂泥田。

该土属分布于河流两侧，离河岸较近，水源条件好，易返潮回润，抗旱能力强；具有良好的物理、化学和生物学性质，土壤水、肥、气、热协调；土层深厚，质地沙壤至中黏，土壤层次发育明显，土壤熟化度高，土壤养分含量丰富。该土属pH4.8～7.4，平均5.98；有机质9.2～53.9g/kg，平均27.86g/kg；全氮0.59～3.42g/kg，平均1.80g/kg；

碱解氮 74～400mg/kg，平均 154.1mg/kg；有效磷 2.6～48.5mg/kg，平均 18.4mg/kg；缓效钾 107～402mg/kg，平均 236.9mg/kg；速效钾 47～495mg/kg，平均 168.8mg/kg。油潮砂泥田宜耕期长，宜种性广，是遵义市的高产田类型之一。

3. 黄泥田

遵义市黄泥田面积 15942.34hm²，占遵义市潴育型水稻土面积的 53.23%，占遵义市水稻土面积的 6.14%。成土母质为灰绿色或青灰色页岩、老风化壳、页岩、泥页岩、砂页岩坡残积物。遵义市除习水县、赤水市和仁怀市外，其余各县（区、市）都有不同面积黄泥田的分布。其中，红花岗区 913.70hm²、汇川区 511.85hm²、播州区 2 043.01hm²、桐梓县 1 922.81hm²、绥阳县 2 322.94hm²、正安县 1 962.69hm²、道真县 1 962.48hm²、务川县 710.48hm²、凤冈县 3.70hm²、湄潭县 55hm²、余庆县 3029.28hm²。根据土壤性质差异的特点，分为 5 个土种：暗豆面黄泥田、暗黄泡砂泥田、扁油泥田、黄油砂泥田、小黄泥田，面积分别为 6 928.01hm²、67.67hm²、2 346.00hm²、1 219.56hm²、5 381.09hm²。

该土壤类型层次发育明显，潴育层明显可见，土层平均厚 93.7cm，耕层平均厚 21cm；除砂页岩发育的土壤外其他土壤质地偏黏，土壤结构好，耕性好，宜耕期长，易种性广。土壤 pH4.4～7.53，平均 6.27；有机质 1.8～89.2g/kg，平均 29.67g/kg；全氮 0.36～4.82g/kg，平均 1.78g/kg；碱解氮 6.8～530.3mg/kg，平均 145.4mg/kg；有效磷 0.1～89.1mg/kg，平均 17.8mg/kg；缓效钾 27～1 845mg/kg，平均 316.2mg/kg；速效钾 16～537mg/kg，平均 127.6mg/kg。该土属所处地形平缓，抗旱能力和保水保肥能力强，水热条件好，耕种方便。

4. 灰泥田

遵义市灰泥田面积 8826.94hm²，占遵义市潴育型水稻土面积的 29.47%，占遵义市水稻土面积的 3.40%。成土母质为白云灰岩、白云岩、泥质白云岩、石灰岩坡残积物。遵义市除凤冈县、赤水市外，其余各县（区、市）都有不同面积的分布。其中，红花岗区 762.96hm²、汇川区 793.28hm²、播州区 788.18hm²、桐梓县 835.72hm²、绥阳县 1 275.62hm²、正安县 97.30hm²、道真县 5.47hm²、务川县 3.21hm²、湄潭县 1 307.91hm²、余庆县 347.59hm²、习水县 163.62hm²、仁怀市 2 442.89hm²。根据土壤性质差异的特点，分为 3 个土种：大眼泥田、龙凤大眼泥田、灰油砂泥田，面积分别为 5 736.40hm²、1 046.67hm²、2 043.87hm²。

该土属分布于水源条件好、耕作技术水平高、水肥条件好的坝地或开阔槽地；土层一般较厚，平均100cm，层次发育明显，耕层20cm左右；质地轻壤至中黏，结构好，质地适中，粒状或小块状结构；水、气、热、肥协调，土壤保水保肥能力强，宜耕性好，宜种范围广。该土属土壤 pH7.5～8.3，平均 7.78；有机质 7.1～109g/kg，平均35.91g/kg；全氮 0.6～3.91g/kg，平均 2.03g/kg；碱解氮 32～526.9mg/kg，平均 157.2mg/kg；有效磷 0.7～85.5mg/kg，平均 17.8mg/kg；缓效钾 54～950mg/kg，平均 255.7mg/kg；速效钾 28～431mg/kg，平均 122.7mg/kg。

5. 紫泥田

遵义市紫泥田面积 4 594.10hm²，占遵义市潴育型水稻土面积的 15.34%，占遵义市水稻土面积的 1.77%。成土母质为酸性紫色页岩、中性或钙质紫色页岩、紫色泥岩、紫色砂页岩坡残积物。主要分布于水源条件好，耕作水平高的开阔槽地及村寨附近，具体分布区域和面积为红花岗区 626.05hm²、汇川区 61.71hm²、播州区 788.79hm²、桐梓县 428.02hm²、绥阳县 585.68hm²、正安县 64.08hm²、湄潭县 145.82hm²、余庆县 367.79hm²、习水县 1 503.14hm²、仁怀市 23.04hm²。根据土壤性质差异的特点，分为 4 个土种：血油泥田、紫油泥田、紫油胶泥田、紫油砂泥田，面积分别为 270.95hm²、2 576.17hm²、1 163.53hm²、583.45hm²。

该土属保水保肥能力强，抗旱能力强，土壤缓冲性能好，土体厚为 100cm 左右，耕层质地一般偏黏，团粒或小块状结构，疏松；土壤养分丰富，肥力高。该土属 pH4.3～8.2，平均 6.44；有机质 6.8～92.3g/kg，平均 30.67g/kg；全氮 0.47～5.36g/kg，平均 1.75g/kg；碱解氮 24.9～473.1mg/kg，平均 144.2mg/kg；有效磷 0.6～86.5mg/kg，平均 16.4mg/kg；缓效钾 50～1347mg/kg，平均 308.9mg/kg；速效钾 22～508mg/kg，平均 122.3mg/kg。土壤供肥均衡，宜种性广，作物产量高。

（四）潜育型水稻土

遵义市潜育型水稻土面积 11 477.43hm²，占遵义市水稻土面积的 4.42%，面积较小。成土母质为溪、河流冲积物，石灰岩、白云岩、砂岩、砂页岩、板岩、泥岩、页岩坡残积物。遵义市各县（区、市）都有小面积分布：红花岗区 246.44hm²、汇川区 40.60hm²、播州区 484.86hm²、桐梓县 4 500.05hm²、绥阳县 278.16hm²、正安县 982.94hm²、道真县 1 276.52hm²、务川县 23.38hm²、凤冈县 191.45hm²、湄潭县 1 017.69hm²、余庆县 655.11hm²、习水县 508.21hm²、赤水市 588.30hm²、仁怀市 683.73hm²。

潜育型水稻土主要分布在地势低洼、排水不良的地段，地表及土壤长期被水浸泡，地下水位高，土壤处于水分饱和状态，铁、猛等被强烈还原，形成灰、青、黑的还原层（G），剖面构型为 Aa-Ap-G-C、Aag-Apg-G-C、Aa-G-W、M-G、Aa-G-Wg-C。部分田有冷浸水出露，具有明显的有机质积累和潜育化作用，土体具有明显的潜育特征，这类水稻土以冷、滥为主要特点，一般结构不良，含有毒物质，有机质含量高，因微生物活动弱，养分释放慢，有效养分含量少。

根据成土母质及土壤属性分为烂泥田、冷浸田、青潮泥田、青灰泥田、青紫泥田、锈水田 6 个土属，面积分别为 1 093.58hm²、4 309.12hm²、456.68hm²、3 947.12hm²、1 633.36hm²、37.57hm²。

1. 烂泥田

遵义市烂泥田面积 1 093.58hm²，占遵义市潜育型水稻土亚类面积的 9.53%，占遵义市水稻土土类面积的 0.42%。成土母质为湖沼沉积物，分布区域和面积为红花岗区 90.29hm²、汇川区 30.09hm²、播州区 153.20hm²、桐梓县 1.74hm²、绥阳县 91.26hm²、正安县 230.23hm²、凤冈县 8.60hm²、湄潭县 341.76hm²、余庆县 40.75hm²、习水县 105.65hm²。根据成土母质及土壤属性差异分为 2 个土种：深脚烂泥田、浅脚烂泥田，面积分别为 183.51hm²、910.07hm²。

该土属分布于丘陵盆坝低洼地，一般无落水洞而有泉眼，四周山地流水向洼地集中后不能排走,致使土壤长期渍水,形成深厚的烂泥层,潜育化程度高,耕层糊溢,泥脚深。土粒分散,无结构,犁底层不明显,耕犁困难,耕牛或机具下陷,尤其是深脚烂泥田,一般都是人工挖,费工多。该土属土壤 pH 4.7~7.6,平均 6.31;有机质 6.90~87.6g/kg,平均 34.84g/kg;全氮 0.41~3.98g/kg,平均 2.10g/kg;碱解氮 58~380mg/kg,平均 176.20mg/kg;有效磷 2.5~71.5mg/kg,平均 21.26mg/kg;缓效钾 66~1 477mg/kg,平均 300.08mg/kg;速效钾 29~370mg/kg,平均 131.24mg/kg。土壤通气不良,微生物活动弱,有机质在还原条件下分解,积累大量有机酸、硫化氢和还原铁,引起水稻受害,烂、冷、毒是生产上的主要障碍。

2. 冷浸田

遵义市冷浸田面积 4 309.12hm²,占遵义市潜育型水稻土面积的 37.54%,是遵义市潜育型水稻土面积最大的土属,占遵义市水稻土面积的 1.66%。成土母质为白云岩、石灰岩、砂岩、砂页岩、板岩、泥岩、页岩坡残积物。冷浸田主要分布在山脚、夹沟有地下潜水或冷泉涌出的地方,具体分布区域和面积为红花岗区 42.40hm²、汇川区 3.07hm²、播州区 272.01hm²、桐梓县 1 838.17hm²、绥阳县 126.68hm²、正安县 482.95hm²、道真县 698.53hm²、务川县 9.58hm²、凤冈县 107.69hm²、湄潭县 205.54hm²、余庆县 25.35hm²、习水县 195.60hm²、仁怀市 301.55hm²。根据土壤属性和成土母质等因素,分为冷水田、冷砂田、冷浸田、冷粉砂田、冷灰砂田 5 个土种,面积分别为 302.11hm²、1 040.65hm²、1 430.75hm²、927.81hm²、607.80hm²。

由于冷浸田多处于阴山夹沟,受冷泉水的影响,水土温低,有碍于土壤微生物的活动,冷、毒是生产上的主要障碍因素;作物因水土温低,根系吸收能力弱,加上有效养分低和还原性物质的危害,作物产量低。该土属土壤 pH 4.60~8.2,平均 6.19;有机质 6.73~82.15g/kg,平均 32.00g/kg;全氮 0.71~5.36g/kg,平均 1.86g/kg;碱解氮 35.70~330mg/kg,平均 142.61mg/kg;有效磷 0.2~88.60mg/kg,平均 15.6mg/kg;缓效钾 65~1 246mg/kg,平均 290.72mg/kg;速效钾 39~508mg/kg,平均 121.84mg/kg。

3. 青潮泥田

遵义市青潮泥田面积 456.68hm²,占遵义市潜育型水稻土面积的 3.98%,占遵义市水稻土面积的 0.18%,面积较小。成土母质为溪、河流冲积物。分布区域和面积为红花岗区 2.63hm²、桐梓县 292.09hm²、绥阳县 17.69hm²、正安县 83.24hm²、凤冈县 17.19hm²、湄潭县 18.91hm²、余庆县 24.91hm²。该土属包括重青潮泥田和青潮泥田 2 个土种,面积分别为 98.78hm²、357.90hm²。

该土属分布于河流两侧的河漫滩洼地,有的洼地属于老的河床,地势较低,排水困难,在长期渍水条件下,土壤形成特有的青泥层;成土母质一般为河流冲积和沉积物,肥力基础好,易于耕种;由于潜育层阻碍了地表水的下渗运动,水分处于过饱和状态,土温提升比较缓慢,水、土温度低;土壤质地轻壤至中黏,土壤耕层为 21cm 左右。该土属土壤 pH 5.23~7.5,平均 6.54;有机质 11.3~80.8g/kg,平均 31.01g/kg;全氮 0.8~3.22g/kg,平均 1.90g/kg;碱解氮 45~359mg/kg,平均 149.1mg/kg;有效磷 3.5~57.1mg/kg,平均 15.5mg/kg;缓效钾 106~622mg/kg,平均 332.2mg/kg;速效钾 50~298mg/kg,平均 136.8mg/kg。耕层由于通气不良,好气微生物活动受阻,有效养分不高，根系吸收弱，作物生长缓慢，产量不高。

4. 青灰泥田

遵义市青灰泥田面积 3 947.12hm²，占遵义市潜育型水稻土面积的 34.39%，是遵义市潜育型水稻土面积较大的土属，占遵义市水稻土面积的 1.52%。成土母质为石灰岩坡残积物，分布区域和面积为红花岗区 101.71hm²、汇川区 7.44hm²、播州区 42.37hm²、桐梓县 2 294.69hm²、绥阳县 42.54hm²、正安县 65.09hm²、道真县 376.02hm²、务川县 13.80hm²、凤冈县 57.96hm²、湄潭县 348.05hm²、余庆县 313.59hm²、习水县 101.65hm²、仁怀市 182.22hm²。根据潜育化程度不同和生产性能各异的特点，分为 3 个土种：湿鸭屎泥田、干鸭屎泥田、熟鸭屎泥田，面积分别为 583.78hm²、2 025.47hm²、1 337.87hm²。

该土属分布于石灰岩丘陵地区地势平坦的冲沟、谷地和岩溶洼地中，在长期排水不畅或长期泡水条件下形成；土壤质地偏黏，土壤结构不良，土粒分散，土干后土质胶结紧实，灌水后耕犁不化块，多形成外糊内干的泥团，似鸭屎状，故称鸭屎泥田；耕性差，耕耙难度大；土壤通气不良，增温慢，土性冷，有机质在嫌气条件分解，还原性有毒物质多，有效养分低。该土属土壤 pH7.5～8.2，平均 7.80；有机质 1.8～96.1g/kg，平均 34.51g/kg；全氮 0.75～4.24g/kg，平均 2.01g/kg；碱解氮 45.7～332mg/kg，平均 163.6mg/kg；有效磷 0.9～83.3mg/kg，平均 15.1mg/kg；缓效钾 62～1 525mg/kg，平均 283.0mg/kg；速效钾 42～344mg/kg，平均 119.9mg/kg。

5. 青紫泥田

遵义市青紫泥田面积 1 633.36hm²，占遵义市潜育型水稻土面积的 14.23%，占遵义市水稻土面积的 0.63%。成土母质为紫色泥岩、页岩坡残积物，分布区域和面积为红花岗区 9.40hm²、播州区 10.37hm²、桐梓县 73.35hm²、正安县 121.43hm²、道真县 201.97hm²、湄潭县 103.43hm²、余庆县 219.86hm²、习水县 105.30hm²、赤水市 588.30hm²、仁怀市 199.96hm²。根据潜育化程度不同和生产能力各异的特点，分为 4 个土种：重青紫胶泥田、重青紫泥田、青紫泥田、青紫砂泥田，面积分别为 517.62hm²、317.62hm²、760.80hm²、37.32hm²。

该土属分布于排水困难的洼地、冲沟和槽谷地段，排水不良，土体长期遭受地下冷水浸渍，具有明显的潜育化特征；耕层多为暗紫色，质地中壤至重黏，粒状或小块状结构，剖面构型为 Aa - Apg - G、Aa - Ap - G - C、Aag - Apg - G - C。该土属土壤 pH5.10～8.23，平均 7.53；有机质 2～61.1g/kg，平均 22.00g/kg；全氮 0.3～3.25g/kg，平均 1.28g/kg；碱解氮 28～360mg/kg，平均 118.2mg/kg；有效磷 1.1～76.7mg/kg，平均 12.3mg/kg；缓效钾 86～1461mg/kg，平均 468.2mg/kg；速效钾 50～474mg/kg，平均 130.7mg/kg；早期水土温度低、微生物不活跃，影响作物的正常生长；土壤保肥保水能力强，易耕作，宜耕期长，宜种性差。

6. 锈水田

遵义市锈水田面积 37.57hm²，面积较少，占遵义市潜育型水稻土亚类面积的 0.33%，是遵义市潜育型水稻土面积最小的土属。成土母质湖沼沉积物。只有播州区和余庆县有少面积分布，面积分别为 6.93hm²、30.64hm²。该土属就只有煤锈田 1 个土种。

由于受煤矿、铁矿锈水的影响，有些则处于土体离铁作用强烈的紫色岩、红砂岩地区的低洼地，本身就是烂田，土体中亚铁含量高，水面被一层红色锈膜覆被，俗称烂锈田。土体构型为 M-G，M 为腐泥层，质地偏黏。该土属土壤 pH5.99～7.05，平均 6.72；有机质 24.8～38.5g/kg，平均 30.99g/kg；全氮 1.2～2.39g/kg，平均 1.73g/kg；碱解氮 113.4～179.9mg/kg，平均 153.9mg/kg；有效磷 2.4～61.2mg/kg，平均 24.3mg/kg；缓效钾 133～700.8mg/kg，平均 271.1mg/kg；速效钾 45～230.5mg/kg，平均 135.7mg/kg。

（五）漂洗型水稻土

遵义市漂洗型水稻土面积 3 956.80hm²，占遵义市水稻土面积的 1.52％，面积较小。成土母质老风化壳、黏土岩、泥页岩、板岩、砂岩、砂页岩坡残积物。遵义市分布区域和面积为红花岗区 100.34hm²、汇川区 526.29hm²、播州区 584.00hm²、桐梓县 305.55hm²、绥阳县 73.20hm²、正安县 471.29hm²、道真县 31.87hm²、务川县 158.41hm²、湄潭县 613.01hm²、余庆县 821.45hm²、仁怀市 271.39hm²。

漂洗型水稻土多分布于丘陵和盆坝边缘的高阶地上，由于受地形条件的影响，水分下渗和侧渗作用强烈，土壤中的铁、锰等物质遭受大量淋洗，土体呈现明显的白色漂洗层（E）。剖面构型为 Aa-Ap-E、Aa-Ap-PE、Aa-Ap-P-E、Ae-APe-E。耕层有机质、氮、钾含量中等，有效磷含量丰富。但是漂洗层由于漂洗过程养分流失，养分含量低，结构不良，质地偏黏，影响作物正常生长的障碍层次，直接影响到作物产量的提高。如果漂洗层位置高，更影响作物的生长发育和产量，该亚类属于遵义市的低产田。

根据成土母质及土壤性质的差异，划分为漂黄泥田、漂鳝泥田、浅砂泥田 3 个土属，面积分别为 252.71hm²、2 439.62hm²、1 264.46hm²。

1. 漂黄泥田

遵义市漂黄泥田面积 252.71hm²，面积较少，占遵义市漂洗型水稻土面积的 6.39％。成土母质为老风化壳、黏土岩、泥页岩、板岩坡残积物，分布区域和面积为播州区 11.99hm²、绥阳县 73.20hm²、正安县 54.37hm²、余庆县 113.15hm²。根据障碍层出现的层次和土壤的肥力特征，划分为 4 个土种：熟灰胶泥田、灰胶泥田、白胶泥田、红白泥田，面积分别为 62.53hm²、3.83hm²、74.47hm²、111.88hm²。

该土属分布于丘陵盆坝边缘台地和坡侧地段，质地轻黏至重黏，结构不良，耕性差，耕耙费工，干耕坚硬，湿耕不宜化块；土壤通透性差，养分分解慢，耐肥力弱，供肥力亦低；干旱易开大裂口，漏水漏肥，漂洗层紧实板结，不利于作物根系生长。该土属 pH5.10～7.48，平均 6.24；有机质 18.3～50.6g/kg，平均 31.89g/kg；全氮 1.2～2.91g/kg，平均 1.89g/kg；碱解氮 63～222.7mg/kg，平均 144.1mg/kg；有效磷 7.7～77.2mg/kg，平均 26.0mg/kg；缓效钾 109～834mg/kg，平均 453.1mg/kg；速效钾 74～330.4mg/kg，平均 153.3mg/kg。

2. 漂鳝泥田

遵义市漂鳝泥田面积 2439.62hm²，占遵义市漂洗型水稻土面积的 61.66％，占遵义市水稻面积的 0.94％。成土母质砂页岩坡残积物，分布区域和面积为红花岗区

42.50hm²、汇川区 130.63hm²、播州区 448.92hm²、桐梓县 282.81hm²、正安县 199.44hm²、务川县 145.75hm²、湄潭县 514.36hm²、余庆县 675.22hm²。根据障碍层出现的层次和土壤的肥力特征，划分为 6 个土种：熟白鳝泥田、黄白泥田、熟紫白泥田、白鳝泥田、紫白泥田、漂灰泥田，面积分别为 705.94hm²、181.46hm²、88.13hm²、314.72hm²、63.20hm²、1 086.17hm²。

该土属分布于丘陵坡麓、盆坝阶地，受侧渗或下渗水流的淋洗作用，在土层的不同位置出现漂洗层，漂洗层位高的影响作物根系的正常生长发育。剖面发生层次明显，耕层灰黄-暗灰黄色，小块状结构，质地中壤至中黏；耕层不厚，平均为 20cm，结构不良，耕耙易淀浆板结，耐旱能力弱，保水保肥能力不强；土壤胶体品质差，阳离子代换量小。该土属 pH4.5～7.5，平均 6.32；有机质 9.2～52.6g/kg，平均 31.63g/kg；全氮 0.7～4.02g/kg，平均 1.93g/kg；碱解氮 38～367mg/kg，平均 169.1mg/kg；有效磷 3.2～81.3mg/kg，平均 22.4mg/kg；缓效钾 25～1026mg/kg，平均 251.6mg/kg；速效钾 30.5～532mg/kg，平均 120.4mg/kg。

3. 浅砂泥田

遵义市浅砂泥田面积 1264.46hm²，占遵义市漂洗型水稻土面积的 31.96%，占遵义市水稻面积的 0.49%。成土母质为砂岩坡残积物，分布区域和面积为红花岗区 57.84hm²、汇川区 395.65hm²、播州区 123.10hm²、桐梓县 22.74hm²、正安县 217.48hm²、道真县 31.87hm²、务川县 12.66hm²、湄潭县 98.65hm²、余庆县 33.09hm²、仁怀市 271.39hm²。该土属有 2 个土种：熟白砂泥田、白砂泥田，面积分别为 46.19hm²、1 218.27hm²。

该土属分布于丘陵缓坡坡麓及槽谷部位，土体薄，剖面发生层次明显，剖面构型为 Aa-Ap-E；耕层受漂洗层的影响，多呈灰色、浅灰色，质地沙壤至中壤，小块状；质地轻，耕作省力，宜耕期长，翻坏差，水耕不宜多耙，否则易淀浆板结；通透性强，犁底层发育差，保水保肥能力差。该土属 pH4.8～7.55，平均 6.61；有机质 10.7～75.75g/kg，平均 33.57g/kg；全氮 0.97～3.30g/kg，平均 1.94g/kg；碱解氮 46～274mg/kg，平均 155.4mg/kg；有效磷 1.1～70.1mg/kg，平均 17.6mg/kg；缓效钾 48～970mg/kg，平均 303.4mg/kg；速效钾 20～496mg/kg，平均 123.9mg/kg。

二、黄壤

黄壤是遵义市分布广、面积较大的土壤类型之一，总面积 244 093.71hm²，占遵义市耕地土壤面积的 28.87%。黄壤多分布于 1 400～1 500m 以下的山地、剥夷面、丘陵缓坡和河谷盆地，各县（区、市）黄壤分布面积、比例见表 2-8。

表 2-8 各县（区、市）黄壤分布面积、比例

县（区、市）	面积（hm²）	比例（%）
红花岗区	9 967.07	4.08
汇川区	12 519.39	5.13
播州区	15 727.33	6.44
桐梓县	23 254.51	9.53

（续）

县（区、市）	面积（hm²）	比例（%）
绥阳县	25 314.34	10.37
正安县	33 495.78	13.72
道真县	28 106.64	11.52
务川县	16 412.65	6.72
凤冈县	11 282.10	4.62
湄潭县	20 865.06	8.55
余庆县	15 241.87	6.25
习水县	20 675.99	8.47
赤水市	912.45	0.37
仁怀市	10 318.53	4.23

黄壤的形成与遵义市所处的地理环境及相应的生物气候条件有关，温暖湿润的亚热带高原季风气候具有冬无严寒、夏无酷暑的特点。冬季 1 月最冷月平均温度为 2.9～7.9℃，盛夏 7 月最热月平均温度为 22.8～27.1℃；雨量丰富，年降水量平均达到 1 082.1mm；雨热同季，虽有雨季（5～8 月降雨量占全年降雨量的 53%～65%）和旱季（9～4 月）之分。阴雨、雾日天数多，≥0.1mm 的雨日达 170～200d，年降雨量大于蒸发量，干旱指数一般在 0.78～0.8 之间，充足的水湿和温暖的气候条件是黄壤形成的重要因素。

遵义市植被主要为中亚热带常绿阔叶林，代表树种有小叶栲、甜槠变种、青冈栎、黄杞、石栎、楠木、木莲、银杏、银杉和杜鹃等珍稀树种。林下多苔藓类、竹类，生长繁茂。目前，原生植被保存尚少，多数地区的植被都遭到破坏，代表次生植被有马尾松、杉木和蕨类等。

黄壤的成土母质以页岩、砂岩、砂页岩和石灰岩风化物为主，次为石灰岩或者白云岩、第四系黄色黏土和紫色砂页岩风化物。其中，由砂页岩、砂岩、页岩类风化母质发育的黄壤为 143 484.97hm²，占土类面积的 58.74%；石灰岩或者白云岩风化发育的黄壤为 71 634.45hm²，占土类面积的 29.35%；第四系黏土发育的黄壤 25 292.49hm²，占土类面积的 10.36%；紫色砂页岩风化发育的黄壤面积 3 792.84hm²，占土类面积的 1.55%。由于黄壤的成土母质复杂，不同母质对土壤的形成和属性影响明显，发育于砂页岩母质上的黄壤为壤土，容易遭受侵蚀，风化程度不高；发育于砂岩母质上的黄壤，质地偏沙，通透性强，淋溶作用明显；发育于第四系黏土上的黄壤土层深厚，矿物风化度高，矿质养分含量低，质地黏重，透水性差，但所处地势平缓，大多数为质量好的耕地。温暖湿润的生物气候条件，使黄壤在形成过程中具有明显的富铝化过程和水化过程，土壤黏粒的硅铝率比黄棕壤低，但是高于红壤。湿润的生物气候条件也有利于土壤有机质的积累和转化，土壤有机质含量在 1.2～100.05mg/kg，平均 29.39mg/kg；土壤 pH 受母岩的影响，一般为酸性，pH 在 4.2～7.9 之间，平均 6.19；全氮 0.054～5.36g/kg，平均 1.75g/kg；碱解氮 1.1～693mg/kg，平均 147.9mg/kg；有效磷 0.1～89.9mg/kg，平均 18.3mg/kg；缓效

钾 $10\sim1\,841$mg/kg，平均 307.7mg/kg；速效钾 $12\sim537$mg/kg，平均 130.9mg/kg。

根据黄壤的形成过程及土壤发育程度，将黄壤划分为典型黄壤、黄壤性土和漂洗黄壤 3 个亚类。

（一）典型黄壤亚类

典型黄壤亚类海拔分布为 $260\sim1\,687$m，平均海拔 980m，面积 177 414.73hm²，占黄壤土类面积的 72.68%，成土母质以砂页岩、石灰岩、白云岩为主，次为第四系黏土和紫色砂页岩风化物，典型黄壤发育明显，剖面构型为 A－B－C，土壤质地、厚度因成土母质和地形部位的不同而不同。

根据成土母质的不同，将典型黄壤分为硅质黄壤、灰泥质黄壤、泥质黄壤、砂泥质黄壤和紫土质黄壤 5 个土属。

1. 硅质黄壤

硅质黄壤面积 16 870.03hm²，占典型黄壤亚类的 9.51%。成土母质为砂岩风化物，质地以松沙和沙壤为主，主要分布在汇川区、播州区、桐梓县、湄潭县、习水县，这 5 个县（区）硅质黄壤的面积占遵义市硅质黄壤面积的 82.14%。硅质黄壤根据土壤属性分为黄油砂土和黄砂泥土，面积分别为 4 764.81hm²、12 105.22hm²。

硅质黄壤一般分布地势陡峭，易冲刷崩塌；质地松沙至重壤，偏沙，通透性强，土层厚薄不一；土壤保水保肥能力差，耐蚀、耐旱、耐肥性均弱。土壤 pH4.4～7.5，平均 6.09；有机质 $2.4\sim97.9$g/kg，平均 25.87g/kg；全氮 $0.41\sim4.31$g/kg，平均 1.60g/kg；碱解氮 $34.4\sim492.5$mg/kg，平均 141.9mg/kg；有效磷 $0.1\sim89$mg/kg，平均 14.5mg/kg；缓效钾 $49\sim1\,051$mg/kg，平均 307.2mg/kg；速效钾 $23\sim481$mg/kg，平均 130.2mg/kg。土壤养分转化快，供肥快而短，前劲好，后劲弱。

2. 灰泥质黄壤

灰泥质黄壤是典型黄壤亚类中面积最大的一个土属，面积 71 634.44hm²，占遵义市典型黄壤亚类的 40.38%。成土母质为石灰岩、白云岩坡残积物，多分布于石灰岩出露较少的低中山缓坡和丘陵地段，遵义市除赤水市外，其余各县（区、市）都有不同面积的分布。根据成土母质和土壤属性差异划分为小粉黄泥土、灰砂黄泥土、黄胶泥土、大眼黄泥土 4 个土种，面积分别为 14 665.50hm²、25 299.19hm²、15 255.79hm²、16 413.96hm²。

灰泥质黄壤质地重壤至轻黏，土壤结构性好；耕作容易，生产性能较好，保水保肥能力强，肥料容量大，宜肥性广，养分转化快，作物生长前期稍慢，后劲足而平稳。土壤 pH4.4～7.6，平均 6.47；有机质 $4.5\sim85.5$g/kg，平均 29.92g/kg；全氮 $0.31\sim4.9$g/kg，平均 1.72g/kg；碱解氮 $27\sim693$mg/kg，平均 140.8mg/kg；有效磷 $0.2\sim89.9$mg/kg，平均 17.7mg/kg；缓效钾 $15\sim1\,124$mg/kg，平均 290.7mg/kg；速效钾 $12\sim530$mg/kg，平均 130.5mg/kg。

3. 泥质黄壤

泥质黄壤是典型黄壤亚类中面积较大的一个土属，面积 70 403.72hm²，占典型黄壤亚类的 39.68%。成土母质为第四系黏土、老风化壳，泥岩、页岩、板岩坡残积物。多分布丘陵缓坡、低山、丘陵地段。遵义市除赤水市外各县（区、市）都有不同面积的分布：

红花岗区 1 731.21 hm²、汇川区 1 161.19hm²、播州区 1 944.39hm²、桐梓县 6 336.19hm²、绥阳县 15 100.47hm²、正安县 11 083.09hm²、道真县 118.89hm²、务川县 4 158.80hm²、凤冈县 6 635.82hm²、湄潭县 6 662.59hm²、余庆县 7 156.85hm²、习水县 5 894.17hm²、仁怀市 1 885.85hm²。

泥质黄壤根据成土母质和土壤属性差异划分为 8 个土种：次生豆面泥土、小土泥土、豆面泥土、黄泥土、豆面黄泥土、死黄泥土、黄油泥土、小黄泥土，面积分别为 586.60hm²、1 076.41hm²、52 026.81hm²、10 890.18hm²、728.15hm²、737.32hm²、3 899.13hm²、459.13hm²。

泥质黄壤一般所处地势平坦，土层较厚；风化度高，富铝作用明显；质地黏重、紧实、通透性差，耕性差，耕作阻力大，有明显的可塑性和膨缩性；微生物活性弱，养分转化慢，不发小苗，发老苗，属后发型；土壤保水保肥能力强。土壤 pH4.3～7.9，平均 6.13；有机质1.9～100.5g/kg，平均 29.71g/kg；全氮 0.08～4.02g/kg，平均 1.82g/kg；碱解氮 1.1～660mg/kg，平均 152.3mg/kg；有效磷 0.1～89.4mg/kg，平均 19.1mg/kg；缓效钾 26.3～1 577mg/kg，平均 318.4mg/kg；速效钾 18～537mg/kg，平均 135.0mg/kg。

泥质黄壤中死黄泥土属于典型的酸、黏、板、瘦土壤，自然肥力低，作物生长不良和产量低。黄油泥土熟化程度高，通透性好，疏松易耕作，保水保肥能力强，微生物活动强烈，土壤 pH 中性，肥劲足而稳，宜种性广，作物产量高。

4. 砂泥质黄壤

砂泥质黄壤面积 14 713.69hm²，占遵义市典型黄壤亚类的 8.29％。成土母质为黄色、黄绿色砂页岩风化残坡积物，分布区域和面积为：红花岗区 1 386.01hm²、汇川区 443.89hm²、播州区 414.45hm²、桐梓县 674.94hm²、正安县 476.62hm²、务川县 596.25hm²、湄潭县 6 152.50hm²、余庆县 4 569.03hm²。根据成土母质和土壤属性差异划分为次生扁砂泥土、黄泡泥土 2 个土种，面积为 533.58hm²、14 180.11hm²。

砂泥质黄壤的成土母岩砂页岩易风化，成土较快，一般土层较厚，尤其是地势相对平坦的地段；质地多为中壤质重壤，质地适中，通透性好，易耕，土壤保水保肥能力中等，对水、肥、气、热有一定的协调能力；土壤层次发生明显，心土层黄化作用明显。土壤 pH 4.3～7.5，平均 6.20；有机质 1.2～97.9g/kg，平均 28.97g/kg；全氮 0.38～4.57g/kg，平均 1.81g/kg；碱解氮 26.7～623mg/kg，平均 162.78mg/kg；有效磷 0.8～83mg/kg，平均 23.0mg/kg；缓效钾 43～1 813mg/kg，平均 284.0mg/kg；速效钾 29～488mg/kg，平均 124.0mg/kg；土壤抗逆能力较强，供肥性较平稳，易种性较广，作物产量较高。

5. 紫土质黄壤

紫土质黄壤是典型黄壤亚类中面积最小的一个土属，面积 3 792.84hm²，占遵义市典型黄壤亚类的 2.14％。成土母质为白垩系红砂岩、紫色砂页岩残坡积物，多分布在低热湿润的低山、低中山下部或山地丘陵平缓地段。只有 4 个县（市）有分布：桐梓县 643.21hm²、务川县 20.91hm²、凤冈县 28.20hm²、习水县 2 188.07hm²、赤水市 912.45hm²，其中习水县的桃林乡、隆兴镇、二郎乡、官店镇和回龙镇分布面积较大。紫土质黄壤分为 2 个土种：紫黄泥土、紫黄砂泥土，面积分别为 2 364.54hm²、1 428.30hm²。

紫土质黄壤在成土过程中，具有明显的富铝化作用和黄化过程。土壤质地松沙至轻黏，质地适中。一般水肥条件较好，具有一定的保水保肥能力，土壤供肥能力较好。质地偏沙的部分土壤疏松易耕，但保水保肥能力差，供肥性前劲好，后劲弱。土壤 pH 4.3～7.5，平均 5.6；有机质 4～90.1g/kg，平均 25.32g/kg；全氮 0.27～3.24g/kg，平均 1.40g/kg；碱解氮 32～299mg/kg，平均 128.9mg/kg；有效磷 0.5～88.9mg/kg，平均 15.8mg/kg；缓效钾 10～1079mg/kg，平均 361.2mg/kg；速效钾 40～440mg/kg，平均 132.1mg/kg。

（二）黄壤性土

黄壤性土面积 51 125.11hm²，占遵义市黄壤土类面积的 20.94%。成土母质为灰绿色、青灰色页岩残坡积物，砂岩、砂页岩、板岩残坡积物和炭质页岩坡残积物。黄壤性土与典型黄壤呈复区交错分布。遵义市除赤水市外，其余各县（区、市）都有不同面积的分布：红花岗区 2 059.39hm²、汇川区 3 734.23hm²、播州区 2 196.63hm²、桐梓县 5 610.87hm²、绥阳县 3 463.15hm²、正安县 11 206.28hm²、道真县 10 539.37hm²、务川县 3 869.66hm²、凤冈县 2 345.46hm²、湄潭县 926.30hm²、余庆县 2 814.32hm²、习水县 1 970.11hm²、仁怀市 389.33hm²。黄壤性土亚类根据成土母质分为硅质黄壤性土、泥质黄壤性土、砂泥质黄壤性土 3 个土属，面积分别为 823.09hm²、16 979.64hm²、33 322.38hm²。

黄壤性土土壤发育比典型黄壤弱，具有弱度黄化和富铝化特征。剖面构型多为 A-BC-C 型，BC 层发育不明显，土层浅薄，土层中常含有半风化母质碎块。通透性好，疏松，易耕，保水保肥能力弱，土壤养分一般含量不高，肥力低，土体和耕层薄，土壤所在地势坡陡，耕种不便。

1. 硅质黄壤性土

硅质黄壤性土由砂岩风化坡残积物发育形成，面积 823.09hm²，占遵义市黄壤性土面积的 1.61%，分布区域和面积为红花岗区 2.74hm²、桐梓县 308.62hm²、凤冈县 9.89hm²、余庆县 78.25hm²、习水县 104.61hm²、仁怀市 318.98hm²。硅质黄壤性土土属仅有黄砂土 1 个土种。

硅质黄壤性土一般土层不厚，多在 40cm 左右，耕层平均 20cm，剖面构型为 A-BC-C；质地为松沙、沙壤、轻壤，土壤松散，透水透气性强；土体中砾石含量高，不耐旱，保水保肥能力弱，水土流失严重，土壤养分含量不高。土壤 pH4.6～7.3，平均 6.00；有机质 7.1～42.65g/kg，平均 25.99g/kg；全氮 0.55～2.79g/kg，平均 1.35g/kg；碱解氮 28～267mg/kg，平均 98.9mg/kg；有效磷 1.4～59.3mg/kg，平均 9.3mg/kg；缓效钾 56～825mg/kg，平均 271.9mg/kg；速效钾 40～240mg/kg，平均 118.8mg/kg。

2. 泥质黄壤性土

泥质黄壤性土成土母质为页岩、板岩风化坡残积物，该土属多分布于山坡中上部，地形陡峭。遵义市泥质黄壤性土面积 16 979.64hm²，占遵义市黄壤性土面积的 33.21%。遵义市除赤水市外其他各县（区、市）都有不同面积的分布，主要集中分布在桐梓县羊蹬镇、芭蕉乡、坡渡镇；绥阳县宽阔镇；正安县新洲镇、杨兴乡、和溪镇、格林镇；道真县旧城镇、棕坪乡、隆兴镇；习水县桑木镇等。泥质黄壤性土分为豆瓣泥土、煤泥土 2 个土种，面积分别为 16 663.60hm²、316.04hm²。

泥质黄壤性土多分布于远离村寨的山地，土层浅薄，一般在 60cm 以下，耕层厚 20cm；土层分化不明显，土体构型为 A-BC-C、A-C 型；土层中夹有大量半风化的母岩碎片，质地黏重，生产能力低，土壤养分缺乏。土壤 pH4.4～7.6，平均 6.13；有机质 2.9～72.1g/kg，平均 26.79g/kg；全氮 0.18～4.21g/kg，平均 1.72g/kg；碱解氮 14.9～441mg/kg，平均 132.6mg/kg；有效磷 0.1～88.3mg/kg，平均 14.3mg/kg；缓效钾 32～1 713mg/kg，平均 400.3mg/kg；速效钾 21～470mg/kg，平均 137.0mg/kg。

3. 砂泥质黄壤性土

砂泥质黄壤性土成土由砂页岩、砂岩、板岩风化物形成，遵义市砂泥质黄壤性土面积 33 322.38hm²，占黄壤性土面积的 65.18%。遵义市除赤水市外各县（区、市）都有不同面积的分布：红花岗区 1 976.50hm²、汇川区 3 582.76hm²、播州区 2 090.46hm²、桐梓县 2 240.62hm²、绥阳县 3 356.37hm²、正安县 5 003.04hm²、道真县 8 220.84hm²、务川县 2 166.96hm²、凤冈县 2 323.53hm²、湄潭县 900.50hm²、余庆县 1 031.41hm²、习水县 381.93hm²、仁怀市 47.48hm²。

根据土壤性质和成土母质差异划分为扁砂泥土和黄泡土 2 个土种，面积分别为 25 232.13hm²、8 090.25hm²。

砂泥质黄壤性土一般分布于远离村寨的低中山，低山上部陡坡地段，耕种不便，管理粗放；土体中夹有大量半风化的母岩碎片，耕层浅薄，土层分化不明显，B 层发育弱；耕层质地主要是轻壤至重壤土，质地适中，疏松，易耕种，通透性好，但耐旱、保水、保肥能力差，土壤养分不高。土壤 pH4.2～7.6，平均 5.96；有机质 6.1～88.4g/kg，平均 29.62g/kg；全氮 0.05～5.36g/kg，平均 1.73g/kg；碱解氮 20～466mg/kg，平均 145.1mg/kg；有效磷 0.2～85.6mg/kg，平均 18.1mg/kg；缓效钾 15～1 841mg/kg，平均 326.5mg/kg；速效钾 25～530.3mg/kg，平均 128.6mg/kg。

（三）漂洗黄壤

漂洗黄壤面积为 15 553.87hm²，占遵义市黄壤土类面积的 6.37%，占遵义市土壤面积的 1.84%。遵义市除赤水市、凤冈县、习水县外，其余各县（区、市）都有不同面积的分布：红花岗区 89.21hm²、汇川区 731.29hm²、播州区 1 225.92hm²、桐梓县 2 320.63hm²、绥阳县 252.68hm²、正安县 516.46hm²、道真县 201.95hm²、务川县 247.06hm²、湄潭县 5 495.95hm²、习水县 1 425.25hm²、仁怀市 3 047.46hm²。根据漂洗黄壤成土母质不同划分为灰泥质漂洗黄壤和泥质漂洗黄壤 2 个土属。

漂洗黄壤具有和黄壤基本相似的成土过程，不同的是在表土层以下由于淋溶作用强烈而形成明显的灰白色层次。漂洗黄壤的形成与其分布与地形和生物气候条件有密切联系，一般多分布于低中山、中低山山地丘陵海拔较高、湿度较大的缓坡台地或坡脚前缘地带。由于湿度大，在有机酸和下渗水侧流的长期淋溶下，使土体中铁锰等有色金属离子不断遭到淋洗，因此在表土层以下形成了明显的灰白色漂洗（E）层。漂洗黄壤质地一般黏重，剖面构型为 A-E-B-C 或者 A-E-C，pH 值平均 6.12，耕层养分含量不高。

1. 灰泥质漂洗黄壤

灰泥质漂洗黄壤成土母质为碳酸盐岩类风化坡积物和残积物，面积 12 077.09hm²，占漂洗黄壤亚类的 77.65%。灰泥质漂洗黄壤分布区域和面积为红花岗区 89.21hm²、汇川区 731.29hm²、播州区 1 225.92hm²、桐梓县 996.82hm²、绥阳县 252.68hm²、正安县 27.75hm²、道真县 201.95hm²、务川县 247.06hm²、湄潭县 5 495.95hm²、习水县 1 425.25hm²、仁怀市 1 383.21hm²。该土属分为 2 个土种：漂洗灰砂泥土、漂洗小粉土，面积分别为 10 668.26hm²、1 408.83hm²。

灰泥质漂洗黄壤剖面层次发育明显，表土层以下具有明显的灰白色漂洗层段，淀积层多见铁锰淀积物，黏粒明显下移；土壤质地中壤至中黏，保水保肥能力强；土壤有机质分解缓慢，养分转化慢，供肥性弱，作物产量低，土壤理化性质差。土壤 pH4.3～7.5，平均 6.09；有机质 6.6～89.8g/kg，平均 33.0g/kg；全氮 0.42～4.33g/kg，平均 1.97g/kg；碱解氮24～454mg/kg，平均 179.0mg/kg；有效磷 0.4～68mg/kg，平均 22.2mg/kg；缓效钾 45～864mg/kg，平均 223.6mg/kg；速效钾 33～390mg/kg，平均 121.0mg/kg。

2. 泥质漂洗黄壤

泥质漂洗黄壤成土母质为砂页岩风化坡积物和残积物，面积 3 476.78hm²，占遵义市漂洗黄壤亚类的 22.35%。遵义市只有桐梓县、正安县和仁怀市有分布，面积分别为 1 323.82hm²、488.71hm²、1 664.25hm²。主要分布在桐梓县尧龙山镇、坡渡镇；正安县班竹乡、格林镇；仁怀市喜头镇、学孔镇、火石岗乡、三合镇。该土属仅有漂洗黄泡土 1 个土种。

泥质漂洗黄壤分布一般地势高，离村寨远，管理不方便；无明显的淀积层发育，剖面构型为 A－E－C，土层厚平均 80cm，质地沙壤质轻黏；土壤施肥少，熟化程度不高，土壤养分转化较快，费劲足，但后期有脱肥可能，作物产量低。土壤 pH4.45～7.5，平均 6.28；有机质 6.2～69.6g/kg，平均 33.64g/kg；全氮 0.41～3.37g/kg，平均1.81g/kg；碱解氮43～623mg/kg，平均 140.3mg/kg；有效磷 1.1～53.2mg/kg，平均 12.3mg/kg；缓效钾 76～1 097mg/kg，平均 304.6mg/kg；速效钾 20～498mg/kg，平均 128.7mg/kg。

三、石灰土

石灰土是遵义市的主要土壤类型之一，面积 226 199.71hm²，占遵义市耕地土壤面积的 26.76%，占遵义市旱耕地面积的 38.62%。除赤水市外，其余 13 个县（市、区）都有不同面积分布，遵义市石灰土分布区域、面积、比例见表 2-9。

表 2-9　石灰土分布区域、面积、比例

县（区、市）	面积（hm²）	占遵义市石灰土面积比例（%）	占本区域耕地面积比例（%）
红花岗区	12 361.50	5.47	27.37
汇川区	9 143.98	4.04	22.41
播州区	24 225.85	10.71	31.12
桐梓县	41 829.62	18.49	41.51
绥阳县	24 089.18	10.65	33.01

（续）

县 （区、市）	面积 （hm²）	占遵义市石灰土 面积比例（%）	占本区域耕地 面积比例（%）
正安县	12 647.68	5.59	17.25
道真县	6 741.60	2.98	13.05
务川县	23 325.55	10.31	38.21
凤冈县	17 215.02	7.61	29.86
湄潭县	15 732.32	6.96	27.53
余庆县	12 645.20	5.59	27.11
习水县	10 922.72	4.83	13.34
仁怀市	15 319.49	6.77	27.82

石灰土为岩成土，成土母质为寒武系、三叠系、二叠系、奥陶系的石灰岩、白云质灰岩、燧石灰岩和泥灰岩的风化坡残积物。石灰岩的发育受母岩和地形的影响极大，石灰岩地区山体庞大，山峰重叠或孤峰独立，基岩裸露，植被覆盖差。石灰岩抗风化能力强，主要以溶蚀作用为主，风化物多残留于石芽、裂隙之中，因此群众称为"石卡拉土"。白云质灰岩、燧石灰岩地区，由于母岩易崩解碎裂，在风化残积物中常含有大量母岩碎块，因此形成的土多为砾质土。泥灰岩地区，由于母质风化成土较快，所形成的土壤土层一般较厚，但是土壤质地偏黏，土体中黏粒的移动明显。石灰土由于母岩含钙、镁丰富，加上所处的地形部位多为岩溶丘陵或岩溶山地，因此在土壤形成过程中，富含碳酸钙的岩溶水不断加入土体中，延缓了土壤中盐基成分的淋溶和富铝化的进程，从而使石灰土长期处于初育阶段，土体厚薄不一。剖面构型一般为 A - B/BC - C、A - AC/AH - C/R、A - AP -AC -C/R。石灰土呈中性至微碱性，pH 7.5～8.9，平均 7.78；有机质 1.3～111.8g/kg，平均31.28g/kg；全氮 0.08～4.87g/kg，平均 1.85g/kg；碱解氮 11.5～758mg/kg，平均153mg/kg；有效磷 0.1～89.8mg/kg，平均 18.6mg/kg；缓效钾 3～1 807mg/kg，平均286.9mg/kg；速效钾 15～558mg/kg，平均 134.8mg/kg。

根据局部自然成土条件的变化引起成土过程的差异，将石灰土土类分为黄色石灰土和黑色石灰土 2 个亚类。

（一）黄色石灰土

黄色石灰土在遵义市范围内广泛分布，面积 17 5852.91hm²，占遵义市石灰土面积的77.74%，占遵义市耕地土壤面积的 20.80%。黄色石灰土的分布范围与黄壤基本一致，二者常成交错分布。遵义市除赤水市外，其余各县（区、市）都有不同面积的分布。遵义市各县（区、市）黄色石灰土分布面积、比例见表 2-10。

表 2-10 黄色石灰土分布面积、比例

县（区、市）	面积（hm²）	所占比例（%）
红花岗区	10 138.98	5.77
汇川区	7 771.62	4.42

（续）

县（区、市）	面积（hm²）	所占比例（%）
播州区	19 729.17	11.22
桐梓县	33 879.86	19.27
绥阳县	18 352.31	10.44
正安县	7 618.23	4.33
道真县	5 871.26	3.34
务川县	23 325.55	13.26
凤冈县	13 707.70	7.79
湄潭县	11 302.85	6.43
余庆县	10 944.81	6.22
习水县	8 069.33	4.59
仁怀市	5 141.24	2.92

黄色石灰土土层厚薄不一，在坡顶、山脊和离母岩近的地段，土层通常较薄，而在山地鞍部、山腰、坡脚地带土层通常较厚。土壤层次发育明显，剖面构型为 A-B-C、A-BC-C、A-AP-AC-R、A-AC-C。土壤质地因成土母质的不同而存在差异，一般质地偏黏，表土一般呈黄灰色，心土层为黄色。土壤 pH 一般偏碱性，pH 7.5～8.9，平均7.78；有机质 1.3～111.8g/kg，平均 31.21g/kg；全氮 0.08～4.87g/kg，平均1.85g/kg；碱解氮 11.5～758mg/kg，平均 153.5mg/kg；有效磷 0.2～89.8mg/kg，平均 18.8mg/kg；缓效钾 3～1807mg/kg，平均 287.8mg/kg；速效钾 15～558mg/kg，平均135.2mg/kg。

黄色石灰土仅有黄色石灰土 1 个土属。根据母质对成土过程的影响和土壤属性的不同，分为胶泥土、淋溶胶泥土、大土泥土、白云砂泥土、淋溶白云砂泥土、黄泡泥石灰土、豆瓣石灰土、大眼泥土、扁砂泥石灰土 9 个土种，面积分别为 10 182.26hm²、4 693.88hm²、94 244.04hm²、24 154.39hm²、96.69hm²、1 529.51hm²、609.33hm²、16 528.86hm²、23 813.95hm²。

黄色石灰土肥力中等，保水保肥能力强，宜种范围广，作物产量高。其中大眼泥土熟化程度较高，耕层结构较好，耕性好，宜种作物多，复种指数高。胶泥土质地黏重，耕性差，但地处丘陵缓坡地段的土壤，有利于耕种，土壤肥力中等。白云砂泥土土层疏松，土体中含有砾石，透水性强，保水保肥能力弱，耕性好，易耕种，土壤肥力中等，作物前期长势快，容易"起苗"，后期养分供应不足，容易脱肥早衰。

（二）黑色石灰土

黑色石灰土是石灰岩、白云质灰岩风化母质发育而成的土壤，石灰岩、白云岩的山地，均有黑色石灰土。遵义市黑色石灰土面积 50 346.80hm²，占遵义市石灰土面积的22.26%，占遵义市耕地土壤面积的 5.96%。黑色石灰土与黄色石灰土呈复区交错分布，遵义市除赤水市和务川县外，其余各县（区、市）都有不同面积的分布。遵义市各县

（区、市）黑色石灰土面积、比例见表2-11。黑色石灰土亚类仅有黑色石灰土1个土属，岩泥土1个土种。

表 2-11 黑色石灰土面积、比例

县（区、市）	面积（hm²）	比例（%）
红花岗区	2 222.53	4.41
汇川区	1 372.36	2.73
播州区	4 496.68	8.93
桐梓县	7 949.76	15.79
绥阳县	5 736.87	11.39
正安县	5 029.45	9.99
道真县	870.33	1.73
凤冈县	3 507.32	6.97
湄潭县	4 429.47	8.80
余庆县	1 700.39	3.38
习水县	2 853.39	5.67
仁怀市	10 178.25	20.22

黑色石灰土多分布于地势陡峻的石灰岩山地中上部，在温暖湿润的环境和良好的植被条件下，大量的枯枝落叶和杂草残体经微生物等形成腐殖质，积累在土壤中，因此土壤有机质含量一般都比较高，土壤结构好。黑色石灰土所处地形部位比较陡峭，土壤容易遭受侵蚀，同时母岩母质风化作用比较弱，所以土层一般不厚和层次分异不很明显。黑色石灰土所处地形部位坡度陡峭，岩石裸露，土体中含有未风化的石块，多为石旮旯土，土被连续性差，耕种不方便，土层薄，耐旱性差，质地黏重，但土壤结构较好，自然肥力一般较高。土壤 pH7.5～8.8，平均 7.77；有机质 3.7～109.2g/kg，平均 31.56g/kg；全氮0.49～4.03g/kg，平均 1.83g/kg；碱解氮 29～472mg/kg，平均 151mg/kg；有效磷0.1～6.5mg/kg，平均17.8mg/kg；缓效钾 26～1 215mg/kg，平均283.4mg/kg；速效钾20～530mg/kg，平均 133.0mg/kg。

由于所处地形陡峭，黑色石灰土地区一般水土流失严重，对于坡度大、土层薄的地方应该退耕还林还草；坡度小、土层厚、耕种方便、连续多年种植的地方可以与经济林木实行林粮间作，不仅可以保护水土资源，同时又能充分发挥经济效益和生态效益。

四、紫色土

紫色土是遵义市主要的岩成土，面积 70 817.15hm²，占遵义市耕地面积的 8.38%，占旱耕地面积的 12.09%。紫色土一般呈条带状与石灰土、黄壤交错分布，遵义市各个县（区、市）面积为红花岗区 4 517.13hm²、汇川区 3 006.48hm²、播州区 7 073.64hm²、桐梓县 9 697.53hm²、绥阳县 3 026.07hm²、正安县 1 169.16hm²、道真县 807.08hm²、务川县 247.25hm²、凤冈县 1 235.50hm²、湄潭县 759.93hm²、余庆县 2 765.71hm²、习水县 20 220.67hm^2、赤水市 7 337.02hm^2、仁怀市 8 954.00hm^2。

紫色土的形成，主要表现为母岩的快速物理崩解和频繁的侵蚀堆积作用，以及碳酸钙的不断淋失，而生物累积作用则较弱。因此，它虽然处于湿热气候条件下，但是却一直停留于幼年土的发育阶段。

遵义市的紫色土成土母质为侏罗系、白垩系、三叠系和下第三系的紫色岩类。不同时代的紫色岩类由于沉积时间和沉积环境不同，岩性差异很大，所以不同类型的紫色土理化性状和生产力不一样。紫色砂性母岩风化发育的紫色土质地较轻，透水、通气性好，盐基遭到淋洗后，多呈酸性。紫色泥页岩风化物发育的紫色土，质地偏黏，通透性差，盐基不易淋洗，多呈中性或微碱性。紫色土 pH 4.2～8.83，平均 6.21；有机质 2.4～105.2g/kg，平均 23.3g/kg；全氮 0.18～5.16g/kg，平均 1.40g/kg；碱解氮 18.7～471mg/kg，平均 120.9mg/kg；有效磷 0.1～88.4mg/kg，平均 14.7mg/kg；缓效钾 10～1 829mg/kg，平均 377.4mg/kg；速效钾 22～500mg/kg，平均 130.0mg/kg。

地形条件也强烈影响着紫色土的形成和性状，在岩层倾斜大和坡度陡的部位，易受侵蚀，土层薄，发育弱，土体中含大量半风化母岩碎片。在坡度平缓的地段，土层较厚，利用率高。总之，由于地形条件不同，所引起的水肥再分配，物质的移动、堆积，直接影响到紫色土的组合、分布及性状都不一致。

紫色土由于母质母岩矿物成分复杂，颜色深，岩体吸热能力强，在冷热干湿交替作用下，以物理风化为主，崩解作用进行较快，加之土壤疏松侵蚀强烈，使土体更替、堆积作用频繁，成土迅速，土壤中夹半风化母岩碎屑多，剖面层次发育不明显，土体构型为A-C、A-BC-C、A-B-C，矿物风化度低，土体中含有一定量的长石、云母等原生矿物。在成土过程中，虽然土壤中盐基元素和碳酸钙的淋失作用加强，但成土母质的不断更新或者堆积，阻止和延缓了土壤的正常发育，让紫色土长常处于相对幼年阶段。

根据紫色土的成土条件和土壤特性差异，将紫色土划分为石灰性紫色土、酸性紫色土和中性紫色土 3 个亚类。

（一）石灰性紫色土

石灰性紫色土成土母质由钙质紫色泥页岩、钙质紫色砂岩、红色粉砂岩、钙质砾岩坡残积风化而成。遵义市石灰性紫色土面积为 8 918.62hm^2，占遵义市紫色土土类面积的 12.59%。遵义市除赤水市和务川县外各县（区、市）都有不同面积分布：红花岗区 1 089.46hm^2、汇川区 385.14hm^2、播州区 744.51hm^2、桐梓县 1 107.53hm^2、绥阳县 2 279.53hm^2、正安县 176.35hm^2、道真县 794.06hm^2、凤冈县 392.67hm^2、湄潭县 550.90hm^2、余庆县 381.08hm^2、习水县 1 014.15hm^2、仁怀市 3.22hm^2。

在石灰性紫色土成土过程中，由于成土时间短，矿物风化度低，土壤颜色与母岩颜色一致。土体多夹半风化母岩碎屑，土壤发生层次不明显，由于淋溶作用轻，有石灰反应，土壤 pH7.5 以上。根据起源母质及土壤属性不同，将石灰性紫色土划分为灰紫泥土、灰紫壤土 2 个土属。

1. 灰紫泥土

灰紫泥土由钙质紫色泥页岩、钙质砾岩坡残积风化而成。遵义市灰紫泥土面积为

7 340.75hm²，占遵义市石灰性紫色土亚类的 82.31%。除赤水市、务川县和余庆县外，其余各县（区、市）都有不同面积分布：红花岗区 1 089.46hm²、汇川区 385.14hm²、播州区 730.12hm²、桐梓县 252.07hm²、绥阳县 2 279.53hm²、正安县 176.35hm²、道真县 794.06hm²、凤冈县 392.67hm²、湄潭县 550.90hm²、习水县 687.22hm²、仁怀市 3.2hm²。根据熟化程度和土壤属性，将灰紫泥土属分为钙质紫泥土、钙质羊肝石土、钙质紫胶泥土 3 个土种，面积分别为 4 899.45hm²、1 880.83hm²、560.47hm²。

灰紫泥土风化程度较弱，成土时间不长，发育层次分异不明显。受地形的影响，土层厚薄不一，耕作层一般粒状结构，土壤质地普遍偏黏，保水保肥能力也强，一般胶体品质好，代换量高，保肥能力强，加上土壤中的原生矿物含量高，矿物养分丰富。土壤 pH7.5～8.83，平均 7.75；有机质 5.90～92.30g/kg，平均 31.92g/kg；全氮 0.67～3.90g/kg，平均 1.88g/kg；碱解氮 42～471mg/kg，平均 162.2mg/kg；有效磷 0.2～85.0mg/kg，平均 20.5mg/kg；缓效钾 50～840mg/kg，平均 267.7mg/kg；速效钾 22～410mg/kg，平均 125.3mg/kg。

2. 灰紫壤土

灰紫壤土由钙质紫色砂岩、红色粉砂岩坡残积风化而成。面积比较少，分布零星，遵义市面积 1 577.87hm²，占石灰性紫色土亚类的 17.69%。灰紫壤土分布为播州区 14.39hm²、桐梓县 855.46hm²、余庆县 381.08hm²、习水县 326.93hm²。根据熟化程度和土壤属性，将灰紫壤土属分为钙质紫砂泥土、钙质血泥土 2 个土种，面积分别为 101.71hm²、1 476.17hm²。

灰紫壤土分布于陡峭地形，坡度大，易遭侵蚀。土体中常含有较多的半风化母岩碎片，层次风化不明显。土体不厚，粒状结构，质地中壤质中黏，质地较轻，耕性好，通透性强，保水保肥能力差，供肥能力弱，宜种性差。土壤 pH7.5～8.4，平均 7.76；有机质 5～45.3g/kg，平均 21.22g/kg；全氮 0.57～3.48g/kg，平均 1.34g/kg；碱解氮 45.8～284.6mg/kg，平均 115.1mg/kg；有效磷 1.8～50mg/kg，平均 12.7mg/kg；缓效钾 127～1 263mg/kg，平均 314.1mg/kg；速效钾 33～225mg/kg，平均 121.9mg/kg

（二）酸性紫色土

酸性紫色土成土母质为酸性紫红色粉砂页岩、泥岩、砂岩、页岩、砾岩，棕紫色砂页岩和紫色砂岩坡残积风化而成。遵义市酸性紫色土面积为 29 237.74hm²，占遵义市紫色土土类面积的 41.29%。遵义市除湄潭县外各县（区、市）都有不同面积分布：红花岗区 1 357.56hm²、汇川区 563.61hm²、播州区 1 804.14hm²、桐梓县 1 235.74hm²、绥阳县 505.25hm²、正安县 573.60hm²、道真县 7.23hm²、务川县 42.65hm²、凤冈县 793.09hm²、余庆县 432.62hm²、习水县 12 661.09hm²、赤水市 6 446.75hm²、仁怀市 2 814.4hm²。酸性紫色土母岩不含碳酸钙，盐基元素含量低，土壤形成进行酸性淋溶过程，全剖面无石灰反应，pH 平均 5.45。土壤养分含量不高。由于成土时间短，发生层次不明显，剖面构型多为 A－C 或者 A－BC－C。

根据起源母质及土壤属性不同，将酸性紫色土划分为酸紫砾泥土、酸性紫壤土、酸性黏土 3 个土属。

1. 酸紫砾泥土

酸紫砾泥土由酸性紫红色泥岩和砂岩坡残积风化而成。遵义市酸紫砾泥土面积为 1 231.94hm²，占遵义市酸紫性紫色土亚类的 4.21%，分布区域和面积为红花岗区 9.90hm²、播州区 212.20hm²、桐梓县 36.28hm²、绥阳县 0.59hm²、习水县 551.01hm²、仁怀市 421.66hm²，该土属仅有酸性羊肝石土 1 个土种。

酸紫砾泥土土壤层次发育不明显，土体疏松，抗蚀能力弱，易遭冲刷产生水土流失，土壤抗逆性能差，易旱；全剖面呈紫色，酸性反应，土壤质地为重壤土至中黏土，土体中常含有较多风化母岩碎屑；土壤熟化程度低，土壤养分含量不高。土壤 pH 4.7～6.55，平均 5.72；有机质 10.3～48.4g/kg，平均 23.71g/kg；全氮 0.59～2.36g/kg，平均 1.36g/kg；碱解氮 55.1～218mg/kg，平均 111.6mg/kg；有效磷 1～49.4mg/kg，平均 15.2mg/kg；缓效钾 107～1 062mg/kg，平均 343.2mg/kg；速效钾 46～310mg/kg，平均 118.7mg/kg。土壤供肥性弱，作物生长后期易脱肥早衰，属于前发型，是低产土。

2. 酸紫壤土

酸紫壤土由酸性紫红色粉砂页岩、砂岩、砾岩，棕紫色砂页岩和紫色砂岩坡残积风化而成。遵义市酸紫壤土面积 16 073.34hm²，占遵义市酸性紫色土亚类的 54.97%，分布区域和面积为红花岗区 437.40hm²、播州区 337.28hm²、桐梓县 928.12hm²、绥阳县 504.66hm²、务川县 42.65hm²、凤冈县 793.09hm²、习水县 6 380.93hm²、赤水市 4 390.07hm²、仁怀市 2 259.13hm²。

根据熟化程度和土壤属性，将酸紫壤土属分为酸性紫砂泥土、酸性紫砂土、酸性红砂泥土、酸性血泥土 4 个土种，面积分别为 5 153.64hm²、7 400.88hm²、2 245.54hm²、1 273.27hm²。

酸紫壤土一般所处地形部位陡峭，坡度大，侵蚀严重，土壤发育弱，常保持幼年状态；土体中常含有较多半风化母岩碎块，层次分化不明显；粒状结构，土壤偏酸，养分含量不高。土壤 pH4.2～8.0，平均 5.42；有机质 2.4～94.70g/kg，平均 18.77g/kg；全氮 0.18～4.03g/kg，平均 1.12g/kg；碱解氮 20～383mg/kg，平均 107.6mg/kg；有效磷 0.2～87.8mg/kg，平均 13.1mg/kg；缓效钾 10～1 372mg/kg，平均 399.1mg/kg；速效钾 22～478mg/kg，平均 131.0mg/kg。耕层质地松沙和壤土较多，土壤疏松，质地轻，宜耕期长，土壤保肥供肥性能弱，容易受旱脱肥，产量不高。

3. 酸紫黏土

酸紫黏土由酸性紫红色泥岩、页岩、砂页岩坡残积风化而成。遵义市酸紫黏土面积 11 932.47hm²，占遵义市酸性紫色土亚类的 46.12%，分布区域和面积：红花岗区 910.26hm²、汇川区 563.61hm²、播州区 1 254.36hm²、桐梓县 271.34hm²、正安县 573.60hm²、道真县 7.23hm²、余庆县 432.62hm²、习水县 5 729.15hm²、赤水市 2 056.68hm²、仁怀市 133.62hm²。根据熟化程度和土壤属性，将酸紫黏土属分为酸性紫胶泥土、酸性紫泥土 2 个土种，面积分别为 6 773.37hm²、5 159.10hm²。

酸紫黏土质地黏重，耕层较紧，通透性和耕性差，宜耕期短，土壤保水，保肥能力好。土壤 pH4.2～7.0，平均 5.48；有机质 2.9～72.0g/kg，平均 22.12g/kg；全氮 0.29～5.16g/kg，平均 1.38g/kg；碱解氮 18.7～364mg/kg，平均 116.9mg/kg；有效磷

0.1～88.4mg/kg，平均 14.5mg/kg；缓效钾 10～1 286mg/kg，平均 408.7mg/kg；速效钾 22～498mg/kg，平均 135.2mg/kg。

（三）中性紫色土

中性紫色土成土母质为紫红色砂页岩、紫色砂岩和砾岩、紫色泥岩、紫色砂页岩、棕紫色页岩坡残积风化而成。遵义市中性紫色土面积为 32 660.79hm²，占遵义市紫色土土类面积的 46.12%。遵义市各县（区、市）都有不同面积分布：红花岗区 2 070.12hm²、汇川区 2 057.72hm²、播州区 4 524.99hm²、桐梓县 7 354.25hm²、绥阳县 241.28hm²、正安县 419.21hm²、道真县 5.78hm²、务川县 204.60hm²、凤冈县 49.73hm²、湄潭县 209.03hm²、余庆县 1 952.01hm²、习水县 6 545.42hm²、赤水市 890.27hm²、仁怀市 6 136.37hm²。在成土过程中，母岩中的碳酸钙及盐基物质淋溶作用相对不强，全剖面石灰反应弱或者无，pH 在 6.45～7.57 之间。由于成土时间短，矿物风化度低，粘粒以蒙脱石、水云母为主。土体中常夹有半风化母岩碎屑，发生层次不明显，土壤养分含量不高。

根据起源母质及土壤属性不同，中性紫色土亚类划分为紫泥土、紫壤土 2 个土属。

1. 紫泥土

紫泥土由紫红色砂页岩、砾岩、紫色泥岩、棕紫色页岩坡残积风化而成。遵义市紫泥土面积 26 482.16hm²，占遵义市中性紫色亚类的 81.08%。遵义市各县（区、市）都有不同面积分布：红花岗区 2 001.27hm²、汇川区 2 057.72hm²、播州区 4 518.49hm²、桐梓县 5 850.45hm²、绥阳县 241.28hm²、正安县 419.21hm²、道真县 5.78hm²、务川县 204.60hm²、凤冈县 49.73hm²、湄潭县 209.03hm²、余庆县 1 952.01 hm²、习水县 3 907.77hm²、赤水市 804.94hm²、仁怀市 4 259.88hm²。

根据熟化程度和土壤属性，紫泥土属分为中性紫泥土、中性羊肝石土、中性死胶泥土、中性紫胶泥土 4 个土种，面积分别为 14 086.70hm²、7 956.54hm²、1 965.02hm²、2 473.91hm²。

紫泥土土层深厚，发生层次明显，耕层质地轻壤至重黏，粒状结构，灰紫色或者紫色。土壤 pH6.45～7.57，平均 6.90；有机质 2.7～105.2g/kg，平均 27.90g/kg；全氮 0.32～4.97g/kg，平均 1.63g/kg；碱解氮 24～471mg/kg，平均 133.5mg/kg；有效磷 0.1～81.6mg/kg，平均 16.7mg/kg；缓效钾 10～1 829mg/kg，平均 361.1mg/kg；速效钾 23～500mg/kg，平均 129.1mg/kg。土体疏松，质地适中，易于耕作和宜耕期长，土壤水、肥、气、热协调，土壤熟化程度高，作物生长前期起苗快；保水保肥能力好，抗逆性强，宜种作物广，产量高，品质好。

2. 紫壤土

紫壤土土属由紫色砂岩、紫色砾岩、紫色砂页岩坡残积风化而成。遵义市紫壤土面积 6 178.63hm²，占遵义市中性紫色土亚类的 18.92%，分布区域和面积：红花岗区 68.86hm²、播州区 6.50hm²、桐梓县 1 503.80hm²、习水县 2 637.66hm²、赤水市 85.33hm²、仁怀市 1 876.49hm²。

根据熟化程度和土壤属性，将紫壤土属分为中性紫砂土、中性血泥土、中性紫砂泥土

3 个土种，面积分别为 4 075.14hm²、75.35hm²、2 028.13hm²。

紫壤土多分布于坡度陡峭的紫色砂页岩地区，土壤发育程度差，层次分化不明显，土层较薄，土体中砾石含量高；质地松沙至中黏，漏水漏肥，耐旱能力差；土壤养分含量都不高，尤其是氮和磷，作物产量不高。土壤 pH6.5～7.55，平均 6.92；有机质 4.3～55.0g/kg，平均 18.46g/kg；全氮 0.39～3.14g/kg，平均 1.15g/kg；碱解氮 37.4～324mg/kg，平均 94.20mg/kg；有效磷 0.4～61.3mg/kg，平均 8.54mg/kg；缓效钾 31～1 260mg/kg，平均 411.6mg/kg；速效钾 29～303mg/kg，平均 124.0mg/kg。

五、粗骨土

粗骨土属于初育土纲，石质初育土亚纲，面积 39 755.47hm²，占遵义市耕地面积的4.70%，占遵义市旱耕地面积的 6.79%，分布区域和面积为红花岗区 1 320.76hm²、汇川区 5 142.27hm²、播州区 4 798.55hm²、桐梓县 4 772.04hm²、绥阳县 940.27hm²、正安县 3 881.43hm²、道真县 2 610.95hm²、务川县 3 760.84hm²、凤冈县 168.41hm²、余庆县 134.50hm²、习水县 2 580.65hm²、仁怀市 9 644.82hm²。

粗骨土成土母质为白云岩、白云灰岩、砂岩、粉砂岩、砂页岩、页岩坡残积物。与本区域黄壤、石灰土呈复区分布，具有相似的生物气候条件，但是所处地形坡度陡，土壤侵蚀严重。土壤发育程度不深，发生层次不明显，土层浅薄，平均 40cm，土体中含有较多的母岩碎屑，所以称为粗骨土。粗骨土多见于低山和中山的坡地或山脊地段，呈片状零星分布。粗骨土剖面构型为 A-C，在浅薄的 A 层下，即为厚薄不同的半风化母岩松散碎屑层。土层厚薄及形态特征受母质类型的影响很大，具有明显的母质特征。由于所处地势坡度大，土壤侵蚀严重，冲刷严重，土壤中黏粒流失，土体中残留母岩碎片和石砾多，通透性良好，矿物质养分的含量相对较高，但是氮磷钾含量都不高。土壤 pH 4.3～8.85，平均 7.05；有机质 6.6～101g/kg，平均 29.78g/kg；全氮 0.50～4.08g/kg，平均 1.71g/kg；碱解氮 25～389mg/kg，平均 137.6mg/kg；有效磷 0.2～77.6mg/kg，平均 16.7mg/kg；缓效钾 25～1 243mg/kg，平均 298.5mg/kg；速效钾 15～538mg/kg，平均 134.0mg/kg。

根据粗骨土的成土条件和土壤特性差异，将粗土土类划分为钙质粗骨土和酸性粗骨土2 个亚类。

（一）钙质粗骨土

钙质粗骨土成土母质为白云灰岩、白云岩坡残积物风化而成，多分布在易遭冲刷，侵蚀强烈的低山、中山坡地及丘陵中、上部地段。遵义市钙质粗骨土面积 25 659.14hm²，占遵义市粗骨土土类面积的 64.54%。遵义市除赤水市和湄潭县外，其余各县（区、市）都有不同面积分布：红花岗区 1 084.38hm²、汇川区 4 446.00hm²、播州区 4 347.40hm²、桐梓县 2 454.40hm²、绥阳县 63.25hm²、正安县 33.00hm²、道真县 878.80hm²、务川县 3 703.73hm²、凤冈县 125.07hm²、余庆县 42.85hm²、习水县 808.80hm²、仁怀市 7 671.46hm²。钙质粗骨土有灰泥质钙质粗骨土 1 个土属，砾石白云砂土和砾质扁砂石灰土 2 个土种，面积分别为 19 147.09hm²、6 512.05hm²。

土属所处地形坡度大，土壤侵蚀严重，土层浅薄，抗旱能力不强，层次发育不明显，土被不连续，土体中母岩碎片和石砾残留较多，土体浅灰至灰色。土壤养分含量不高，土壤 pH 7.5～8.85，平均 7.75；有机质 6.6～101g/kg，平均 30.5g/kg；全氮 0.50～3.91g/kg，平均 1.75g/kg；碱解氮 25～389mg/kg，平均 140.5mg/kg；有效磷 0.2～77.6mg/kg，平均 17.3mg/kg；缓效钾 25～1243mg/kg，平均 272.9mg/kg；速效钾 15～538mg/kg，平均 140.8mg/kg。作物由于地处高坡，日照强，土温高，风速大，水分蒸发快，造成作物枯黄或者逼熟，产量不高，甚至绝收。

（二）酸性粗骨土

酸性粗骨土成土母质为砂岩、粉砂岩、砂页岩、页岩坡残积物。遵义市酸性粗骨土面积为 14 096.13hm²，占遵义市粗骨土土类面积的 35.46%。酸性粗骨土分布区域和面积：红花岗区 236.38hm²、汇川区 696.27hm²、播州区 451.14hm²、桐梓县 2 317.64hm²、绥阳县 877.02hm²、正安县 3 848.43hm²、道真县 1 732.15hm²、务川县 57.10hm²、凤冈县 43.34hm²、余庆县 91.65hm²、习水县 1 771.84hm²、仁怀市 1 973.36hm²。酸性粗骨土亚类仅有泥质酸性粗骨土 1 个土属，扁砂土、豆瓣土、黄灰泡土、黄泡土、黄石砂土、煤砂土 6 个土种，面积分别为 3 709.90hm²、6 465.29hm²、249.94hm²、2 662.25hm²、551.90hm²、457.05hm²。

酸性粗骨土土层浅薄，层次发育不明显，土体中母岩碎片和石砾残留较多，土体黄灰色至浅黄色，质地为重壤至轻黏土。土壤 pH4.3～7.4，平均 5.66；有机质 6.8～99.8g/kg，平均 28.36g/kg；全氮 0.67～4.08g/kg，平均 1.63g/kg；碱解氮 29～351mg/kg，平均 131.9mg/kg；有效磷 0.2～73.1mg/kg，平均 15.7mg/kg；缓效钾 31～1 075mg/kg，平均 349.0mg/kg；速效钾 30～420mg/kg，平均 120.5mg/kg。

由于酸性粗骨土分布于陡坡地带，坡度大，土壤侵蚀严重；土体中含有较多的母岩碎片，不利于作物的生长和耕种；土壤水肥容量小，作物生长前期肥劲足，后期易脱肥早衰；土壤抗逆性差，作物容易遭受干旱的影响；熟化程度低，作物产量低。

六、黄棕壤

遵义市黄棕壤面积 4 149.49hm²，占遵义市耕地面积的 0.49%。黄棕壤主要分布在大娄山海拔 1 400～1 500m 以上的地段，平均海拔 1 458m，分布区域和面积：桐梓县 319.66hm²、绥阳县 618.00hm²、正安县 1 195.34hm²、道真县 1 774.15hm²、习水县 242.33hm²，以桐梓县狮溪镇，绥阳县宽阔镇、太白镇，正安县的班竹镇、中观镇，道真县阳溪镇、洛龙镇、桃源乡分布面积较大。

遵义市为中亚热带生物气候，发育形成的地带性土壤主要为黄壤，但是由于大娄山山脉山体高大，地形起伏，气候垂直差异明显，随着海拔的不断变化，生物气候条件也在不同的变化，在黄壤的基带之上，有与北亚热带气候条件相应的地带性土壤黄棕壤的形成。

由于黄棕壤分布区域东西水热条件的差异，导致大娄山东部正安一带的黄棕壤分布于海拔 1 350m 以上，而西段习水一带则在 1 500m 以上，两地相差 150m 左右。黄棕壤分布地带年均温为 11～33℃，最冷月平均气温－1.4～0.9℃，极端最低温度为－10.5℃～－12.8℃，夏温比较低，最热月平均温度不超过 18℃。全年无霜期为 190～228d，降雨量为 1 000～1 100mm 左右，干旱指数在 0.5～0.7 之间，相对湿度 80%以上，温凉湿润的气候条件，有利于黄棕壤的形成。

黄棕壤的植被类型为落叶阔叶林与常绿阔叶混交林，代表性树种有青冈栎、鹿角杜鹃、粗穗石栎等。落叶阔叶林代表树种有椴树、亮叶山毛榉、光皮桦及槭树等。目前原生植被大多遭到破坏，仅在偏僻的山区有小片残存，次生植被为华山松幼林和高山柳、灌丛等。

黄棕壤成土母质主要为泥岩、泥页岩、砂岩、粉砂岩、石灰岩、白云灰岩风化残积和坡积物。在温凉湿润的生物条件下，有机质分解缓慢，有利于积累。根据中国科学院南京土壤所分析表明，黄棕壤的次生黏土矿物以蒙脱石为主，其次为伊利石和高岭石，而黄壤则以蛭石为主，其次为伊利石、高岭石和三水铝矿。从次生黏土矿物组成中不难看出黄棕壤的富铝作用远比黄壤低，所以黄壤黏粒的硅铝率明显低于黄棕壤。

黄棕壤在成土过程中由于盐基淋溶较强，盐基不饱和，土壤多呈酸性至微酸性，土壤 pH 4.6～7.58，平均 6.32；有机质 8.0～89.2g/kg，平均 30.09g/kg；全氮 0.68～4.31g/kg，平均 1.67g/kg；碱解氮 38～561mg/kg，平均 140.5mg/kg；有效磷 0.2～50.3mg/kg，平均 13.4mg/kg；缓效钾 136～800mg/kg，平均 343.7mg/kg；速效钾 44～450mg/kg，平均 140.9mg/kg。

黄棕壤分为暗黄棕壤 1 个亚类，根据成土母质的不同分为灰泥质暗黄棕壤、泥质暗黄棕壤、砂泥质暗黄棕壤 3 个土属。

1. 灰泥质暗黄棕壤

灰泥质暗黄棕壤是石灰岩、白云灰岩残积和坡积发育而成的土壤，面积 3 613.27hm²，占遵义市黄棕壤面积的 87.08%，分布区域和面积：桐梓县 319.66hm²、绥阳县 387.54hm²、正安县 981.48hm²、道真县 1 682.26hm²、习水县 242.33hm²。灰泥质暗黄棕壤土属仅有灰泡土 1 个土种。

灰泥质暗黄棕壤一般土层较厚，平均 80cm，发生层次明显；质地为轻壤至中黏，粒状结构。土壤 pH 5.1～7.58，平均 6.44；有机质 8.4～89.2g/kg，平均 30.36g/kg；全氮 0.76～4.31g/kg，平均 1.63g/kg；碱解氮 38～561mg/kg，平均 141.4mg/kg；有效磷 0.2～50.3mg/kg，平均 13.4mg/kg；缓效钾 136～800mg/kg，平均 343.7mg/kg；速效钾 44～450mg/kg，平均 140.9mg/kg。由于受地形气候影响，生物活性弱，有效肥力不高，土壤供肥缓慢，肥劲弱，作物在整个生育期生长发育受阻，产量不高。

2. 泥质暗黄棕壤

泥质暗黄棕壤是泥岩、泥页岩残积和坡积物发育而成的土壤，面积 322.36hm²，占遵义市黄棕壤面积的 7.77%。分布在道真县和绥阳县，面积分别为 91.90hm²、230.46hm²，灰泥质暗黄棕壤土属仅有黑灰泡土 1 个土种。

泥质暗黄棕壤土属质地为轻壤至中黏，保水保肥性较好。土壤 pH 4.6～5.97，平均 5.22；有机质 18.7～36.0g/kg，平均 30.14g/kg；全氮 1.29～3.2g/kg，平均 2.47g/kg；碱解氮 75～281.9mg/kg，平均 181.4mg/kg；有效磷 4.5～29.2mg/kg，平均 17.0mg/

kg；缓效钾 186～800mg/kg，平均 435.2mg/kg；速效钾 50～220mg/kg，平均 159.0mg/kg。土壤分布海拔高，气温和土温低、生物活性弱、矿化度低，潜在肥力高而肥效低，土壤供肥性差，作物长势不好，产量低。

3. 砂泥质暗黄棕壤

遵义市砂泥质暗黄棕壤面积 213.86hm²，占遵义市黄棕壤面积的 5.15%。成土母质为砂岩、粉砂岩残积和坡积物。砂泥质暗黄棕壤分布在正安县的桴焉乡、俭平乡、庙塘镇、小雅镇、中观镇，面积分别为 66.35hm²、0.17hm²、86.56hm²、1.69hm²、59.09hm²，砂泥质暗黄棕壤土属仅有黑灰泡砂土 1 个土种。

砂泥质暗黄棕壤分布区域海拔较高，并且坡度陡，易产生水土流失，土壤层次发育明显；质地粗，砂性重，小块状结构，养分含量不高。土壤 pH 5.1～6.0，平均 5.68；有机质 8～44.15g/kg，平均 29.9g/kg；全氮 0.68～2.54g/kg，平均 1.76g/kg；碱解氮 47～118.7mg/kg，平均 98.6mg/kg；有效磷 0.2～13.6mg/kg，平均 6.2mg/kg；缓效钾 432～730mg/kg，平均 571.2mg/kg；速效钾 65～245mg/kg，平均 183.8mg/kg。土壤通透性和扎根性好，但是保水保肥能力低，作物生长不良，产量不高。

七、潮土

潮土属于半水成土纲，淡半水成土亚纲，是近代河流冲积物和沉积物发育形成的一种非地带性土壤。遵义市面积 727.13hm²，是遵义市面积最小的土类，占遵义市耕地面积的 0.09%，占遵义市旱地面积的 0.12%，分布区域和面积为红花岗区 12.50hm²、汇川区 21.25hm²、播州区 1.06hm²、桐梓县 116.80hm²、道真县 25.45hm²、务川县 85.28hm²、湄潭县 117.58hm²、余庆县 338.80hm²、赤水市 8.41hm²。潮土分为典型潮土 1 个亚类，潮壤土 1 个土属，潮砂泥土和潮砂土 2 个土种。潮砂泥土和潮砂土面积分别为 324.25hm²、402.88hm²。

潮土主要分布在芙蓉江、赤水河、乌江河沿河两岸的河漫滩至一级阶地缓坡和沟谷地段，地下水位较高，毛管水上下活动强烈，随着毛管水的上下运动和受耕作施肥的影响，黏粒和养分下移，淀积层发育较明显。潮土离河床越近，质地偏沙，并往往夹有数量不等的鹅卵石。土层深厚，剖面层次发育明显，结构性好，质地适中，耕层疏松。土壤 pH 4.5～7.5，平均 6.48；有机质 3.8～64.1g/kg，平均 29.0g/kg；全氮 0.41～3.44g/kg，平均 1.79g/kg；碱解氮 49～485.2mg/kg，平均 157.4mg/kg；有效磷 2.3～86.9mg/kg，平均 19.3mg/kg；缓效钾 90～1 138mg/kg，平均 315.2mg/kg；速效钾 41～331mg/kg，平均 121.0mg/kg。潮砂泥土耕作省力，宜耕期长，有机质及养分含量丰富，肥料分解快，保肥供肥性能好，天旱能返潮回润，宜种性广，作物产量高，复种指数高，属于生产能力较高的土壤类型。潮砂土由于离河床近，土壤质地轻，砂性重，保水保肥能力弱，养分含量不高，作物产量不高。

第一节　耕地立地条件

耕地立地条件是指影响耕地地力的各种自然环境因子的综合，是许多环境因子组合而成的。遵义市与平原地区不同，由于地貌复杂多样，耕地分散，因而耕地地力受立地条件的影响较大。此次地力调查选择立地条件的因子主要有：海拔、坡度、地貌、地形部位、成土母质、年降水量、有效积温。

一、海拔

遵义市耕地分布于海拔 221～2 227m 之间，平均海拔 932.91m，根据遵义市耕地海拔的主要分布、海拔对作物产量的影响，将遵义市耕地海拔进行分段汇总（表 3-1～表 3-3）。遵义市耕地主要分布在海拔 600～1 200m 之间，各县（区、市）都有大量分布。此海拔共有耕地面积 706 016.49hm²，占遵义市耕地面积的 83.52%。其中，旱地面积 477 969.08hm²，占遵义市旱地面积 81.6%；水田 228 047.41hm²，占遵义市水田面积的 87.84%。海拔小于 600m 和大于 1 200m 的耕地面积分别只有 44 865.55hm² 和 94 482.91 hm²，分别占遵义市耕地面积的 5.31% 和 11.18%。海拔低于 600m 的耕地主要分布在赤水市和习水县，其余在桐梓县、仁怀市、道真县、务川县、余庆县、正安县、湄潭县有零星分布。海拔大于 1 200m 的主要是旱地，水田面积仅有 10 625.08hm²，占遵义市耕地面积的 1.25%。海拔大于 1 200m 的耕地主要分布在桐梓县、绥阳县、习水县、务川县、余庆县、汇川区。

海拔高度影响气温、光照，对农作物生育期、产量有一定影响。低海拔容易出现高温，作物生育期缩短，作物产量不高。高海拔地区温度低、风大，作物产量不高。高海拔地区适合冬马铃薯的种植，在海拔 1 200m 以上马铃薯产量可达到15 000kg/hm²。主要粮食作物水稻和玉米都具有低海拔产量低，中海拔产量高，高海拔产量又低的特征。海拔大于 1 200m 不适宜种植水稻，容易出现秋风。

二、坡度

遵义市耕地坡度较大，且作物产量随着耕地坡度增加而减少。根据遵义市耕地坡度的主要情况，将遵义市耕地按坡度进行分段汇总（表 3-4～表 3-6）。遵义市耕地集中分布在大于 2°的土地，坡度大于 2°的耕地面积为 827 457.72hm²，占遵义市耕地面积的

表3-1 不同海拔旱耕地面积统计表

县（区、市）	旱地面积（hm²）	<400m 面积（hm²）	<400m 面积比例（%）	400（含）~600m 面积（hm²）	400（含）~600m 面积比例（%）	600（含）~800m 面积（hm²）	600（含）~800m 面积比例（%）	800（含）~1000m 面积（hm²）	800（含）~1000m 面积比例（%）	1000（含）~1200m 面积（hm²）	1000（含）~1200m 面积比例（%）	1200（含）~1400m 面积（hm²）	1200（含）~1400m 面积比例（%）	≥1400m 面积（hm²）	≥1400m 面积比例（%）
红花岗区	28 178.97	0	0.00	0	0.00	1 584.29	5.62	20 271.47	71.94	5 231.83	18.57	1 067.17	3.79	24.22	0.09
汇川区	29 833.36	0	0.00	92.56	0.31	1 152.05	3.86	9 858.68	33.05	13 437.17	45.04	4 941.35	16.56	351.54	1.18
播州区	51 826.43	0	0.00	0	0.00	1 443.2	2.78	34 425.6	66.42	13 288.26	25.64	2 572.64	4.96	96.74	0.19
桐梓县	79 990.16	45.28	0.06	3 346.86	4.18	11 555.56	14.45	18 027.94	22.54	24 140.17	30.18	16 437.74	20.55	6 436.61	8.05
绥阳县	53 987.86	0	0.00	31.26	0.06	4 636.4	8.59	20 411.72	37.81	16 808.39	31.13	10 501.33	19.45	1 598.75	2.96
正安县	52 389.39	0	0.00	1 371.59	2.62	14 609.85	27.89	14 836.03	28.32	13 165.25	25.13	6 742	12.87	1 664.67	3.18
道真县	40 065.86	92.4	0.23	3 048.57	7.61	9 808.55	24.48	11 265.68	28.12	9 171.26	22.89	5 292.37	13.21	1 387.02	3.46
务川县	43 831.58	3.14	0.01	1 709.33	3.90	11 179.45	25.51	13 665.75	31.18	11 031.06	25.17	5 407.35	12.34	835.49	1.91
凤冈县	29 901.03	0	0.00	500.2	1.67	9 964.61	33.33	15 216.28	50.89	4 067.7	13.60	152.24	0.51	0	0.00
湄潭县	37 474.89	0	0.00	0.4	0.00	3 149.8	8.41	23 122.57	61.70	9 226.72	24.62	1 955.74	5.22	19.66	0.05
余庆县	31 126.08	0	0.00	412.56	1.33	8 242.12	26.48	16 480.77	52.95	5 466.33	17.56	524.3	1.68	0	0.00
习水县	54 642.35	613.52	1.12	4 654.81	8.52	7 399.06	13.54	12 855.49	23.53	18 152.36	33.22	8 829.07	16.16	2 138.05	3.91
赤水市	8 257.88	2 692.8	32.61	2 433.11	29.46	1 603.12	19.41	1 167.91	14.14	344.54	4.17	16.41	0.20	0	0.00
仁怀市	44 236.83	50.31	0.11	2 817.57	6.37	7 596.76	17.17	16 382.29	37.03	12 525.04	28.31	4 626.01	10.46	238.86	0.54
合计	585 742.67	3 497.45	0.60	20 418.82	3.49	93 924.82	16.04	227 988.18	38.92	156 056.08	26.64	69 065.72	11.79	14 791.61	2.52

表3-2 不同海拔水田面积统计表

县(区、市)	水田面积(hm²)	<400m 面积(hm²)	<400m 面积比例(%)	400(含)~600m 面积(hm²)	400(含)~600m 面积比例(%)	600(含)~800m 面积(hm²)	600(含)~800m 面积比例(%)	800(含)~1000m 面积(hm²)	800(含)~1000m 面积比例(%)	1000(含)~1200m 面积(hm²)	1000(含)~1200m 面积比例(%)	1200(含)~1400m 面积(hm²)	1200(含)~1400m 面积比例(%)	≥1400m 面积(hm²)	≥1400m 面积比例(%)
红花岗区	16 984.34	0	0.00	0	0.00	1 405.41	8.27	13 475.23	79.34	1 929.63	11.36	163.72	0.96	10.36	0.06
汇川区	10 977.82	0	0.00	65.26	0.59	299.19	2.73	7 321.22	66.69	2 884.03	26.27	403.18	3.67	4.94	0.04
播州区	26 030.72	0	0.00	0	0.00	642.14	2.47	21 100.87	81.06	3 962.29	15.22	325.09	1.25	0.33	0.00
桐梓县	20 783.93	56.53	0.27	1 144.6	5.51	3 521.11	16.94	7 801.74	37.54	5 950.21	28.63	2 132.43	10.26	177.31	0.85
绥阳县	18 997.21	0	0.00	0	0.00	2 705.25	14.24	10 844.2	57.08	3 838.61	20.21	1 550.43	8.16	58.71	0.31
正安县	20 947.28	0	0.00	931.58	4.45	7 382.05	35.24	5 785.13	27.62	5 322.26	25.41	1 377.29	6.58	148.98	0.71
道真县	11 591.55	111.03	0.96	1 701.93	14.68	3 725.78	32.14	3 520.75	30.37	2 214.05	19.10	310.52	2.68	7.44	0.06
务川县	17 213.82	0.32	0.00	1 043.05	6.06	5 083.16	29.53	6 880.09	39.97	3 733.58	21.69	469.54	2.73	4.08	0.02
凤冈县	27 744.42	0	0.00	739.29	2.66	8 857.58	31.93	16 018.04	57.73	2 085.13	7.52	44.38	0.16	0	0.00
湄潭县	19 677.95	0	0.00	0	0.00	1 926.52	9.79	15 662.39	79.59	1 915.48	9.73	173.57	0.88	0	0.00
余庆县	15 519.7	0	0.00	944.58	6.09	4 706.63	30.33	8 229.74	53.03	1 589.02	10.24	49.73	0.32	0	0.00
习水县	27 238.03	733.22	2.69	2 730.32	10.02	3 940.79	14.47	8 451.84	31.03	8 708.63	31.97	2 346.56	8.62	326.67	1.20
赤水市	15 084.75	4 305.14	28.54	5 527.33	36.64	2 848.27	18.88	1 837.37	12.18	550.41	3.65	16.23	0.11	0	0.00
仁怀市	10 830.73	17.76	0.16	897.29	8.28	2 729.28	25.20	3 831.23	35.37	2 831.08	26.14	522.19	4.82	1.9	0.02
合计	259 622.25	5 224.05	2.01	15 725.23	6.06	49 773.16	19.17	130 759.84	50.37	47 514.41	18.30	9 884.86	3.81	740.72	0.28

表 3-3　遵义市不同海拔耕地统计表

海拔 (m)	水田		旱地		面积 (hm²)	面积比例 (%)
	面积 (hm²)	面积比例 (%)	面积 (hm²)	面积比例 (%)		
<400	5 224.05	2.01	3 497.45	0.60	8 721.50	1.03
400（含）~600	15 725.23	6.06	20 418.82	3.49	36 144.05	4.27
600（含）~800	49 773.16	19.17	93 924.82	16.04	143 697.98	17.00
800（含）~1 000	130 759.84	50.37	227 988.18	38.92	358 748.02	42.44
1 000（含）~1 200	47 514.41	18.30	156 056.08	26.64	203 570.49	24.08
1 200（含）~1 400	9 884.86	3.81	69 065.72	11.79	78 950.58	9.34
≥1 400	740.70	0.29	14 791.60	2.53	15 532.30	1.84
合计	259 622.25	100.00	585 742.67	100.00	845 364.92	100.00

97.88%。其中，旱地面积 579 917.13hm²，占遵义市旱地面积的 99.00%；水田面积 247 540.59hm²，占遵义市水田面积的 95.35%。坡度小于 2°的耕地面积为 17 907.20hm²，占遵义市耕地面积的 2.12%。其中，旱地面积 5 825.54hm²，占遵义市旱地面积的 1.00%；水田面积 12 081.66hm²，占遵义市水田面积的 4.65%。坡度大于 25°的耕地面积为 186 712.60hm²，占遵义市耕地面积的 22.09%。其中，旱地面积 158 837.26hm²，占遵义市旱地面积的 27.12%；水田面积 27 875.39hm²，占遵义市水田面积的 10.74%。从各县（区、市）耕地坡度统计看，各县（区、市）坡度小于 2°的耕地分布面积都不大，总体水田面积大于旱地面积。坡度小于 2°的水田面积占本县（区、市）耕地面积的比例在 3.29%~6.36%之间，占比最大的是余庆县，占比最小是道真县；坡度小于 2°的旱地面积占本县（区、市）耕地面积的比例在 0.43%~2.07%之间，占比最大的是正安县，占比最小是仁怀市。各县（区、市）坡度大于 25°的耕地分布面积都较大，总体旱地面积大于水田面积。坡度大于 25°的水田面积占本县（区、市）耕地面积的比例在 8.79%~12.62%之间，占比最大的是仁怀市，占比最小是播州区；坡度大于 25°的旱地面积占本县（区、市）耕地面积的比例在 23.60%~37.32%之间，占比最大的是湄潭县，占比最小的是凤冈县。

三、地貌

遵义市耕地地貌类型复杂，参照全国地貌命名，按遵义市主要地貌特点将遵义市地貌分为山地、丘陵、坝地三大类，各类型面积及比例见表 3-7。

遵义市主要以山地为主，山地的耕地面积为 686 044.88hm²，占遵义市耕地面积的 81.15%。其中，山地旱地面积 492 991.89hm²，占遵义市旱地面积的 84.17%；山地水田面积 193 052.99hm²，占遵义市水田面积的 74.36%。其次是丘陵，耕地面积为 138 687.60hm²，占遵义市耕地面积的 16.41%。其中，丘陵旱地面积 86 348.05hm²，占

表3-4 不同坡度旱耕地面积统计表

县（区、市）	旱地面积（hm²）	<2° 面积（hm²）	<2° 面积比例（%）	2°（含）~6° 面积（hm²）	2°（含）~6° 面积比例（%）	6°（含）~15° 面积（hm²）	6°（含）~15° 面积比例（%）	15°（含）~25° 面积（hm²）	15°（含）~25° 面积比例（%）	≥25° 面积（hm²）	≥25° 面积比例（%）
红花岗区	28 178.97	348.97	1.24	1 035.56	3.67	8 606.83	30.54	11 102.54	39.40	7 085.07	25.14
汇川区	29 833.36	22?.97	0.74	963.28	3.23	8 310.93	27.86	11 019.73	36.94	9 317.45	31.23
播州区	51 826.43	360.04	0.69	1 641.89	3.17	15 299.64	29.52	20 709.88	39.96	13 994.97	27.00
桐梓县	79 990.16	677.09	0.85	2 869.38	3.59	23 717.83	29.65	31 911.5	39.89	20 814.35	26.02
绥阳县	53 987.86	653.22	1.21	2 434.8	4.51	16 401.78	30.38	20 906.9	38.73	13 591.15	25.17
正安县	52 389.39	1 082.09	2.07	2 808.41	5.36	15 674.86	29.92	19 355.43	36.95	13 468.61	25.71
道真县	40 065.86	247.35	0.62	1 402.1	3.50	11 609.61	28.98	15 656.27	39.08	11 150.53	27.83
务川县	43 831.58	346.75	0.79	1 703.79	3.89	13 445.57	30.68	17 643.65	40.25	10 691.82	24.39
凤冈县	29 901.03	352.92	1.18	1 107.8	3.70	9 828.35	32.87	11 554.05	38.64	7 057.92	23.60
湄潭县	37 474.89	465.28	1.24	1 512.26	4.04	11 096.48	29.61	13 544.41	36.14	10 856.46	28.97
余庆县	31 126.08	357.62	1.15	1 025.24	3.29	9 827.82	31.57	11 966.23	38.44	7 769.17	24.96
习水县	54 642.35	459.72	0.84	1 927.21	3.53	15 153.26	27.73	22 547.04	41.26	14 555.13	26.64
赤水市	8 257.88	6?.12	0.74	364.37	4.41	2 702.58	32.73	3 152.28	38.17	1 977.53	23.95
仁怀市	44 236.83	19?.41	0.43	1 190.62	2.69	11 475.35	25.94	14 872.37	33.62	16 507.08	37.32
合计	585 742.67	5 825.55	0.99	21 986.71	3.75	173 150.89	29.56	225 942.28	38.57	158 837.24	27.13

表3-5 不同坡度水田面积统计表

县（区、市）	水田面积（hm²）	<2° 面积（hm²）	<2° 面积比例（%）	2°（含）~6° 面积（hm²）	2°（含）~6° 面积比例（%）	6°（含）~15° 面积（hm²）	6°（含）~15° 面积比例（%）	15°（含）~25° 面积（hm²）	15°（含）~25° 面积比例（%）	≥25° 面积（hm²）	≥25° 面积比例（%）
红花岗区	16 984.34	826.59	4.87	2 491.56	14.67	7 996.77	47.08	4 111.39	24.21	1 558.03	9.17
汇川区	10 977.82	475.81	4.33	1 403.68	12.79	5 239.58	47.73	2 827.95	25.76	1 030.8	9.39
播州区	26 030.72	1 347.48	5.18	3 295.2	12.66	12 929.77	49.67	6 170.13	23.70	2 288.14	8.79
桐梓县	20 783.93	669.28	3.22	2 091.51	10.06	9 167.67	44.11	6 618.23	31.84	2 237.24	10.76
绥阳县	18 997.21	1 196.04	6.30	2 681.04	14.11	8 073.56	42.50	5 122.42	26.96	1 924.16	10.13
正安县	20 947.28	1 129.86	5.39	2 757.11	13.16	8 930.84	42.63	5 509.58	26.30	2 619.89	12.51
道真县	11 591.55	380.83	3.29	959.91	8.28	5 039.69	43.48	3 924.9	33.86	1 286.22	11.10
务川县	17 213.82	671.59	3.90	2 153.11	12.51	8 040.51	46.71	4 698.89	27.30	1 649.71	9.58
凤冈县	27 744.42	1 125.28	4.06	3 404	12.27	12 754.31	45.97	7 306.07	26.33	3 154.76	11.37
湄潭县	19 677.95	1 224.03	6.22	2 183.65	11.10	9 129.65	46.40	5 007.87	25.45	2 132.75	10.84
余庆县	15 519.7	987.77	6.36	1 631.86	10.51	6 848.23	44.13	4 136.01	26.65	1 915.83	12.34
习水县	27 238.03	1 097.07	4.03	3 115.55	11.44	11 953.04	43.88	7 880.76	28.93	3 191.61	11.72
赤水市	15 084.75	550.57	3.65	1 751.77	11.61	6 762.97	44.83	4 499.68	29.83	1 519.75	10.07
仁怀市	10 830.73	399.46	3.69	1 268.72	11.71	4 947.73	45.68	2 848.35	26.30	1 366.48	12.62
合计	259 622.25	12 081.66	4.65	31 188.67	12.01	117 814.32	45.38	70 662.23	27.22	27 875.37	10.74

第三章 耕地立地条件与土体性状

表3-6　遵义市不同坡度耕地统计表

坡度	水田		旱地		面积 (hm²)	面积比例 (%)
	面积 (hm²)	面积比例 (%)	面积 (hm²)	面积比例 (%)		
<2°	12 081.66	4.65	5 825.54	1.00	17 907.21	2.12
2°(含)～6°	31 188.66	12.01	21 986.71	3.75	53 175.37	6.29
6°(含)～15°	117 814.31	45.38	173 150.90	29.56	290 965.21	34.42
15°(含)～25°	70 662.23	27.22	225 942.29	38.57	296 604.52	35.08
≥25°	27 875.39	10.74	158 837.23	27.12	186 712.62	22.09
合计	259 622.25	100.00	585 742.67	100.00	845 364.92	100.00

遵义市旱地面积的14.74%；丘陵水田面积52 339.55hm²，占遵义市水田面积的16.09%。坝地的耕地面积只有20 632.44hm²，仅占遵义市耕地面积的2.44%。其中，坝地旱地面积6 402.73hm²，占遵义市旱地面积的1.09%；坝地水田面积14 229.71hm²，占遵义市水田面积的5.48%。地貌类型同样影响作物产量。通常坝地耕作条件、耕地质量较好，同时作物产量较高，丘陵次之，山地最差。

表3-7　不同地貌耕地统计情况表

地貌类型	旱地		水田		合计面积 (hm²)	比例 (%)
	面积 (hm²)	比例 (%)	面积 (hm²)	比例 (%)		
坝地	6 402.73	1.09	14 229.71	5.48	20 632.44	2.44
丘陵	86 348.05	14.74	52 339.55	20.16	138 687.60	16.41
山地	492 991.89	84.17	193 052.99	74.36	686 044.88	81.15
合计	585 742.67	100.00	259 622.25	100.00	845 364.92	100.00

四、地形部位

遵义市地形部位复杂多样，参照全国地形部位命名目录，根据遵义市实际情况，以及以"通俗易懂，所制定的地形部位名称基本能代表遵义市耕地所处地形部位所有条件，能解释和区分各地地形部位名称含义"为原则，将遵义市耕地地形地位划分为：盆地、平坝、丘陵坡顶、丘陵坡脚、丘陵坡腰、山地坡顶、山地坡脚、山地坡腰8种，不同部位耕地面积统计情况见表3-8。山地坡腰面积最大，面积为480 898.50hm²，占遵义市耕地面积的56.89%。其中，旱地面积332 895.29hm²，占遵义市旱地面积的56.83%；水田面积148 003.21hm²，占遵义市水田面积的57.01%。其次为山地坡脚、丘陵坡顶、山地坡顶，面积分别为110 879.36hm²、78 498.00hm²和72 913.59hm²，分别占遵义市耕地面

积的 13.12%、9.28% 和 8.62%。再次为丘陵坡脚、丘陵坡腰，面积分别为 30 957.68hm²
和 29 231.92hm²，分别占遵义市耕地面积的 3.65%、3.48%。盆地和平坝面积只有
15 931.00hm² 和 26 054.87hm²，分别占遵义市耕地面积的 1.88% 和 3.08%。可见遵义市
耕地平坦地势较少，山地多，总体耕作条件、耕地质量较差。

表 3-8　不同地形部位耕地统计情况表

地形部位	旱地		水田		合计面积（hm²）	比例（%）
	面积（hm²）	比例（%）	面积（hm²）	比例（%）		
盆地	10 763.84	1.84	5 167.16	1.99	15 931.00	1.88
平坝	18 062.58	3.08	7 992.29	3.08	26 054.87	3.08
丘陵坡顶	54 989.16	9.39	23 508.84	9.05	78 498.00	9.28
丘陵坡脚	21 461.46	3.67	9 496.22	3.66	30 957.68	3.65
丘陵坡腰	20 462.34	3.49	8 769.58	3.38	29 231.92	3.48
山地坡顶	50 240.71	8.58	22 672.88	8.73	72 913.59	8.62
山地坡脚	76 867.29	13.12	34 012.07	13.10	110 879.36	13.12
山地坡腰	332 895.29	56.83	148 003.21	57.01	480 898.50	56.89
合计	585 742.67	100.00	259 622.25	100.00	845 364.92	100.00

五、成土母质

按贵州省耕地成土母质的分类，遵义市共有 47 类成土母质，按照面积的多少可分为
四类，成土母质统计见表 3-9。

表 3-9　不同成土母质统计表

成土母质类型	面积（hm²）	比例（%）
白云灰岩/白云岩坡残积物	87 278.36	10.32
白云岩/石灰岩/砂岩/砂页岩/板岩坡残积物	302.11	0.04
白云岩坡残积物	19 147.09	2.26
白云质灰岩/燧石灰岩坡残积物	3 919.24	0.46
变余砂岩/砂岩/石英砂岩等风化残积物	16 873.03	2.00
钙质紫色泥页岩坡残积物	560.47	0.07
钙质紫色砂岩/红色粉砂岩残坡积物	1 577.87	0.19
钙质紫色页岩/砾岩残坡积物	1 880.83	0.22
钙质紫色页岩残坡积物	4 899.45	0.58
硅质灰岩/钙质砾岩/白云岩坡残积物	2 150.40	0.25

（续）

成土母质类型	面积（hm²）	比例（%）
河流沉积物	5 860.03	0.69
红砂岩/紫色砂页岩坡残积物	3 792.84	0.45
湖沼沉积物	1 131.14	0.13
灰绿色/青灰色页岩坡残积物	51 157.80	6.05
老风化壳	12 628.80	1.49
老风化壳/页岩/泥页岩坡残积物	12 309.10	1.46
老风化壳/页岩坡残积物	586.60	0.07
老风化壳/黏土岩/泥页岩/板岩坡残积物	24 126.18	2.85
老风化壳/黏土岩/泥页岩坡残积物	1 516.64	0.18
泥灰岩坡残积物	11 975.89	1.42
泥岩/泥页岩坡积物	322.36	0.04
泥岩/页岩/板岩等坡残积物	56 654.09	6.70
泥岩/页岩残积物	4 007.00	0.47
泥岩/页岩坡残积物	534.23	0.06
泥质白云岩/石灰岩坡残积物	6 783.07	0.80
泥质石灰岩坡残积物	14 876.14	1.76
砂岩/粉砂岩坡残积物	249.94	0.03
砂岩/粉砂岩坡积物	213.86	0.03
砂岩坡残积物	6 618.37	0.78
砂页岩/砂岩/板岩坡残积物	8 090.25	0.96
砂页岩风化坡残积物	14 713.69	1.74
砂页岩坡残积物	19 486.93	2.31
石灰岩/白云灰岩坡残积物	85 324.81	10.09
石灰岩残坡积物	211 067.69	24.97
酸性紫红色粉砂页岩残坡积物	3 520.00	0.42
酸性紫红色泥岩/页岩坡残积物	8 005.30	0.95
酸性紫红色砂岩/砾岩残坡积物	6 958.78	0.82
酸性紫色页岩坡残积物	2 976. 67	0.35
炭质页岩坡残积物	680.48	0.08
溪/河流冲积物	4 783.36	0.57
页岩/板岩坡残积物	41 281.29	4.88
中性/钙质紫色砂页岩坡残积物	10 932.09	1.29
紫红色砂页岩/紫色砂岩/砾岩坡残积物	9 734.43	1.15
紫色泥岩/紫色页岩坡残积物	32 273.77	3.82

（续）

成土母质类型	面积（hm²）	比例（%）
紫色砂岩/紫色砾岩坡残积物	6 103.28	0.72
紫色砂页岩坡残积物	658.81	0.08
棕紫色砂页岩/紫色砂岩坡残积物	24 840.36	2.94
合计	845 364.92	100.00

第一类是面积占遵义市耕地总面积10%以上的3个母质。其中，石灰岩残坡积物占遵义市耕地面积最大，面积为211 067.69hm²，占遵义市耕地面积的24.97%；其次是白云灰岩/白云岩坡残积物，面积为87 278.36hm²，占遵义市耕地面积的10.32%。再次是石灰岩/白云灰岩坡残积物，面积为55 324.81hm²，占遵义市耕地面积的10.09%。

第二类是面积占遵义市耕地总面积5%~10%的2个母质。分别为泥岩/页岩/板岩等坡残积物、灰绿色/青灰色页岩坡残积物和石灰岩/白云岩坡残积物，面积分别为56 654.09hm²、51 157.80hm²，占遵义市耕地面积的6.70%、6.05%。

第三是面积占遵义市耕地总面积1%~5%的14个母质。分别为白云岩坡残积物、变余砂岩/砂岩/石英砂岩等风化残积物、老风化壳、老风化壳/页岩/泥页岩坡残积物、老风化壳/黏土岩/泥页岩/板岩坡残积物、泥灰岩坡残积物、泥质石灰岩坡残积物、砂页岩风化坡残积物、砂页岩坡残积物、页岩/板岩坡残积物、中性/钙质紫色砂页岩坡残积物、紫红色砂页岩/紫色砂岩/砾岩坡残积物、紫色泥岩/紫色页岩坡残积物、棕紫色砂页岩/紫色砂岩坡残积物。面积分别为19 147.09 hm²、16 873.03 hm²、12 628.80 hm²、12 309.10hm²、24 126.18 hm²、11 975.89 hm²、14 876.14 hm²、14 713.69 hm²、19 486.93 hm²、41 281.29 hm²、10 932.09 hm²、9 734.43 hm²、32 273.77 hm² 和24 840.36hm²，分别占遵义市耕地面积的2.26%、2.00%、1.49%、1.46%、2.85%、1.42%、1.76%、1.74%、2.31%、4.88%、1.29%、1.15%、3.82%和2.94%。

第四类是面积均不大的28个母质，每个母质占遵义市耕地面积的比例均在1%以下，总面积88 683.38hm²，仅占遵义市耕地面积的10.5%。

母质不同于母岩，它已有肥力因素的初步发展，所以不同母质对于土壤的发育和性状有明显的影响。石灰岩、白云岩、泥灰岩都属于碳酸盐类基性岩，基性岩形成的土壤一般养分较丰富，如石灰岩主要发育成石灰（岩）土。石灰岩残坡积物、白云灰岩/白云岩坡残积物、泥岩/页岩/板岩等坡残积物、灰绿色/青灰色页岩坡残积物和石灰岩/白云岩坡残积物，这些基性岩成土母质在遵义市耕地中所占比例大，占遵义市耕地面积的58.13%。紫色岩形成紫色土、砂岩形成的土壤沙性重，黏土岩发育的土壤黏重板结，老风化壳形成的土壤矿质养分缺乏。这些成土母质在遵义市各县（区、市）都有少量分布。

六、年降水量

遵义市年降水量在800~1 400mm之间，平均值为1 082.1mm。其中，分布在1 000（含）~1 200mm之间的耕地面积占大多数，为548 301.78hm²，占遵义市耕地面积的64.86%；其次是分布于1 200（含）~1 400mm之间的耕地，面积为170 194.40hm²，占遵义市耕地面积的20.13％；分布在800（含）～1 000mm之间的耕地面积为126 868.74 hm²，占遵义市耕地面积的15.01％，耕地降水量分布情况见表3-10。

表3-10 耕地不同年降水量统计情况表

年降水量（mm）	面积（hm²）	面积比例（%）
800（含）～1 000	126 868.74	15.01
1 000（含）～1 200	548 301.78	64.86
1 200（含）～1 400	170 194.40	20.13
合计	845 364.92	100.00

从总体情况看，遵义市雨水较丰沛，年降水量在800（含）～1 000mm之间的耕地占15.01％，在时间和区域上分布不均（表1-2）。从时间上看，降水集中分布在4～8月，其余月份较少，1月最小，7～8月通常出现的是暴雨和干旱。由于遵义市土壤蓄水困难，农田水利设施不够完善，所以遵义市水稻、玉米需要提早季节，避开8月的高温干旱。从地域上看，东部的绥阳县、务川县、凤冈县、湄潭县等地和西部的赤水市雨量较大，播州区、桐梓县、仁怀市等地雨量较小。据有关资料介绍，一年一熟制土壤蓄水量变化趋势较为平缓，两年三熟制和一年两熟制有利于提高土壤蓄水量，减少灌溉量，两年三熟制降雨量能够较好地满足作物耗水量，产量和水分利用效率介于其他两种种植制度之间，所以建议遵义市雨量较少地区耕地种植制度向两年三熟制和一年两熟制度发展。

七、有效积温

遵义市年有效积温为3 500～6 000℃，平均值为4 503.28℃。其中，分布在4 400（含）～4 600℃的面积最多，为250 486.25hm²，占遵义市耕地面积的29.63％；其次是小于4 200℃的面积，为180 433.67hm²，占遵义市耕地面积的21.34％；分布于4 200（含）～4 400℃和大于4 800℃的面积相差不多，分别为160 121.88hm²和146 359.09 hm²，占遵义市耕地面积的18.94％和17.31％；分布于4 600（含）～4 800℃的面积最少，为107 964.03hm²，占遵义市耕地面积的12.77％，耕地积温具体分布情况见表3-11。

表3-11 耕地不同积温统计情况表

积温（℃）	面积（hm²）	面积比例（%）
<4 200	180 433.67	21.34
4 200（含）～4 400	160 121.88	18.94
4 400（含）～4 600	250 486.25	29.63
4 600（含）～4 800	107 964.03	12.77
≥4 800	146 359.09	17.31
合计	845 364.92	100.00

作物生长发育所需要的热量指标可以有不同的表现形式，但各发育期和整个生长期内所需要的热量总和（积温）是一个基本而重要的指标。在中温带作物基本一年一熟，暖温带两年三熟，亚热带一年两熟，热带一年三熟。可见，活动积温影响了作物的熟制，自然也就影响了生长期，从而影响产量。遵义市积温4 200～4 800℃的耕地占64.34%，适合一年两熟。积温小于4 200℃的耕地占21.34%，适合一年一熟。积温大于等于4 800℃的耕地占17.31%，适合一年三熟。

第二节　土体性状

一、耕层厚度

遵义市耕地土壤的耕层厚度在10.00～30.0cm之间，平均值为20.54cm。根据《贵州省耕地地力评价技术规范》，结合第二次土壤普查土壤耕层厚度分级指标和遵义市耕地土壤耕层厚度的实际情况，将耕地土壤耕层厚度水平分为4个等级。其中，耕层厚度小于15cm的耕地面积最少，为2 848.22hm²，仅占遵义市耕地面积的0.34%；15（含）～20cm的耕地面积为198 722.82hm²，占遵义市耕地面积的23.51%；20（含）～25cm的耕地面积最大，为565 824.62hm²，占遵义市耕地面积的66.93%；25（含）～30cm的耕地面积为77 969.27hm²，占遵义市耕地面积的9.22%，耕层厚度情况见表3-12。

耕层厚度影响耕地保水、保肥、抗旱的能力，从而影响作物生长，进而影响作物产量。遵义市山地较多，坝地较少。所以耕层厚度、生产力适中的耕地占比最大，占遵义市耕地面积的66.93%；耕层较薄，生产力低下的耕地占遵义市耕地面积的23.85%；耕层较厚，生产力较高的耕地只有9.22%。

表3-12　不同耕层厚度统计情况表

耕层厚度		面积（hm²）	面积比例（%）
等级	范围（cm）		
一	<15	2 848.22	0.34
二	15（含）～20	198 722.82	23.51
三	20（含）～25	565 824.62	66.93
四	25（含）～30	77 969.27	9.22
合计		845 364.92	100.00

二、土体厚度

遵义市耕地土壤的土体厚度在30～100cm之间，平均69.37cm。根据《贵州省耕地地力评价技术规范》，结合第二次土壤普查土壤土体厚度分级指标和遵义市耕地土壤土体厚度的实际情况，将耕地土壤土体厚度水平分为4个等级，即土体厚度在50（含）～70cm的耕地面积最大，为300 633.92hm²，占遵义市耕地面积的35.56%；其次是70（含）～90cm以上的耕地，面积为280 324.44hm²，占遵义市耕地面积的33.16%；再次是大于90cm的耕地，面积为165 512.91hm²，占遵义市耕地面积的19.58%；小于50cm的耕地面积最小，只有

98 893.65hm²，仅占遵义市耕地面积的 11.70％，土体厚度情况见表 3-13。

土体厚度影响耕层厚度，在一定程度上影响作物生产和作物产量。土体厚度适中的耕地面积占遵义市耕地面积的比重最大，为 68.72％；土体较薄的耕地面积占遵义市耕地面积的 11.70％；土体较厚的耕地面积占遵义市耕地面积的 19.58％。

表 3-13　不同土体厚度统计情况表

土体厚度		面积（hm²）	面积比例（%）
等级	范围（cm）		
一	<50	98 893.65	11.70
二	50（含）～70	300 633.92	35.56
三	70（含）～90	280 324.44	33.16
四	≥90	165 512.91	19.58
合计		845 364.92	100.00

三、耕层质地

耕层质地是土壤的物理性质之一。指土壤中不同大小直径的矿物颗粒的组合状况，或者粗细不同的土粒在土壤中含量占有的不同比例。在自然界中，没有一种土壤是由单一粒级的土粒组成的，有的土壤含沙粒多，有的土壤含黏粒多，还有的土壤含粉粒多。土壤耕层质地与土壤的通气、保肥、保水状况及耕作的难易有密切关系，土粒大小各异，不但导致土壤的通透性、保水能力和温度的变化不同，而且还导致土壤矿物养分含量和硅胶体性状也不同。一般来讲，土粒越粗，硅的含量就越大，而磷、钾、钙、镁的含量就越少。胶体性状弱，土壤的吸收性能差。可见，在作物栽培中，要想进行科学施肥和管理，就必须了解土壤的耕层质地。

因成土母质不同，土壤的质地也不一样。根据遵义市耕地质地的实际情况，可将遵义市耕地土壤的质地类型划分为沙土、壤土、黏土 3 类。其中，以黏土的面积最大，共有542 952.67hm²，占遵义市耕地面积的 64.23％；其次是壤土，面积为 234 402.90hm²，占遵义市耕地面积的 27.73％；沙土的面积最小，面积为 68 009.35hm²，仅占遵义市耕地面积的 8.04％。可见遵义市耕地以黏土为主，这类耕地土壤的通透性较差，较难耕作。沙土保肥、保水较难，矿物养分含量少，硅胶体性状差。耕地质量较好的壤土质地较好。具体情况见表 3-14。

表 3-14　不同耕层质地统计情况表

质地	面积（hm²）	面积比例（%）
沙土	68 009.35	8.04
壤土	234 402.90	27.73
黏土	542 952.67	64.23
合计	845 364.92	100.00

四、剖面构型

土壤剖面是指从土体由表向下至母质的垂直切面或者纵断面，遵义市土壤剖面构型共28种。水田土壤剖面构型主要有 Aa-Ap-p-C-Aa-Ap-W-C；旱地土壤剖面构型主要有 A-B-C。从遵义市耕地土壤剖面构型的分布情况看，发育成较好土体的水田剖面构型 Aa-Ap-W-C，占遵义市水田面积的 11.53%，占遵义市耕地面积的 3.54%；发育成一般土体的水田剖面构型 Aa-Ap-P-C，占水田比重最大，占遵义市水田面积的 68.38%，占遵义市耕地面积的 21.00%；其余发育成较差土体水田剖面构型占比较小，只占遵义市水田面积的 20.09%。发育成较好土体的旱地剖面构型 A-B-C，占遵义市旱地面积的 43.36%，占遵义市耕地面积的 30.04%；发育成较差土体旱地剖面构型占比较小，只占遵义市旱地面积的 9.77%；其余发育成一般土体的旱地剖面构型占遵义市旱地面积的 46.87%。

表 3-15　不同剖面构型统计表

剖面构型	面积（hm²）	面积比例（%）
Aa-Ap-C	35 189.72	4.16
Aa-Ap-E	1 517.18	0.18
Aa-Ap-G	3 363.35	0.40
Aa-Ap-G/Aa-Ap-G-C	456.68	0.05
Aa-Apg-G/Aa-Ap-G-C	517.62	0.06
Aa-Ap-P-C	177 532.25	21.00
Aa-Ap-P-C/Aa-Ap-P-B	1 516.64	0.18
Aa-Ap-PE	823.69	0.10
Aa-Ap-P-E	68.86	0.01
Aa-Ap-W-C	29 923.95	3.54
Aa-Ap-W-C/Aa-Ap-W-G	327.58	0.04
A-AC-C	32 320.55	3.82
Aag-Apg-G/Aag-Apg-G-C	583.78	0.07
Aag-Apg-G-C	1 115.74	0.13
Aa-G-Pw	4 007.00	0.47
A-AH-R	50 346.80	5.96
A-AP-AC-C	16 643.00	1.97
A-AP-AC-R	31 404.99	3.71
A-B-C	253 974.86	30.04
A-BC-C	73 940.30	8.75

（续）

剖面构型	面积（hm²）	面积比例（%）
A-BC-C/A-C	8 058.25	0.95
A-C	82 615.24	9.77
Ae-APe-E	1 547.08	0.18
A-E-B-C	12 077.09	1.43
A-E-C	3 476.78	0.41
A-P-B-C	20 884.80	2.47
M-G	221.07	0.03
M-G-Wg-C	910.07	0.11
合计	845 364.92	100.00

五、抗旱能力

基于土壤本身的属性，不考虑灌溉措施，根据耕地调查数据（表3-16）显示，遵义市耕地抗旱能力在8～30d之间，平均抗旱能力27.3d，水田抗旱能力在12～30d之间，旱地抗旱能力在8～30d之间。遵义市耕地抗旱能力大于等于25d的耕地为183 564.68 hm²，占遵义市耕地面积的21.71%。旱能力大于等于25d的耕地在遵义市各县（区、市）都有小面积分布，其中以绥阳县、播州区、正安县和桐梓县分布面积较大，分别为12 066.38hm²、11 346.04hm²、10 904.46hm²和11 877.65hm²。这些耕地土层深厚，土壤质地黏，抗旱能力较好。遵义市耕地抗旱能力大于等于15d的耕地面积733 088.67 hm²，占遵义市耕地面积86.72%。遵义市耕地抗旱能力小于15d的耕地面积为112 276.25hm²，只占遵义市耕地面积13.28%。其中，水田抗旱能力小于15d的面积为5 755.73hm²，主要是独山白砂田、凤冈羊肝泥田、洪砂田、幼黄砂田土种，这些耕地保水能力差，因此抗旱能力差；旱地抗旱能力小于15d的面积为106 520.52hm²，遵义市各县（区、市）都有分布，主要是岩泥土和粗骨土，这些耕地所处地形部位坡度陡峭，土层浅薄不均，砾石含量高，因此抗旱能力差。

表3-16　耕地抗旱能力统计情况表

抗旱能力（d）	水田		旱地		面积（hm²）	比例（%）
	面积（hm²）	比例（%）	面积（hm²）	比例（%）		
7（含）～10	0	0	30 231.35	5.16	30 231.35	3.58
10（含）～15	5 755.73	2.22	76 289.17	13.02	82 044.9	9.70
15（含）～20	77 684.69	29.92	261 118.01	44.58	338 802.7	40.08
20（含）～25	96 824.80	37.29	113 896.49	19.44	210 721.29	24.93
≥25	79 357.03	30.57	104 207.65	17.79	183 564.68	21.71
合计	259 622.25	100.00	585 742.67	100.00	845 364.92	100.00

第四章

耕地土壤养分

土壤养分是土壤的核心组成部分，为作物的生长提供必要的营养元素。养分含量的丰缺变化将影响耕地质量和农作物生长、产量和品质。通过全面了解遵义市土壤 pH、有机质、全氮、碱解氮、有效磷、缓效钾、速效钾的含量状况、时间变化规律和分析存在的根本问题，对调控管理土壤养分含量、加强土壤养分监测和土壤培肥，指导科学施肥、减少肥料资源浪费和提高肥料利用率，达到节肥增效，改善农产品品质，增加农民收入，提高耕地地力、调整农业产业结构、合理布局农业生产，建立丰产、优质、高效、低耗的养分管理技术，向农民提供合适的肥料品种与防止土壤质量退化，促进山地高效特色农业的全面、高效、持续发展具有重大的现实和长远意义。

第一节　耕地土壤养分分级

根据作物养分吸收规律、土壤供肥能力、土壤养分不同含量、作物的产量、田间肥效试验等，结合第二次全国土壤普查土壤养分分级标准，依据遵义市耕地土壤养分检测结果，制定出遵义市耕地土壤养分的分级标准（表4-1）。

表4-1　遵义市耕地土壤养分分级标准

养分名称	养分含量等级		养分名称	养分含量等级	
有机质 (g/kg)	丰富	≥40	全氮 (g/kg)	丰富	≥2
	中等	30（含）～40		中等	1.5（含）～2
	低	20（含）～30		低	1（含）～1.5
	极低	＜20		极低	＜1
碱解氮 (mg/kg)	丰富	≥200	有效磷 (mg/kg)	丰富	≥20
	中等	150（含）～200		中等	10（含）～20
	低	100（含）～150		低	5（含）～10
	极低	＜100		极低	＜5
缓效钾 (mg/kg)	丰富	≥250	速效钾 (mg/kg)	丰富	≥150
	中等	150（含）～250		中等	100（含）～150
	低	50（含）～150		低	50（含）～100
	极低	＜50		极低	＜50

（续）

养分名称	养分含量等级		养分名称	养分含量等级	
有效硫 （mg/kg）	丰富	≥100	有效铁 （mg/kg）	丰富	≥50
	中等	50（含）～100		中等	20（含）～50
	低	25（含）～50		低	5（含）～20
	极低	＜25		极低	＜5
有效锰 （mg/kg）	丰富	≥30	有效铜 （mg/kg）	丰富	≥1.0
	中等	15（含）～30		中等	0.2（含）～1.0
	低	5（含）～15		低	0.1（含）～0.2
	极低	＜5		极低	＜0.1
有效锌 （mg/kg）	丰富	≥2	水溶态硼 （mg/kg）	丰富	≥1
	中等	1（含）～2		中等	0.5（含）～1
	低	0.5（含）～1		低	0.2（含）～0.5
	极低	＜0.5		极低	＜0.2
pH	强碱性	≥8.5			
	碱性	7.5（含）～8.5			
	中性	6.5（含）～7.5			
	酸性	5.5（含）～6.5			
	强酸性	＜5.5			

第二节 有 机 质

有机质是土壤肥力的重要组成部分，含有作物生长所需的各种营养元素，在调控土壤理化性质、环境保护、土壤资源的可持续发展和提高作物产量等方面都有着十分重要的作用。因此，了解土壤有机质的含量现状及分析变化趋势，对于调控土壤有机质的含量、提高耕地地力和增加作物产量有重要的意义。

一、现状

遵义市耕地土壤有机质含量分级统计结果见表4-2。遵义市土壤有机质含量在1.20～111.80g/kg之间，平均值为29.63g/kg。最低值在余庆县构皮滩镇太平社区，为旱地，黄泡泥土土种；最高值在桐梓县大河镇向阳村，为旱地，大眼泥土。有机质含量丰富的面积仅占13.91%，丰富和中等的占46.57%，而中等以下比例占了53.43%，表明遵义市耕地土壤有机质含量丰富的面积并不多，而含量中等以下的所占比例较大。

表 4-2 遵义市耕地土壤有机质含量分级统计表

含量范围（g/kg）	面积（hm²）	比例（%）	含量等级
≥40	117 601.53	13.91	丰富
30（含）～40	276 121.53	32.66	中等
20（含）～30	344 164.64	40.71	低
<20	107 477.22	12.72	极低
合计	845 364.92	100.00	—

二、不同利用方式含量

遵义市耕地主要利用方式为旱地和水田，旱地和水田有机质分级统计见表4-3。在含量等级中，旱地、水田土壤有机质平均含量差异不大，水田（30.52g/kg）比旱地（29.24g/kg）高1.28g/kg，高4.38%。水田中丰富和中等比例都比旱地要高，丰富的比例多5.04%，中等的比例多4.50%，低等级的比例水田比旱地少8.74%，极低等级的水田和旱地所占比例相差不大。水稻土一般施入的有机肥要多，淹水时间长，淹水期间土壤嫌气微生物活动旺盛，有机质分解速度慢，因此在长期的施肥和耕种下水田有机质略高于旱地。

表 4-3 遵义市耕地不同利用方式有机质含量分级统计表

含量范围（g/kg）	旱地		水田		含量等级
	面积（hm²）	比例（%）	面积（hm²）	比例（%）	
≥40	72 416.45	12.36	45 185.07	17.40	丰富
30（含）～40	183 236.51	31.28	92 885.02	35.78	中等
20（含）～30	254 191.87	43.40	89 972.77	34.66	低
<20	75 897.83	12.96	31 579.39	12.16	极低

三、不同区域含量

遵义市不同区域土壤有机质含量分级统计见表4-4。各县（区、市）有机质平均含量在17.93～33.78g/kg之间，最高值与最低值之差为15.85g/kg，相差较大。湄潭县（33.78g/kg）、播州区（33.30g/kg）、仁怀市（33.05g/kg）平均含量较高；赤水市（17.93g/kg）、道真县（25.54g/kg）、习水县（26.27g/kg）较低。各等级的分布情况为：丰富等级所占比例较大的有桐梓县、播州区、汇川区，表明这些地方有机质含量丰富的面积大；所占比例小的有赤水市、道真县、余庆县。中等级所占比例较大的有播州区、桐梓县、湄潭县；比例小的有赤水市、道真县、余庆县。低等级所占比例较大的有道真县、正安县、桐梓县；比例小的有赤水市、汇川区、湄潭县。极低等级面积比例较大的有习水县（24.60%）、赤水市（15.94%）、正安县（11.72%），比例小的有汇川区（0.14%）、湄潭县（0.38%）、红花岗区（0.81%）。从不同等级比例占本区域耕地土壤面积的比例看，丰富等级在0.28%～32.05%之间的，汇川区、仁怀市、播州区所占比例大，赤水市、道真

表4-4　遵义市不同区域有机质含量分级统计表

县（区、市）	≥40g/kg（hm²）	占遵义市耕地面积比例（%）	占本区域耕地面积比例（%）	30（含）~40g/kg（hm²）	占遵义市耕地面积比例（%）	占本区域耕地面积比例（%）	20（含）~30g/kg（hm²）	占遵义市耕地面积比例（%）	占本区域耕地面积比例（%）	<20g/kg（hm²）	占遵义市耕地面积比例（%）	占本区域耕地面积比例（%）	平均值（g/kg）
红花岗区	7 463.12	6.35	16.52	21 026.38	7.61	46.56	14 118.67	4.10	31.26	2 555.14	0.81	5.66	32.92
汇川区	13 078.37	11.12	32.05	16 388.83	5.94	40.16	9 124.55	2.65	22.36	2 219.42	0.14	5.44	32.42
播州区	17 235.38	14.66	22.14	36 418.90	13.19	46.78	20 118.29	5.85	25.84	4 084.58	3.80	5.25	33.30
桐梓县	18 629.86	15.84	18.49	34 652.63	12.55	34.39	36 835.05	10.70	36.55	10 656.57	9.92	10.57	31.94
绥阳县	12 549.63	10.67	17.19	26 450.58	9.58	36.24	28 277.11	8.22	38.74	5 707.76	5.31	7.82	32.13
正安县	5 322.44	4.53	7.26	17 389.71	6.30	23.71	38 027.97	11.05	51.85	12 596.55	11.72	17.18	27.05
道真县	181.17	0.15	0.35	5 226.32	1.89	10.12	41 938.54	12.19	81.19	4 311.38	4.01	8.35	25.54
务川县	4 944.34	4.20	8.10	17 353.83	6.28	28.43	33 612.76	9.77	55.06	5 134.47	4.78	8.41	28.95
凤冈县	3 256.45	2.77	5.65	17 518.21	6.34	30.39	30 237.34	8.79	52.45	6 633.44	6.17	11.51	27.81
湄潭县	8 289.05	7.05	14.50	33 526.76	12.14	58.66	14 923.76	4.34	26.11	413.27	0.38	0.72	33.78
余庆县	2 684.89	2.28	5.76	10 372.96	3.76	22.24	27 773.51	8.07	59.54	5 814.42	5.41	12.47	26.82
习水县	11 596.26	9.86	14.16	17 038.95	6.17	20.81	26 801.72	7.79	32.73	26 443.46	24.60	32.30	26.27
赤水市	64.58	0.05	0.28	545.87	0.20	2.34	5 603.54	1.63	24.01	17 128.65	15.94	73.38	17.93
仁怀市	12 306.00	10.46	22.35	22 211.60	8.04	40.34	16 771.84	4.87	30.46	3 778.11	3.52	6.86	33.05
合计	117 601.54	100.00	13.91	276 121.52	100.00	32.66	344 164.64	100.00	40.71	107 477.22	100.00	12.71	29.63

县所占比例小；中等级在 2.34%～58.66% 之间，湄潭县、播州区、红花岗区所占比例大，赤水市、道真县、习水县所占比例小；低等级在 22.36%～81.19% 之间，道真县、余庆县、凤冈岗县所占比例大，汇川区、播州区、湄潭县所占比例小；极低等级在 0.72%～73.38% 之间，其中赤水市、习水县所占比例大，湄潭县、播州区、汇川区所占比例小。

四、不同时间含量

遵义市此次土壤有机质数据与第二次土壤普查数据进行比较，得出耕地土壤有机质的变化情况见表 4-5。与第二次土壤普查数据相比，有机质平均值提高 0.33g/kg，增加 1.13%，含量丰富、中等和低比例都有不同程度的提高，而含量极低的比例降低了 22.02%。水田土壤有机质平均值减少 3.88g/kg，降低了 11.30%，降低幅度较大；水田土壤有机质丰富和中等级别比例的都有不同程度的增加，丰富等级比例增加 1.04%，中等比例增加 12.80%；低和极低等级比例有所降低，低等级减少 5.40%，极低等级减少 8.43%。旱地土壤有机质平均值提高 6.94g/kg，增加 31.12%，增加幅度较大；旱地土壤有机质丰富、中等和低等级别比例的都有不同程度的增加，丰富等级比例增加 6.24%，中等比例增加 16.56%，低等级增加 8.64%；只有极低等级比例有所降低，减少 21.44%。无论是水田还是旱地，土壤有机质丰富和中等级别的比例都有所增加，极低等级比例都下降。

表 4-5　遵义市不同时间有机质含量分级统计表

含量范围（g/kg）	比例（%）						含量等级
	遵义市耕地		水田		旱地		
	现状	第二次土壤普查	现状	第二次土壤普查	现状	第二次土壤普查	
≥40	13.91	10.28	17.40	16.36	12.36	6.12	丰富
30（含）～40	32.66	18.08	35.78	22.98	31.28	14.72	中等
20（含）～30	40.71	36.91	34.66	40.06	43.40	34.76	低
<20	12.71	34.73	12.16	20.59	12.96	44.40	极低
平均值	29.63	29.30	30.52	34.40	29.24	22.30	—

第三节　全　氮

氮是植物生长所需较多的营养元素，对作物的生长发育和产量起到重要作用。土壤中能被作物吸收的是无机态氮，而在自然条件下无机态氮只占 1%～5%，绝大多数是以有机态存在的，且大部分有机态氮只有在微生物作用下，逐渐矿化后才能被作物吸收。全面了解土壤全氮的含量状况，对于合理调控土壤全氮含量、合理施用氮肥具有重要的意义。

一、现状

遵义市耕地土壤全氮含量在 0.054～5.42g/kg 之间，平均值为 1.76g/kg。最低值在务川县蕉坝乡新茶村，为旱地，扁砂泥土土种；最高值在正安县乐俭乡长兴村，为水田，小黄泥田土种。遵义市耕地土壤全氮含量分级统计见表 4-6。遵义市耕地土壤全氮含量丰富等级的比例不高，只占 30.21%，含量中等以上的耕地占 73.11%，低和极低的占 26.89%，其中，极低的含量仅占 4.08%。遵义市耕地土壤全氮含量丰富的面积不多，中等以上的比例大，全氮极度缺乏有一定的面积，但总的比例不大。

表 4-6　遵义市耕地土壤全氮含量分级统计表

含量范围（g/kg）	面积（hm²）	比例（%）	含量等级
≥2	255 426.43	30.21	丰　富
1.5（含）～2	362 645.63	42.90	中　等
1（含）～1.5	192 787.44	22.81	低
<1	34 505.42	4.08	极低
合计	845 364.92	100.00	—

二、不同利用方式含量

遵义市耕地土壤主要利用方式为旱地和水田，旱地和水田全氮含量分级统计见表 4-7。遵义市旱地、水田土壤全氮平均值含量差异不大，水田（1.81g/kg）比旱地（1.73g/kg）高 0.08g/kg，高 4.62%。在含量等级中，丰富所占比例水田比旱地高出 13.04%，中等以上比例水田比旱地多 6.13%。土壤中的全氮来源于土壤有机质和人为施氮，水田有机质一般高于旱地。由于水田施入的氮肥一般高于旱地，且挥发损失的氮少，因此，在长期的耕种制度下水田土壤全氮高于旱地。

表 4-7　遵义市耕地不同利用方式全氮含量分级统计表

含量范围（g/kg）	旱地		水田		含量等级
	面积（hm²）	比例（%）	面积（hm²）	比例（%）	
≥2	153 535.88	26.21	101 890.56	39.25	丰　富
1.5（含）～2	263 695.12	45.02	98 950.51	38.11	中　等
1（含）～1.5	146 549.06	25.02	46 238.38	17.81	低
<1	21 962.61	3.75	12 542.8	4.83	极低

三、不同区域含量

遵义市不同区域由于成土的母质、植被、人为活动等因素的差异，导致土壤全氮在不同区域含量不同（表 4-8）。各县（区、市）耕地土壤全氮含量在 1.01～2.18g/kg 之

表4-8 遵义市不同区域全氮含量分级统计表

县(区、市)	≥2g/kg (hm²)	占遵义市耕地面积比例(%)	占本区域耕地面积比例(%)	1.5(含)~2g/kg (hm²)	占遵义市耕地面积比例(%)	占本区域耕地面积比例(%)	1(含)~1.5g/kg (hm²)	占遵义市耕地面积比例(%)	占本区域耕地面积比例(%)	<1g/kg (hm²)	占遵义市耕地面积比例(%)	占本区域耕地面积比例(%)	平均值(g/kg)
红花岗区	16 111.74	6.31	35.67	22 925.52	6.32	50.76	5 775.13	3.00	12.79	350.91	1.02	0.78	1.91
汇川区	19 344.25	7.57	47.40	17 028.85	4.70	41.73	4 179.57	2.17	10.24	258.51	0.75	0.63	1.87
播州区	33 725.14	13.20	43.32	34 163.71	9.42	43.88	8 550.98	4.44	10.98	1 417.32	4.11	1.82	1.91
桐梓县	27 460.06	10.75	27.25	51 556.27	14.22	51.16	19 137.40	9.93	18.99	2 620.37	7.59	2.60	1.78
绥阳县	27 201.45	10.65	37.27	33 727.19	9.30	46.21	11 193.44	5.81	15.34	862.99	2.50	1.18	1.92
正安县	20 943.11	8.20	28.56	37 864.54	10.44	51.63	13 294.39	6.90	18.13	1 234.63	3.58	1.68	1.81
道真县	562.07	0.22	1.09	7 647.41	2.11	14.80	41 485.27	21.52	80.31	1 962.66	5.69	3.80	1.33
务川县	16 852.50	6.60	27.61	33 170.03	9.15	54.34	10 336.61	5.36	16.93	686.25	1.99	1.12	1.82
凤冈县	13 633.22	5.34	23.65	33 163.48	9.14	57.53	10 133.16	5.26	17.58	715.60	2.07	1.24	1.77
湄潭县	38 327.29	15.01	67.06	16 948.52	4.67	29.65	1 856.15	0.96	3.25	20.88	0.06	0.04	2.18
余庆县	8 637.97	3.38	18.52	21 617.21	5.96	46.34	15 247.14	7.91	32.69	1 143.45	3.31	2.45	1.66
习水县	19 525.01	7.64	23.85	27 912.95	7.70	34.09	26 725.07	13.86	32.64	7 717.35	22.37	9.43	1.60
赤水市	53.58	0.02	0.23	865.08	0.24	3.71	9 067.95	4.70	38.85	13 356.02	38.71	57.22	1.01
仁怀市	13 049.03	5.11	23.70	24 054.86	6.63	43.68	15 805.19	8.20	28.70	2 158.48	6.26	3.92	1.68
合计	255 426.42	100.00	30.21	362 645.62	100.00	42.90	192 787.45	100.00	22.81	34 505.42	100.00	4.08	1.76

间，差异较大，最低的是赤水市，最高的是湄潭县，其中西部县（区、市）平均值较低，中部县（区、市）含量较高。从全氮不同等级面积分布来看，湄潭县、播州区、桐梓县的丰富等级分布面积较大，赤水市、道真县、余庆县的丰富等级分布面积较少；中等比例面积较多的有桐梓县、正安县、播州区，赤水市、道真县、湄潭县面积较少；低等级面积分布较多的是道真县、习水县、桐梓县，面积较小的是湄潭县、汇川区、红花岗区；极低等级面积较大的是赤水市、习水县、桐梓县，面积较少的是湄潭县、汇川区和红花岗区。不同等级占本县（区、市）比例结果可以表明该区域耕地土壤全氮的含量水平，丰富等级的面积占本区域比例大的是湄潭县、汇川区、播州区，赤水市、道真县、余庆县比例较小；中等比例为凤冈县、务川县、正安县所占比例大，赤水市、湄潭县、习水县比例小；低等级比例以赤水市、余庆县、习水县比例大，湄潭县、汇川区、播州区比例较小，极低等级比例以赤水市、习水县、仁怀市较大，湄潭县、汇川区、红花岗区所占比例较小。

四、不同时间含量

将此次土壤全氮数据与第二次土壤普查的数据进行比较，得出耕地土壤全氮的变化情况（表 4-9）。从数据看，全氮平均值增加了 0.16g/kg，提升 26.67%，增加比例较大。含量丰富和中等比例都有不同程度的提高，含量低和极低的比例降低，尤其是含量极低的降低幅度最大，降低了 34.94%。水田土壤全氮平均值减少 0.06g/kg，降低了 3.21%，降低幅度较小；水田土壤全氮丰富和中等级别比例都有不同程度的增加，丰富等级比例增加 20.74%，中等比例增加 16.13%；低和极低等级比例有所降低，其中，低等级减少 14.98%，极低等级减少 21.89%。旱地土壤全氮平均值提高 0.13g/kg，增加 8.13%；旱地土壤全氮丰富和中等级别比例的都有不同程度的增加，丰富等级比例增加 16.80%，中等比例增加 31.58%；低等级和极低等级比例有所降低，其中，低等级减少 4.80g/kg，极低等级减少 43.68g/kg。无论是水田还是旱地，土壤全氮丰富和中等级别的比例都有所增加，低和极低等级比例都有所下降。

表 4-9　遵义市不同时间全氮含量分级统计表

含量范围（g/kg）	比例（%）						含量等级
	遵义市耕地		水田		旱地		
	现状	第二次土壤普查	现状	第二次土壤普查	现状	第二次土壤普查	
≥2	30.21	13.05	39.25	18.51	26.21	9.31	丰富
1.5（含）～2	42.90	16.41	38.11	21.98	45.02	13.44	中等
1（含）～1.5	22.81	31.02	17.81	32.79	25.02	29.82	低
<1	4.08	39.02	4.83	26.72	3.75	47.43	极低
平均值	1.76	1.60	1.81	1.87	1.73	1.60	—

第四节　碱　解　氮

碱解氮包括无机态氮（铵态氮、硝态氮）及易水解的有机态氮（氨基酸、酰胺和易水解蛋白质），是能被作物直接吸收的氮素形态，含量的高低一般反映了土壤供氮的强弱，受施肥、耕作、气候等因素的影响，与作物生长关系极为密切，因此它可以作为推荐施肥的直接依据。全面了解土壤碱解氮的含量现状及变化规律，可以为作物施肥和调控土壤中碱解氮的含量提供科学依据。

一、现状

遵义市耕地土壤碱解氮含量在 1.10~758.00mg/kg 之间，平均值为 146.70mg/kg。最低值在余庆县白泥镇上里社区，为旱地，豆面泥土土种；最高值在桐梓县花秋镇石关村，为旱地，大眼泥土土种。遵义市耕地土壤碱解氮含量分级统计见表 4-10。在含量等级中，丰富等级的面积不多，仅占 11.95%，含量中等以上的耕地占 42.62%，未达到一半，低和极低的占 57.38%，极低的含量也有 13.93%。表明遵义市耕地土壤碱解氮总体含量不高，含量中等以上的比例不到一半。

表 4-10　遵义市耕地土壤碱解氮含量分级统计表

含量范围（mg/kg）	面积（hm²）	比例（%）	含量等级
≥200	100 998.64	11.95	丰 富
150（含）~200	259 282.59	30.67	中 等
100（含）~150	367 296.51	43.45	低
<100	117 787.18	13.93	极 低
合计	845 364.92	100.00	—

二、不同利用方式含量

遵义市耕地土壤不同利用方式碱解氮含量变化见表 4-11。水田碱解氮平均值高于旱地，但差异不大，水田（150.16mg/kg）比旱地（145.22mg/kg）高 4.94mg/kg。在含量等级中，丰富所占比例水田比旱地高 4.07%，中等以上比例水田比旱地多 12.14%，低和极低比例的水田比旱地少 12.14%。土壤中的碱解氮来源于土壤有机质和全氮以及人为的施用速效氮，水田有机质和全氮高于旱地，同时由于施入的速效氮和有机肥高于旱地，因此，在长期的耕种制度下水田碱解氮略高于旱地。

表 4-11　遵义市耕地不同利用方式碱解氮含量分级统计表

含量范围（mg/kg）	旱地		水田		含量等级
	面积（hm²）	比例（%）	面积（hm²）	比例（%）	
≥200	62 645.38	10.70	38 353.26	14.77	丰 富
150（含）~200	165 146.09	28.19	94 136.5	36.26	中 等
100（含）~150	269 488.38	46.01	97 808.13	37.67	低
<100	88 462.82	15.10	29 324.36	11.30	极 低

三、不同区域含量

不同区域由于成土的母质、植被、土壤有机质、全氮以及人为活动等因素的差异，导致土壤碱解氮含量在不同区域有差异，遵义市各县（区、市）耕地土壤碱解氮含量见表 4-12。遵义市不同县（区、市）土壤碱解氮含量在 109.12~209.14mg/kg 之间，最高的

表4-12　遵义市不同区域碱解氮含量分级统计表

县(区、市)	≥200mg/kg (hm²)	占遵义市耕地面积比例(%)	占本区域耕地面积比例(%)	150(含)~200mg/kg (hm²)	占遵义市耕地面积比例(%)	占本区域耕地面积比例(%)	100(含)~150mg/kg (hm²)	占遵义市耕地面积比例(%)	占本区域耕地面积比例(%)	<100mg/kg (hm²)	占遵义市耕地面积比例(%)	占本区域耕地面积比例(%)	平均值(mg/kg)
红花岗区	3 807.15	3.77	8.43	20 436.33	7.88	45.25	17 062.85	4.65	37.78	3 856.98	3.27	8.54	152.33
汇川区	7 788.74	7.71	19.08	19 685.40	7.59	48.24	11 604.14	3.16	28.43	1 732.89	1.47	4.25	161.20
播州区	12 333.49	12.21	15.84	39 060.92	15.06	50.17	21 363.04	5.82	27.44	5 099.70	4.33	6.55	162.86
桐梓县	10 403.47	10.30	10.32	36 551.69	14.10	36.27	42 102.82	11.46	41.78	11 716.12	9.95	11.63	149.30
绥阳县	13 991.69	13.85	19.17	27 828.39	10.73	38.13	27 409.39	7.46	37.55	3 755.60	3.19	5.15	166.59
正安县	5 323.11	5.27	7.26	15 285.98	5.90	20.84	36 192.61	9.85	49.35	16 534.97	14.04	22.55	133.46
道真县	1 019.29	1.01	1.97	7 935.71	3.06	15.36	25 775.35	7.02	49.90	16 927.06	14.37	32.77	116.77
务川县	5 176.63	5.13	8.48	23 519.63	9.07	38.53	30 107.97	8.20	49.32	2 241.17	1.90	3.67	153.12
凤冈县	701.54	0.69	1.22	12 900.61	4.98	22.38	35 351.78	9.62	61.33	8 691.52	7.38	15.08	129.07
湄潭县	34 791.83	34.45	60.88	19 918.83	7.68	34.85	2 184.85	0.59	3.82	257.33	0.22	0.45	209.14
余庆县	2 135.29	2.11	4.58	9 967.52	3.84	21.37	28 283.25	7.70	60.63	6 259.72	5.31	13.42	132.78
习水县	3 011.65	2.93	3.68	18 893.01	7.29	23.07	41 485.54	11.29	50.67	18 490.18	15.70	22.58	127.16
赤水市	163.35	0.16	0.70	1 386.16	0.53	5.94	11 883.99	3.24	50.91	9 909.13	8.41	42.45	109.12
仁怀市	351.42	0.35	0.64	5 912.42	2.28	10.74	36 488.93	9.93	66.26	12 314.79	10.46	22.36	117.64
合计	100 998.65	100.00	11.95	259 282.60	100.00	30.67	367 296.51	100.00	43.45	117 787.16	100.00	13.93	146.70

县比最低的高 91.66％，差异较大。最高的是湄潭县，最低的是赤水市。西部县（市）平均值较低，中东部县（区）含量较高。从碱解氮不同等级面积分布来看，丰富等级以湄潭县、播州区、绥阳县分布面积较大，赤水市、凤冈县、道真县面积较少；中等级比例面积较多的有播州区、桐梓县、绥阳县，赤水市、仁怀市、道真县面积较少；低等级面积分布较多的是桐梓县、习水县、正安县，面积较小的是湄潭县、汇川区、赤水市；极低等级面积较大的是习水县、道真县、正安县，面积较少的是湄潭县、汇川区、务川县。碱解氮不同等级占本县（区、市）比例结果可以表明该区域耕地土壤碱解氮含量的整体水平，丰富等级占本区域耕地土壤面积比例较大的是湄潭县、绥阳县、汇川区、仁怀市、赤水市、凤冈县较小；中等比例以播州区、汇川区、红花岗区较大，赤水市、仁怀市、道真县较小；低等级比例以仁怀市、凤冈县、余庆县较大，湄潭县、播州区、汇川区较小，极低等级比例以赤水市、道真县、习水县较大，湄潭县、务川县、汇川区较小。

四、不同时间含量

遵义市第二次土壤普查耕地土壤碱解氮平均值为 154.0mg/kg，此次平均值为 146.70mg/kg，减少 7.30mg/kg，降低 4.98％，这可能是长期耕种施入氮肥量不足，而土壤氮损失较多的缘故。第二次土壤普查水田碱解氮平均值为 179.0mg/kg，此次平均值为 150.16mg/kg，减少 28.84mg/kg，降低 16.09％。第二次土壤普查旱地碱解氮平均值为 118.00mg/kg，此次平均值为 145.22mg/kg，增加 27.22mg/kg，提高 23.05％。

第五节　有 效 磷

磷是作物生长必需的三大元素之一，土壤中磷的含量与母质类型、成土作用和耕作施肥密切相关，同时还与土壤有机质和土壤质地有联系。土壤中的磷包括有机磷和无机磷，矿质土壤以无机磷为主，有机磷只占全磷的 20％～50％。土壤中大部分的磷都不能直接被作物吸收利用，能被作物吸收利用的是土壤中很少部分的有效磷，包括全部水溶性磷、部分吸附态磷及有机态磷。了解土壤有效磷的含量现状及变化规律，可以为科学施肥及调控土壤磷含量提供科学依据。

一、现状

遵义市耕地土壤有效磷含量见表 4-13。遵义市有效磷含量在 0.1～89.9mg/kg 之间，平均值 17.56mg/kg，最低值在习水县二里乡钟家湾村，为旱地，酸性紫胶泥土土种；最高值在正安县和溪镇艳山村，为旱地，大眼黄泥土土种。在含量等级中，丰富含量约占遵义市耕地面积的 1/3，含量中等以上的耕地占 73.29％，所占比例较大，低和极低的占 26.71％，极低的含量为 6.66％，表明遵义市大部分耕地土壤有效磷含量高。

表 4 - 13 遵义市耕地土壤有效磷含量分级统计表

含量范围（mg/kg）	面积（hm²）	比例（%）	含量等级
≥20	269 847.98	31.92	丰 富
10（含）～20	349 706.88	41.37	中 等
5（含）～10	169 514.21	20.05	低
<5	56 295.85	6.66	极 低
合计	845 364.92	100.00	—

二、不同利用方式

遵义市耕地主要利用方式为旱地和水田，旱地和水田有效磷分级统计见表 4 - 14。旱地、水田土壤有效磷平均值含量差异不大，旱地（17.77mg/kg）比水田（17.08mg/kg）多 0.69g/kg，高 4.04%。在含量等级中，丰富等级的水田比旱地多 2.45%，中等和低级等级的两者基本相同，低等级的旱地比水田多 2.21%，极低等级的水田比旱地多 0.1%。

表 4 - 14 遵义市耕地不同利用方式有效磷含量分级统计表

含量范围 (mg/kg)	旱地		水田		含量 等级
	面积（hm²）	比例（%）	面积（hm²）	比例（%）	
≥20	182 562.34	31.17	87 285.64	33.62	丰 富
10（含）～20	242 925.70	41.47	106 781.18	41.13	中 等
5（含）～10	121 435.12	20.73	48 079.09	18.52	低
<5	38 819.51	6.63	17 476.34	6.73	极 低

三、不同区域含量

不同区域由于成土的母质、植被以及人为活动等因素的差异，导致土壤有效磷含量不同，遵义市各县（区、市）耕地土壤有效磷含量见表 4 - 15。不同县（区、市）有效磷含量平均值在 9.58～26.59mg/kg 之间，最高值是最低值的 3 倍，差异比较大，最低的是习水市，最高的是湄潭县，其中西部县（市）平均值较低，中部县（区）含量较高。从有效磷不同等级面积分布来看，丰富等级以播州区、湄潭县、绥阳县分布面积较大，习水县、道真县、仁怀市面积较少；中等比例面积较多的有桐梓县、务川县、绥阳县，赤水市、湄潭县、汇川区面积较少；低等级面积分布较多的是习水县、桐梓县、仁怀市，面积较小的是播州区、红花岗区、湄潭县；极低等级面积较大的是习水县、仁怀市、正安县，面积较少的是播州区、红花岗区、汇川区。有效磷不同等级占本县（区、市）比例结果可以表明本区域耕地有效磷含量的水平，丰富等级所占比例较大的是湄潭县、播州区、汇川区，习水县、道真县、仁怀市比例较小；中等比例以务川县、道真县、余庆县所占比例大，湄潭县、播州区、仁怀市比例小；低等级比例以仁怀市、习水县、道真县比例大，播州区、湄潭县、红花岗区比例较小，极低等级占本区域的比例较大的有习水县、仁怀市、正安县，播州区、湄潭县、红花岗区所占比例较小。

表 4 - 15　遵义市不同区域有效磷含量分级统计表

县 (区、市)	≥20mg/kg (hm²)	占遵义市耕地面积比例 (%)	占本区域耕地面积比例 (%)	10(含)~20mg/kg (hm²)	占遵义市耕地面积比例 (%)	占本区域耕地面积比例 (%)	5(含)~10mg/kg (hm²)	占遵义市耕地面积比例 (%)	占本区域耕地面积比例 (%)	<5mg/kg (hm²)	占遵义市耕地面积比例 (%)	占本区域耕地面积比例 (%)	平均值 (mg/kg)
红花岗区	29 948.47	11.10	66.31	14 072.40	4.02	31.16	1 091.78	0.64	2.42	50.66	0.09	0.11	24.84
汇川区	27 311.87	10.12	66.92	12 243.75	3.50	30.00	1 198.97	0.71	2.94	56.58	0.10	0.14	23.07
播州区	58 730.47	21.76	75.43	18 817.87	5.38	24.17	306.23	0.18	0.39	2.58	0.00	0.00	25.17
桐梓县	9 952.31	3.69	9.88	55 104.76	15.76	54.68	29 567.11	17.44	29.34	6 149.92	10.92	6.10	12.68
绥阳县	32 748.79	12.14	44.87	32 240.31	9.22	44.17	6 438.87	3.80	8.82	1 557.10	2.77	2.13	21.35
正安县	15 681.92	5.81	21.38	29 332.83	8.39	40.00	19 651.78	11.59	26.80	8 670.14	15.40	11.82	14.70
道真县	3 874.81	1.44	7.50	28 983.68	8.29	56.11	17 580.01	10.37	34.03	1 218.91	2.17	2.36	12.42
务川县	6 604.93	2.45	10.82	39 788.60	11.38	65.18	12 940.63	7.63	21.20	1 711.24	3.04	2.80	14.17
凤冈县	14 113.70	5.23	24.48	28 190.73	8.06	48.90	11 706.88	6.91	20.31	3 634.14	6.46	6.30	16.07
湄潭县	44 973.92	16.67	78.69	10 897.34	3.12	19.07	1 256.10	0.74	2.20	25.48	0.05	0.04	26.59
余庆县	13 317.41	4.94	28.55	26 016.40	7.44	55.77	5 693.29	3.36	12.21	1 618.68	2.88	3.47	17.86
习水县	3 869.26	1.43	4.73	27 154.96	7.77	33.16	32 556.25	19.21	39.76	18 299.91	32.51	22.35	9.58
赤水市	4 328.85	1.60	18.54	9 816.51	2.81	42.05	7 355.31	4.34	31.51	1 841.96	3.27	7.89	15.19
仁怀市	4 391.28	1.63	7.97	17 046.73	4.87	30.96	22 170.99	13.08	40.26	11 458.56	20.35	20.81	9.80
合计	269 847.99	100.00	31.92	349 706.87	100.00	41.37	169 514.20	100.00	20.05	56 295.86	100.00	6.66	17.56

四、不同时间含量

此次土壤有效磷数据与第二次土壤普查的数据进行比较，得出耕地土壤有效磷的时间变化情况。从表 4-16 中数据看，有效磷增加 9.66mg/kg，提升 122.78%，是土壤养分提高比例最高的元素。含量丰富、中等比例的都大幅度提高，低和极低比例都大幅度降低，含量极低的比例降低了 31.88%。土壤有效磷含量平均值大幅度提高，与长期大量施用磷肥，土壤中磷的积累密切相关。水田土壤有效磷平均值提高 7.68mg/kg，增加 81.91%；水田土壤有效磷丰富和中等级别比例的都有不同程度的增加，丰富等级比例增加 24.44%，中等比例增加 13.75%；低和极低等级比例有所降低，低等级减少 9.91%，极低等级减少 18.28%。旱地土壤有效磷平均值提高 12.07mg/kg，增加 212.28%，增加幅度较大；旱地土壤有效磷丰富和中等级别比例的都增加，丰富等级比例增加 22.55%，中等比例增加 16.84%；低等级和极低等级比例有所降低，低等级减少 4.08%，极低等级减少 34.31%。无论是水田还是旱地，土壤有效磷丰富和中等级别的比例都有所增加，低和极低等级比例都下降。

表 4-16　遵义市不同时间有效磷含量分级统计表

含量范围 (mg/kg)	比例（%）						含量等级
	遵义市耕地		水田		旱地		
	现状	第二次土壤普查	现状	第二次土壤普查	现状	第二次土壤普查	
≥20	31.92	9.44	33.62	9.18	31.17	9.62	丰富
10（含）～20	41.37	25.74	41.13	27.38	41.47	24.63	中等
5（含）～10	20.05	26.28	18.52	28.43	20.73	24.81	低
<5	6.66	38.54	6.73	25.01	6.63	40.94	极低
平均值	17.56	7.90	17.08	9.4	17.77	5.70	—

第六节　缓 效 钾

钾是作物生长必需的三大元素之一，土壤中钾主要来源于成土母质、钾肥和有机肥的施用。土壤中的钾按照化学组成分为矿物钾、非交换钾、交换性钾和水溶性钾；按照营养有效性可分为无效钾、缓效钾和速效钾。土壤缓效钾或称非交换性钾，主要是次生矿物如伊利石、蛭石、绿泥石等所固定的钾，占土壤全钾的 1%～10%。缓效钾和速效钾之间存在动态平衡，是土壤速效钾的主要储备仓库，也是土壤供钾潜力指标。

一、现状

遵义市耕地土壤缓效钾含量情况见表 4-17。耕地土壤缓效钾含量在 3.00～1 845.00mg/kg 之间，平均值为 309.77mg/kg，最低值在务川县石朝乡大漆村，为旱地，大土泥土土种；最高值在余庆县大乌江镇乌江村，为水田，暗豆面黄泥田土种。在含量等级中，丰富含量占遵义市耕地面积的 60%，含量中等以上的耕地占 89.31%，低和极低的仅占 10.69%，表明遵义市大部分耕地土壤缓效钾含量较高，仅有极少数耕地土壤含量极低。

表 4 - 17　遵义市耕地土壤缓效钾含量分级统计表

含量范围（mg/kg）	面积（hm²）	比例（%）	含量等级
≥250	522 313.25	61.79	丰 富
150（含）～250	232 617.97	27.52	中 等
50（含）～150	88 972.04	10.52	低
<50	1 461.67	0.17	极低
合计	845 364.93	100.00	—

二、不同利用方式含量

遵义市耕地不同利用方式缓效钾变化情况见表 4 - 18。旱地缓效钾含量平均值为 309.74mg/kg，水田平均值为 309.83mg/kg，两者之间相差不大，水田比旱地仅多 0.09mg/kg，表明耕地不同利用方式对土壤缓效钾的影响不大，缓效钾的含量主要与成土母质和成土条件等密切相关。

表 4 - 18　遵义市耕地土壤不同利用方式缓效钾含量分级统计表

含量范围（mg/kg）	旱地		水田		含量等级
	面积（hm²）	比例（%）	面积（hm²）	比例（%）	
≥250	372 943.73	63.67	149 369.52	57.53	丰 富
150（含）～250	154 604.52	26.39	78 013.45	30.05	中 等
50（含）～150	57 120.9	9.75	31 851.14	12.27	低
<50	1 073.53	0.18	388.14	0.15	极低

三、不同区域含量

不同区域由于成土因素的差异以及人为活动的影响，导致土壤缓效钾含量在不同区域存在一定差异，遵义市各县（区、市）耕地土壤缓效钾含量见表 4 - 19。各县（区、市）土壤缓效含量平均值在 167.35～473.21mg/kg 之间，最大值比最低值的多 305.86mg/kg，差异比较大，最低的是湄潭县，最高的是正安县。北部县（市）平均值较高，中部县（区）含量较低。从缓效钾不同等级面积分布来看，丰富等级以桐梓县、正安县、习水县分布面积较大，湄潭县、红花岗区、汇川区面积较少；中等比例面积较多的有播州区、湄潭县、桐梓县，正安县、赤水市、道真县面积较少；低等级面积分布较多的是湄潭县、播州区、凤冈县，面积较小的是道真县、务川县、正安县；极低等级面积在 0.00～385.07hm² 之间，面积很少，凤冈县、播州区和汇川区面积相对较大。缓效钾不同等级占

表 4-19　遵义市不同区域缓效钾含量分级统计表

县(区、市)	≥250 mg/kg (hm²)	占遵义市耕地面积比例(%)	占本区域耕地面积比例(%)	150(含)~250mg/kg (hm²)	占遵义市耕地面积比例(%)	占本区域耕地面积比例(%)	50(含)~150mg/kg (hm²)	占遵义市耕地面积比例(%)	占本区域耕地面积比例(%)	<50mg/kg (hm²)	占遵义市耕地面积比例(%)	占本区域耕地面积比例(%)	平均值 (mg/kg)
红花岗区	15 125.47	2.90	33.49	23 208.16	9.98	51.39	6 819.99	7.67	15.10	9.69	0.66	0.02	234.34
汇川区	17 007.40	3.26	41.67	17 227.94	7.41	42.21	6 335.71	7.12	15.52	240.12	16.43	0.59	212.59
播州区	22 128.75	4.24	28.42	42 020.91	18.06	53.97	13 396.39	15.06	17.21	311.10	21.28	0.40	219.10
桐梓县	71 667.82	13.72	71.12	23 446.23	10.08	23.27	5 660.04	6.36	5.62	0.01	0.00	0.00	325.07
绥阳县	47 496.22	9.09	65.08	20 558.56	8.84	28.17	4 833.55	5.43	6.62	96.74	6.62	0.13	306.17
正安县	67 891.41	13.00	92.57	4 152.85	1.79	5.66	1 194.89	1.34	1.63	97.52	6.67	0.13	473.21
道真县	46 854.24	8.97	90.70	4 703.07	2.02	9.10	100.11	0.11	0.19	0.00	0.00	0.00	314.68
务川县	51 789.38	9.92	84.84	8 313.38	3.57	13.62	925.63	1.04	1.52	17.01	1.16	0.03	370.20
凤冈县	29 987.40	5.74	52.02	16 776.55	7.21	29.10	10 496.43	11.80	18.21	385.07	26.34	0.67	296.95
湄潭县	5 164.86	0.99	9.04	23 538.68	10.12	41.19	28 435.72	31.96	49.75	13.58	0.93	0.02	167.35
余庆县	36 180.67	6.93	77.56	8 776.18	3.77	18.81	1 646.62	1.85	3.53	42.31	2.89	0.09	394.55
习水县	64 254.88	12.30	78.47	13 695.76	5.89	16.73	3 801.04	4.27	4.64	128.70	8.81	0.16	382.99
赤水市	17 488.20	3.35	74.92	4 520.40	1.94	19.37	1 245.04	1.40	5.33	88.99	6.09	0.38	452.62
仁怀市	29 276.54	5.61	53.16	21 679.30	9.32	39.37	4 080.89	4.59	7.41	30.83	2.11	0.06	262.60
合计	522 313.24	100.00	61.79	232 617.97	100.00	27.52	88 972.05	100.00	10.52	1 461.67	100.00	0.17	309.77

本县（区、市）比例结果可以表明本区域耕地缓效钾的水平，丰富等级所占比例较大的是正安县、道真县、务川县，湄潭县、播州区、红花岗区比例较小；中等比例以播州区、红花岗区、汇川区所占比例大，正安县、道真县、务川县比例小；低等级比例以湄潭县、凤冈县、播州区比例大，道真县、务川县、正安县比例较小，极低等级占本区域的比例范围在 0.00%～0.67% 之间，所占比例极少。

第七节　速 效 钾

土壤速效钾的含量，是衡量土壤钾素养分供应能力的直接指标，它标志着目前乃至近期内可供植物吸收利用的钾的数量。因此，了解土壤速效钾的含量现状和分析变化趋势，对科学合理进行施肥和因地制宜进行种植具有重要的指导作用。

一、现状

遵义市耕地土壤速效钾含量在 10.00～595.00mg/kg 之间，平均值为 130.91mg/kg，最低值在绥阳县风华镇莲丰村，为水田，豆面黄泥田土种；最高值在播州区茅栗镇富兴村，为水田，灰油砂泥田。遵义市耕地土壤速效钾含量丰富的面积接近遵义市耕地面积的1/3，中等以上的占 74.08%，所占比例较大；含量低和极低的占 25.92%，其中，极低的只有 1.17%，遵义市大部分耕地土壤不缺速效钾，少数极度缺乏，遵义市耕地土壤速效钾分级统计见表 4-20。

表 4-20　遵义市耕地土壤速效钾含量分级统计表

含量范围（mg/kg）	面积（hm²）	比例（%）	含量等级
≥150	243 072.96	28.75	丰 富
100（含）～150	383 205.20	45.33	中 等
50（含）～100	209 196.56	24.75	低
<50	9 890.20	1.17	极 低
合计	845 364.92	100.00	—

二、不同利用方式

遵义市耕地土壤不同利用方式土壤速效钾含量变化见表 4-21。旱地速效钾平均值为 132.46mg/kg，水田速效钾平均值为 127.31mg/kg，旱地比水田高 5.15mg/kg。从含量不同等级比例来看，丰富等级比例旱地比水田高出 2.95%，中等比例的水田只比旱地多 0.23mg/kg，低等级和极低等级的水田都比旱地比例大。速效钾水田和旱地含量不同可能与人为干扰因素有关，旱地栽种的作物主要有玉米、蔬菜、油菜、薯类等，农户多采取大量施肥的方式提高旱地产出，从而提高了土壤中的钾素含量。而水田多为冬水田，稻田一熟为主，复种指数低。同时水田的钾素比旱地容易流失，所以旱地速效钾高于水田。

表 4 - 21 遵义市耕地不同利用方式土壤速效钾含量分级统计表

含量范围 (mg/kg)	水田		旱地		含量等级
	面积（hm²）	比例（%）	面积（hm²）	比例（%）	
≥150	69 340.23	26.71	173 732.73	29.66	丰富
100（含）～150	118 110.85	45.49	265 094.34	45.26	中等
50（含）～100	68 689.57	26.46	140 506.99	23.99	低
<50	3 481.60	1.34	6 408.60	1.09	极低

三、不同区域含量

不同区域由于成土母质的不同和人为活动的影响，导致土壤速效钾含量在不同区域存在一定差异，见表 4 - 22。遵义市各县（区、市）耕地土壤速效钾含量平均值在102.10～165.68mg/kg 之间，最高值比最低值多 63.58mg/kg、高 62.27%，最低的是道真县，最高的是务川县，北部县平均值较高，西部县（市）含量较低。从速效钾不同等级面积分布来看，丰富等级以桐梓县、正安县、务川县分布面积较大，道真县、湄潭县、仁怀市面积较少；中级比例面积较多的有桐梓县、播州区、习水县，赤水市、汇川区、道真县面积较少；低等级面积分布较多的是道真县、习水县、仁怀市，面积较小的是赤水市、务川县、汇川区；极低等级面积在 0.00～1 539.99hm² 之间，播州区、绥阳县和余庆县面积相对较大。速效钾不同等级占本县（区、市）比例结果可以表明本区域耕地速效钾的水平，丰富等级所占比例较大的是务川县、正安县、桐梓县，道真县、湄潭县、仁怀市比例较小；中等比例以湄潭县、播州区、红花岗区所占比例大，务川县、凤冈县、道真县比例小；低等级比例以道真县、仁怀市、习水县比例大，务川县、正安县、赤水市比例较小，极低等级占本区域的比例范围在 0.00%～2.61% 之间，所占比例较少，余庆县、红花岗区、汇川区所占比例大，道真县、湄潭县、务川县比例小。

四、不同时间含量

此次土壤速效钾检测数据与第二次土壤普查的数据进行比较，得出耕地土壤速效钾的变化情况，见表 4 - 23。从统计数据看，速效钾平均值减少了 0.09mg/kg，基本上没有变化。含量丰富、中等和低比例都有不同程度的提高，而含量极低的比例降低了 17.32%，虽然土壤速效钾平均含量基本没有变化，但是含量高的比例在增加，速效钾缺乏的面积比例在减少。水田土壤速效钾平均值提高 3.46mg/kg，增加 2.68%；水田土壤速效钾丰富和中等级别比例的都有不同程度的增加，丰富等级比例增加 6.76，中等比例增加 11.71；低和极低等级比例有所降低，低等级减少 1.49，极低等级减少 16.99。旱地土壤速效钾平均值减少 5.69g/kg，降低 4.29%；旱地土壤速效钾丰富、中等和低等级比例都有不同程度的增加，丰富等级比例增加 5.04，中等比例增加 8.55，低等级比例增加 3.82；极低等级比例有所降低，减少 17.41。无论是水田还是旱地，土壤速效钾丰富和中等级别的比例都有所增加，极低等级比例减少。

表 4-22 遵义市不同区域速效钾含量分级统计表

县(区，市)	≥150mg/kg (hm²)	占遵义市耕地面积比例(%)	占本区域耕地面积比例(%)	100(含)~150mg/kg (hm²)	占遵义市耕地面积比例(%)	占本区域耕地面积比例(%)	50(含)~100mg/kg (hm²)	占遵义市耕地面积比例(%)	占本区域耕地面积比例(%)	<50mg/kg (hm²)	占遵义市耕地面积比例(%)	占本区域耕地面积比例(%)	平均值 (mg/kg)
红花岗区	9 853.35	4.05	21.82	23 962.27	6.25	53.06	10 287.66	4.92	22.78	1 060.04	10.72	2.35	125.74
汇川区	15 990.47	6.58	39.18	17 412.87	4.54	42.67	6 585.28	3.15	16.14	822.56	8.32	2.02	135.86
播州区	16 703.46	6.87	21.45	41 369.07	10.80	53.13	18 244.63	8.72	23.43	1 539.99	15.57	1.98	126.39
桐梓县	39 756.07	16.36	39.45	47 107.80	12.29	46.75	13 651.48	6.53	13.55	258.74	2.62	0.26	149.51
绥阳县	19 994.42	8.23	27.40	30 681.38	8.01	42.04	21 027.09	10.05	28.81	1 282.18	12.96	1.76	130.79
正安县	34 172.40	14.06	46.60	29 197.23	7.62	39.81	9 644.37	4.61	13.15	322.68	3.26	0.44	153.43
道真县	3 626.94	1.49	7.02	18 815.66	4.91	36.42	29 160.21	13.94	56.45	54.60	0.55	0.11	102.1
务川县	37 028.87	15.23	60.66	19 987.05	5.22	32.74	3 956.19	1.89	6.48	73.28	0.74	0.12	165.68
凤冈县	19 484.05	8.02	33.80	19 759.75	5.16	34.28	17 389.47	8.31	30.17	1 012.18	10.23	1.76	142.07
湄潭县	5 056.34	2.08	8.85	36 576.34	9.54	64.00	15 517.30	7.42	27.15	2.86	0.03	0.01	114.93
余庆县	10 440.01	4.30	22.38	21 840.58	5.70	46.82	13 146.92	6.28	28.18	1 218.26	12.32	2.61	124.53
习水县	17 135.31	7.05	20.93	38 823.39	10.13	47.41	24 854.26	11.88	30.35	1 067.41	10.79	1.30	122.76
赤水市	7 648.10	3.15	32.76	12 267.60	3.20	52.55	3 154.75	1.51	13.51	272.20	2.75	1.17	140.89
仁怀市	6 183.16	2.54	11.23	25 404.23	6.63	46.13	22 576.93	10.79	41.00	903.24	9.13	1.64	109.49
合计	243 072.95	100.00	28.75	383 205.22	100.00	45.33	209 196.54	100.00	24.75	9 890.22	100.00	1.17 -	130.91

表 4 - 23 遵义市不同时间速效钾含量分级统计表

含量范围（mg/kg）	比例（%）						含量等级
	遵义市耕地		水田		旱地		
	现状	第二次土壤普查	现状	第二次土壤普查	现状	第二次土壤普查	
≥150	28.75	22.17	29.66	22.90	26.71	21.67	丰富
100（含）～150	45.33	35.55	45.26	33.55	45.49	36.94	中等
50（含）～100	24.75	23.80	23.99	25.48	26.46	22.64	低
<50	1.17	18.49	1.09	18.08	1.34	18.75	极低
平均值	130.91	131.00	132.46	129.00	127.31	133.00	—

第八节 pH

土壤 pH 是影响土壤肥力的主要因素之一，它直接影响土壤养分存在的状态、转化和有效性。土壤 pH 是由母质、生物、气候以及人为作用等多因素控制。在自然条件下，土壤 pH 主要受土壤盐基状况支配，而土壤盐基状况取决于淋溶过程和复盐基过程的相对强度。客观地了解土壤 pH 的现状及变化规律，可以为调控土壤 pH 及土壤资源的利用管理提供科学依据。

一、现状分析

遵义市耕地土壤 pH 范围在 4.20～8.90 之间，平均值 6.82，属于中性，最低值在赤水市旺隆镇，为旱地，钙质紫胶泥土土种；最高值在红花岗区新蒲镇，为旱地，白云砂土土种。遵义市耕地土壤 pH 统计见表 4 - 24。遵义市耕地土壤碱性的面积最多，占44.04%；酸性的次之，占 27.07%；中性的不多，只有 20.23%，强酸和强碱都有一定比例，两者合计 8.66%。

表 4 - 24 遵义市耕地土壤 pH 分级统计表

pH 范围	面积（hm²）	比例（%）	含量等级
≥8.5	1 386.86	0.17	强碱性
7.5（含）～8.5	372 276.97	44.04	碱性
6.5（含）～7.5	171 043.52	20.23	中性
5.5（含）～6.5	228 867.53	27.07	酸性
<5.5	71 790.04	8.49	强酸性
合计	845 364.92	100.00	—

二、不同利用方式含量

耕地土壤不同利用方式 pH 变化见表 4-25，旱地 pH 平均值（6.85）比水田 pH 平均值（6.78）高 0.07，差距不大，都属于中性，强碱类型的水田没有，旱地占 0.24%，碱性的旱地比水田多 2.49%，中性旱地比水田多 5.20%，酸性和强酸性的水田比旱地多。

表 4-25 遵义市耕地土壤不同利用方式 pH 分级统计表

pH 范围	水田		旱地		类别
	面积（hm²）	比例（%）	面积（hm²）	比例（%）	
≥8.5	0	0	1 386.86	0.24	强碱性
7.5（含）～8.5	109 838.70	42.31	262 438.27	44.80	碱性
6.5（含）～7.5	43 167.23	16.63	127 876.29	21.83	中性
5.5（含）～6.5	81 078.23	31.23	147 789.30	25.23	酸性
<5.5	25 538.09	9.84	46 251.95	7.90	强酸性

三、不同区域含量

不同区域由于成土因素的不同以及人为活动的影响，导致土壤 pH 在不同区域存在差异，遵义市各县（区、市）耕地土壤 pH 含量见表 4-26。不同县（区、市）pH 平均值在 5.62～7.18 之间，最高值比最低值多 1.56、高 27.76%，差异较大，最低的是赤水市，最高的是仁怀市，东部和中部县平均较高，西部县（市）含量较低。从 pH 不同等级面积分布来看，强碱性土壤只有红花岗区、汇川区、余庆县、湄潭县和桐梓县有少面积分布；碱性土壤桐梓县、播州区、务川县面积较大，赤水市、道真县、汇川区面积小；中性土壤面积较大的有桐梓县、习水县、正安县，赤水市、凤冈县、道真县面积较少；酸性土壤面积分布较多的是道真县、习水县、正安县，面积较小的是红花岗区、务川县、汇川区；强酸性土壤面积较大的有习水县、赤水市、正安县，面积较少的有余庆县、仁怀市、凤冈县。pH 不同等级占本县（区、市）比例结果可以表明本区域耕地土壤 pH 的概况，强碱类土壤只有红花岗区、汇川区、余庆县、湄潭县和桐梓县有分布，分别占本区域耕地土壤面积的比例为 1.43%、1.43%、0.29%、0.03%、0.01%。碱性土壤占本区域比例较大的是凤冈县、务川县、播州区，赤水市、习水县、道真县比例较小；中性土壤占本区域比例以余庆县、仁怀市、正安县所占比例大，凤冈县、赤水市、道真县比例小；酸性土壤占本区域耕地比例以道真县、赤水市、习水县比例大，务川县、仁怀市、桐梓县比例较小；强酸性土壤占本区域的比例范围在 1.70%～38.15% 之间，赤水市、习水县、汇川区所占比例大，余庆县、仁怀市、桐梓县比例小。

表4-26　遵义市不同区域pH分级统计表

县 (区,市)	≥8.5 (hm²)	占遵义市 耕地面积 比例 (%)	占本区域 耕地面积 比例 (%)	7.5(含)~ 8.5 (hm²)	占遵义市 耕地面积 比例 (%)	占本区域 耕地面积 比例 (%)	6.5(含)~ 7.5 (hm²)	占遵义市 耕地面积 比例 (%)	占本区域 耕地面积 比例 (%)	5.5(含)~ 6.5 (hm²)	占遵义市 耕地面积 比例 (%)	占本区域 耕地面积 比例 (%)	<5.5 (hm²)	占遵义市 耕地面积 比例 (%)	占本区域 耕地面积 比例 (%)	平均值
红花岗区	643.71	46.41	1.43	23 158.15	6.54	51.28	8 799.72	4.65	19.48	9 280.14	4.05	20.55	3 281.59	4.57	7.27	7.04
汇川区	584.78	42.17	1.43	17 742.39	5.01	43.47	7 845.90	4.15	19.22	10 163.75	4.44	24.90	4 474.35	6.23	10.96	6.83
播州区	0.00	0.00	0.00	42 249.10	11.93	54.26	14 837.50	7.85	19.06	14 723.38	6.43	18.91	6 047.17	8.42	7.77	7.04
桐梓县	7.35	0.53	0.01	53 145.62	15.00	52.74	25 875.41	13.69	25.68	18 106.26	7.91	17.97	3 639.46	5.07	3.61	7.13
绥阳县	0.00	0.00	0.00	30 096.54	8.50	41.24	14 684.07	7.77	20.12	22 295.84	9.74	30.55	5 908.62	8.23	8.10	6.88
正安县	0.00	0.00	0.00	19 456.08	5.49	26.53	22 884.94	12.11	31.21	24 204.60	10.58	33.00	6 791.05	9.46	9.26	6.66
道真县	0.00	0.00	0.00	11 234.05	3.17	21.75	7 600.60	4.02	14.71	27 555.38	12.04	53.34	5 267.38	7.34	10.20	6.36
务川县	0.00	0.00	0.00	35 451.09	10.01	58.07	10 977.55	5.81	17.98	9 665.56	4.22	15.83	4 951.20	6.90	8.11	7.09
凤冈县	0.00	0.00	0.00	34 929.83	9.86	60.59	3 102.51	1.64	5.38	16 833.71	7.36	29.20	2 779.40	3.87	4.82	6.99
湄潭县	14.53	1.05	0.03	22 793.40	6.43	39.88	13 458.28	7.12	23.55	17 926.97	7.83	31.37	2 959.66	4.12	5.18	6.91
余庆县	136.50	9.84	0.29	18 669.89	5.27	40.02	15 538.27	8.22	33.31	11 509.26	5.03	24.67	791.86	1.10	1.70	7.09
习水县	0.00	0.00	0.00	17 165.57	4.85	20.96	23 485.23	12.42	28.68	26 595.28	11.62	32.48	14 634.30	20.38	17.87	6.39
赤水市	0.00	0.00	0.00	571.57	0.16	2.45	2 722.39	1.44	11.66	11 144.30	4.87	47.74	8 904.37	12.40	38.15	5.62
仁怀市	0.00	0.00	0.00	27 618.16	7.80	50.15	17 226.68	9.11	31.28	8 863.11	3.87	16.09	1 359.61	1.89	2.47	7.18
合计	1 386.87	100.00	0.16	354 281.44	100.00	41.91	189 039.05	100.00	22.36	228 867.54	100.00	27.07	71 790.02	100.00	8.49	6.82

四、不同时间含量

此次土壤 pH 检测数据与第二次土壤普查的数据进行比较,得出耕地土壤 pH 的变化情况,见表4-27。从数据可以看出,碱性和强酸比例的都有所增加,碱性增加比例最大,增加了 30.96%,强酸性增加了 1.36%。强碱性、中性和酸性比例降低,酸性比例降低最大,为 16.31%,强碱性降低 0.46%。水田只有碱性比例的增加,增加 22.27%,其余的都降低,强碱性减少 0.3%,中性减少 8.13%,酸性减少 8.67%,强酸性也减少 5.16%。旱地只有碱性的增加 19.84%,其余的都减少,强碱性减少 0.26%,中性减少 12.8%,酸性减少 1.77%,强酸性减少 5.00%。

表 4-27 遵义市不同时间 pH 分级统计表

pH 范围	比例(%)						含量等级
	遵义市耕地		水田		旱地		
	现状	第二次土壤普查	现状	第二次土壤普查	现状	第二次土壤普查	
≥8.5	0.16	0.62	0	0.3	0.24	0.5	强碱性
7.5(含)~8.5	41.91	10.95	40.27	18.0	42.64	22.8	碱性
6.5(含)~7.5	22.36	37.92	18.67	26.8	24.00	36.8	中性
5.5(含)~6.5	27.07	43.38	31.23	39.9	25.23	27.0	酸性
<5.5	8.49	7.13	9.84	15.0	7.90	12.9	强酸性
平均值	6.82	—	6.78	—	6.85	—	—

第九节 中微量元素

一、有效硫

遵义市耕地土壤有效硫含量范围在 8.07 ~ 423.57mg/kg 之间,平均值为 65.87mg/kg,属于中等含量水平。最低值在绥阳县旺草镇尹珍社区,为旱地,砾石白云砂土土种;最高值在绥阳县太白镇太平村,为水田,暗豆面黄泥田土种。遵义市耕地土壤有效硫含量统计见表4-28。遵义市耕地土壤有效硫极低等级和丰富等级所占比例都较少,中等级所占比例最大。

表 4-28 遵义市耕地土壤有效硫含量统计表

含量范围(mg/kg)	面积(hm²)	比例(%)	含量等级
≥100	92 016.90	10.88	丰 富
50(含)~100	461 122.25	54.55	中 等
25(含)~50	253 969.99	30.04	低
<25	38 255.78	4.53	极低
合计	845 364.92	100.00	—

遵义市旱地有效硫含量为 65.01mg/kg，水田有效硫含量为 68.69mg/kg，水田比旱地高 3.68mg/kg。在含量等级中，丰富等级和中等级比例水田比旱地高，丰富等级比例水田比旱地多 3.09%，中等级比例水田比旱地高 5.68%；低等级和极低等级比例水田比旱地少，低等级比例的水田比旱地少 6.99%，极低等级比例的水田比旱地少 1.78%。

二、有效铁

遵义市耕地土壤有效铁含量范围在 1.33～227.60mg/kg 之间，平均值为 65.43mg/kg，属于丰富等级含量水平。最高值在绥阳县宽阔镇岩坪村，为水田，冷浸田土种；最低值在红花岗区忠庄镇和深溪镇，忠庄镇的幸福村，为岩泥土土种；忠庄镇勤乐村，为黄石砂土土种；深溪镇永安村，为干鸭屎泥田土种。遵义市耕地土壤有效铁含量统计见表 4-29。遵义市耕地土壤有效铁丰富所占比例最大，达到 57.06%，低等级和极低等级比例不到 10%，并且极低等级比例仅占 0.45%。

表 4-29　遵义市耕地土壤有效铁含量统计表

含量范围（mg/kg）	面积（hm²）	比例（%）	含量等级
≥50	482 404.76	57.06	丰 富
20（含）～50	279 626.62	33.08	中 等
5（含）～20	79 544.28	9.41	低
<5	3 789.26	0.45	极低
合计	845 364.92	100.00	—

遵义市旱地有效铁含量在 1.33～218.50mg/kg 之间，平均值为 63.79mg/kg，水田有效铁含量为 1.33～227.60mg/kg，平均值为 70.80mg/kg，水田有效铁平均值比旱地多 7.01mg/kg，高 10.99%。在含量等级中，丰富等级和极低等级比例水田比旱地高，丰富等级比例水田比旱地高 13.68%，极低等级比例水田比旱地高 0.22%；中等级、低等级比例旱地都高于水田，分别高 10.58% 和 3.32%。

第二次土壤普查旱地有效铁含量在 0.24～135.00mg/kg 之间，平均值为 18.90mg/kg；水田在 0.12～200.00mg/kg 之间，平均值为 65.70mg/kg。与第二次普查数据相比，旱地有效铁平均值大幅度增加，增加 44.89mg/kg，增加比例为 237.51%；水田有效铁增加 5.10mg/kg，增加比例为 7.76%。

三、有效锰

遵义市耕地土壤有效锰含量范围在 1.08～358mg/kg 之间，平均值为 79.36mg/kg，属于丰富等级含量水平。最高值在绥阳县黄杨镇清溪村，为水田，冷浸田土种；最低值在红花岗区巷口镇八卦村，为旱地，豆面泥土土种。遵义市耕地土壤有效锰含量统计见表 4-30。遵义市耕地土壤有效锰丰富所占比例最大，达到 80.22%，低等级和极低等级比例不到 5%，并且极低等级比例仅占 0.38%。

表 4-30　遵义市耕地土壤有效锰含量统计表

含量范围（mg/kg）	面积（hm²）	比例（%）	含量等级
≥30	678 159.12	80.22	丰 富
15（含）～30	128 283.10	15.18	中 等
5（含）～15	35 701.69	4.22	低
<5	3 221.01	0.38	极 低
合计	845 364.92	100.00	—

　　遵义市旱地有效锰含量在 1.08～358.00mg/kg 之间，平均值为 80.62mg/kg，水田有效锰含量在 1.08～352.1mg/kg 之间，平均值为 75.25mg/kg，水田有效锰平均值比旱地少 5.37mg/kg，低 7.14%。在含量等级中，丰富等级比例水田比旱地低 11.52%，中等级、低等级和极低等级比例水田都高于旱地，分别高 9.81%、1.26%、0.44%。

　　第二次土壤普查旱地有效锰含量在 3.00～87.56mg/kg 之间，平均值为 27.0mg/kg；水田在 0.12～86.90mg/kg 之间，平均值为 29.60mg/kg。与第二次普查数据相比，旱地有效锰平均值大幅度增加，增加 53.62mg/kg，增加比例为 198.59%；水田有效锰增加 45.65mg/kg，增加比例为 154.22%。

四、有效铜

　　遵义市耕地土壤有效铜含量范围在 0.09～20.74mg/kg 之间，平均值为 3.90mg/kg，属于丰富级含量水平。最高值在汇川区团泽镇三联村，为旱地，豆面泥土土种；最低值在绥阳县洋川镇雅泉村，为水田，深脚烂泥田土种。遵义市耕地土壤有效铜含量统计见表 4-31。遵义市耕地土壤有效铜丰富等级所占比例最大，达到 86.37%，其余的仅占 13.63%，低等级和极低等级共 0.22%，所占比例很小。

表 4-31　遵义市耕地土壤有效铜含量统计表

含量范围（mg/kg）	面积（hm²）	比例（%）	含量等级
≥1	730 105.47	86.37	丰 富
0.2（含）～1.0	113 351.91	13.41	中 等
0.1（含）～0.2	1 532.31	0.18	低
<0.1	375.23	0.04	极 低
合计	845 364.92	100.00	—

　　遵义市旱地有效铜含量在 0.09～20.74mg/kg 之间，平均值为 3.71mg/kg，水田有效锌含量为 0.09～20.74mg/kg，平均值为 4.52mg/kg，水田有效铜平均值比旱地多 0.81mg/kg，高 21.83%。在含量等级中，丰富等级和极低等级所占比例水田都高于旱地，分别高 11.23%、0.05%；中等级、低等级所占比例水田低于旱地，分别低 11.11%、0.16%。

　　第二次土壤普查旱地有效铜含量在 0.11～7.79mg/kg 之间，平均值为 1.30mg/kg；

水田在 0.21～8.50mg/kg 之间，平均值为 2.80mg/kg。与第二次普查数据相比，旱地有效铜最低值和最高值都有变化，平均值大幅度增加，增加 2.41mg/kg，增加比例为 185.38%；水田有效铜最低值和最高值都有变化，水田有效铜平均值增加 1.72mg/kg，增加比例为 61.43%。

五、有效锌

遵义市耕地土壤有效锌含量范围在 0.06～16.14mg/kg 之间，平均值为 1.95mg/kg，属于中等级含量水平。最低值在绥阳县太白镇太平村，为旱地，灰泡土土种；最高值在绥阳县洋川镇良种场，为旱地，黄油泥土土种。遵义市耕地土壤有效锌含量统计见表 4-32。遵义市耕地土壤有效锌中等级所占比例最大，达到 47.94%，丰富等级只有 1/3，所占比例不是很大，低等级所占比例最小，仅占 1.92%。

表 4-32 遵义市耕地土壤有效锌含量统计表

含量范围（mg/kg）	面积（hm²）	比例（%）	含量等级
≥2	305 432.04	36.13	丰 富
1（含）～2	405 282.35	47.94	中 等
0.5（含）～1	118 441.42	14.01	低
<0.5	16 209.11	1.92	极低
合计	845 364.92	100.00	—

遵义市旱地有效锌含量在 0.06～16.14mg/kg 之间，平均值为 1.92mg/kg，水田有效锌含量为 0.18～11.19mg/kg，平均值为 2.05mg/kg，水田有效锌平均值比旱地多 0.13mg/kg，高 6.77%，相差不大。在含量等级中，丰富等级比例水田比旱地高 8.70%，中等级、低等级和极低等级比例水田低于旱地，低级和极低等级比例水田和旱地相差不大。

第二次土壤普查旱地有效锌含量在 0.17～8.25mg/kg 之间，平均值为 1.20mg/kg；水田在 0.01～5.09mg/kg 之间，平均值为 1.20mg/kg。与第二次普查数据相比，旱地有效锌最低值和最高值都有变化，平均值大幅度增加，增加 0.72mg/kg，增加比例为 60.00%；水田有效锌最低值和最高值都有变化，水田有效锌平均值增加 0.85mg/kg，增加比例为 70.83%。

六、水溶态硼

遵义市耕地土壤水溶态硼含量范围在 0.06～1.45mg/kg 之间，平均值为0.38mg/kg，属于低等级含量水平。最低值在绥阳县枧坝镇杉木箐村，为水田，黄泡砂田土种；最高值在绥阳县洋川镇团山村，为旱地，豆面泥土土种。遵义市耕地土壤水溶态硼含量统计见表4-33。遵义市耕地土壤水溶态硼低等级所占比例最大，达到 78.69%，丰富等级所占比例最小，仅占 0.37%。

表 4 - 33　遵义市耕地土壤水溶态硼含量统计表

含量范围（mg/kg）	面积（hm²）	比例（%）	含量等级
≥1	3 131.33	0.37	丰 富
0.5（含）~1	136 624.63	16.16	中 等
0.2（含）~0.5	665 204.05	78.69	低
<0.2	40 404.91	4.78	极低
合计	845 364.92	100.00	—

　　旱地水溶态硼含量在 0.06~1.45mg/kg 之间，平均值为 0.38mg/kg，水田水溶态硼含量在 0.06~1.18mg/kg 之间，平均值为 0.39mg/kg，水田水溶态硼平均值和旱地相差不大，两者相差 0.01mg/kg。各个等级所占比例旱地和水田相差不大，丰富等级和中等所占比例水田比旱地高，分别高 0.60% 和 2.54%，低等级和极低等级水田比旱地低，分别低 2.89% 和 0.24%。

　　第二次土壤普查旱地水溶态硼含量在 0.10~0.89mg/kg 之间，平均值为 0.33mg/kg；水田在 0.02~0.97mg/kg 之间，平均值为 0.44mg/kg。与第二次土壤普查数据相比，旱地和水田水溶态硼最低值、最高值、平均值都有变化。旱地水溶态硼平均值增加 0.05mg/kg，增加比例为 15.15%；水田水溶态硼平均值减少 0.05mg/kg，降低比例为 11.36%。

第五章
耕地地力评价

第一节　调查内容与方法

一、调查内容

按照《全国耕地地力调查项目技术规程》和《贵州省测土配方施肥技术实施细则》的要求，调查耕地的基本情况，填写基本情况调查表。调查内容包括：地理位置、地貌类型、地形部位、地面坡度、田面坡度、坡向、通常地下水位、最高地下水位、最深地下水位、常年降水量、常年有效积温、常年无霜期、农田基础设施、排水能力、灌溉能力、水源条件、输水方式、灌溉方式、熟制、典型种植制度、常年产量水平、土壤类型、成土母质、剖面构型、土壤质地、土壤结构、障碍因素、侵蚀程度、耕层厚度、土体厚度、采样深度、肥力等级等。

同时开展农户施肥情况调查，调查内容包括：作物名称、播种时间、收获时间、产量水平，作物生长季节降水、灌溉、灾害及施肥情况（肥料品种、施肥时期、施肥方法）等。

二、调查方法

根据遵义市土壤图、土地利用现状图，考虑地形地貌、土壤类型、肥力高低、作物种类和管理水平、同时兼顾空间分布均匀性的原则，在室内预定采样点的数量和位置，形成采样点位图。原则上要求 3.0～6.5hm² 布设一个样点，特殊情况下加大布点密度，如优势农作物或经济作物种植区、现代高效农业示范园区等。到实地选取地块用 GPS 定位，采用统一编号，若图上标明的位置在当地不具典型时，在实地另选有典型性的地块，并在图上标明准确的经纬度、海拔高度以及相应的信息。

调查采样时间在作物收获后或播种施肥前进行。大田作物在春耕或秋种前采样；果园在果品采摘后的第一次施肥前采集；幼树及未挂果果园在清园扩穴施肥前采集；在作物生育期内的取样，当季作物在底肥施用 1～2 个月后或生长后期、收割前期取样；对穴施、条施田块，尽量避免施肥沟、穴取点；起垄栽培在垄台上采集，深度从垄台高度的一半算起。

第二节　样品采集与分析

一、样品采集

准备好 GPS、木铲、锄头、竹片、采样袋、采样标签等工具。在已确定的采样田块中，以 GPS 定位点位中心，向四周辐射多个分样点，一般情况下长方形地块用"S"法，近似正方形的地块用"X"法布置分样点，分样点数量一般在 15 个以上。在每个分样点，用木铲或锄头挖开一个 10～20cm 宽、0～20cm 深的断面，再用竹片将断面表层土壤去除后进行土壤采集。将多个点土壤样品充分混合后，摊在塑料布上，将大块的样品碾碎、混匀，铺成正方形，挑去石块、虫体、秸秆、根系等，画对角线将土样分成四份，把对角的两份分别合并成一份，保留一份，弃去一份，重复多次，直至达到样品要求重量。试验、示范田基础样 2kg，一般农化样 1kg 即可。取样时避开路边、田埂、沟边、肥堆等特殊部位。对样品进行编号并填写好采样登记簿及内外标签，检查三者的一致性，确认后再进行下一样品的采集。此次土壤调查遵义市共采集土壤样品 90 712 个。

二、样品制备与分析

样品采集后，及时送到前处理室，放于木盘中或者塑料布上，摊成薄薄的一层，置于室内阴干。在土样半干时，剔除土壤以外侵入体（如石子、虫体、植物残茬等）和新生体（如铁锰结核和石灰核等），以除去非土壤组成部分。如果石子过多，应当将拣出的石子称重，记下百分比。不能及时送到前处理室的样品，及时在通风、干燥、避光的地方摊开于塑料膜或簸箕上，风干后及时送到前处理室。

将风干后的样品平铺在制样板上，用木棍或塑料棍碾压，压碎的土样要全部通过 2mm 孔径筛。未过筛的土粒必须重新碾压过筛，直至全部样品通过 2mm 孔径筛为止。过 2mm 孔径筛的土样可供 pH、有效养分项目的测定。

将通过 2mm 孔径筛的土样用四分法取出一部分继续碾磨，使之全部通过 0.25mm 孔径筛，供有机质、全氮等项目的测定。将样品磨制好后，装入土壤专用样品袋，转入化验室的样品贮藏室，按室内编号顺序有规律地摆放，待测。

检测项目包括：pH、有机质、全氮、碱解氮、有效磷、速效钾、缓效钾、有效铁、有效锰、有效铜、有效锌、有效硫、水溶性硼 13 个指标。分析方法及质量控制按照《测土配方施肥技术规范》（农农发〔2008〕5 号）的要求进行，分析项目与方法见表 5-1 所示。

表 5-1　土壤样品测试项目及分析方法汇总表

序号	测试项目	分析方法
1	土壤 pH	电位法测定，土液比 1∶2.5
2	土壤有机质	油浴加热重铬酸钾氧化容量法测定
3	土壤全氮	凯氏蒸馏法测定
4	土壤碱解氮	碱解扩散法测定
5	土壤有效磷	碳酸氢钠浸提-钼锑抗比色法测定
6	土壤速效钾	乙酸铵浸提-火焰光度计法测定
7	土壤缓效钾	硝酸提取-火焰光度计法测定
8	土壤有效铁、锰、铜、锌	DTPA 浸提-原子吸收分光光度法
9	土壤水溶性硼	沸水浸提-姜黄素比色法测定
10	土壤有效硫	磷酸盐-乙酸浸提-硫酸钡比浊法测定

三、质量控制

在检测过程中，主要采取以下质量控制措施：一是严格按照《土壤分析技术规范》一书中的相关检测技术要求进行。二是仪器设备在使用前都为检定合格并进行自检，确保设备运行正常，要求预热的仪器一定要达到预热时间方可进行检测，检测时的温度控制按照要求进行调整。三是空白试验消除系统误差，每批样品做 2~3 个空白样，从待测试样的测定值中扣除空白值。四是用国家标准物质中心购买的国家二级标准溶液，建立标准曲线，标准曲线和线性相关系数达到 0.999 以上。每批样品都必须做标准曲线，并且重现性良好，每测 10 个样品用标准液进行校验，检查仪器情况，符合有关要求后再进行样品检测，如有测定值超过标准曲线最高点的待测液，稀释后再测定。五是每批待测样品中加入 10% 的平行样，测定合格率达到 95%，如果平行样测定合格率小于 95%，该批样品重新测定，直到合格为止。六是每批待测样中，10 个样品加入 1 个参比样（由贵州省土壤肥料工作总站提供），如果测得的参比样值在允许的误差范围内，则这批样品的测定值有效，如果参比样的测定值超出了误差允许范围，这批样需重新测定，直到合格。七是通过不同实验室之间比对、同一检测室不同人员比对、盲样考核等方式提高化验人员检测水平。

第三节 基础数据库的建立与管理

一、属性数据库的建立

属性数据库的内容包括野外调查资料和室内化验分析资料。野外调查资料从野外调查点获取，主要包括地形地貌、土壤母质、水文、土体厚度、土壤质地、耕地利用现状、灌排条件、作物长势产量、管理措施水平等。室内化验分析数据包括全氮、有效磷、缓效钾、速效钾、有机质、pH 和中微量元素等。属性数据采集标准：以"测土配方施肥数据字典"作为属性数据的采集标准，包含对每个指标完整的命名、格式、类型、取值区间等定义。在建立属性数据库时按数据字典要求，制订统一的基础数据编码规则，进行属性数据录入。属性数据库的建立与录入独立于空间数据库进行，利用农业部"测土配方施肥数据管理系统"将野外调查资料和室内化验分析数据进行录入，再将野外调查资料、室内化验分析数据、土壤代码、行政区划代码等相关数据导出为 Excel 表格后采用 Access 建立数据库。遵义市土壤野外调查和分析测试数据共计 463 867 条。

二、空间数据库的建立

空间数据库的内容包括：土地利用现状图、土壤图、行政区划图、地形图等，比例尺为 1：10 000 或者 1：50 000。空间数据采集标准：一是为确保市级评价结果的实用性及可操作性，并能充分利用县级评价的土壤调查、测试数据，对县级 1：50 000 的土地利用现状图进行拼接、缩编形成市级土地利用现状图。二是投影方式：高斯-克吕格投影，6 度分带。三是坐标系及椭球参数：西安 80/克拉索夫斯基。四是高程系统：1980 年国家高程基准。五是野外调查 GPS 定位数据：初始数据采用经纬度，统一采用 GWS84 坐标系，并在调查表格中记载；装入 GIS 系统与图件匹配时，再投影转换为上述直角坐标系坐标。建立空间数据库首先进行图件数字化。图件数字化采用 R2V 软件，数字化后以 shape 格式导出，在 ArcGIS 中进行图形编辑、改错，建立拓扑关系，然后进行坐标及投影转换。

三、属性数据库和空间数据库的连接

属性数据库的数据来源于各类统计资料、相关历史资料、调查样点的调查资料以及室内分析数据及报表等。以建立的数据字典为基础，在数字化图件时对点、线、面（多边形）均赋予相应的属性编码，如在数字化土地利用现状图时，对每一多边形同时输入土地利用编码，从而建立空间数据库与属性数据库具有连接的共同字段和唯一索引。图件数字化完成后，在 ArcGIS 下调入相应的属性库，完成库间的连接，并对属性字段进行相应的整理，最终建立完整的具有相应属性要素的数字化地图。

四、评价单元的确定

评价单元的划分采用土壤图、土地利用现状图及行政区划图叠置划分的方法，即"土地利用现状类型-土壤类型-行政区划"的格式，位于同一个乡镇的相同土壤单元及土地利用现状类型的地块组成一个评价单元。其中，土壤类型划分到土种，土地利用现状类型划分到二级利用类型。同一评价单元内的土壤类型相同，土地利用类型相同，交通、水利、经营管理方式等基本一致，用这种方法既克服了土地利用类型在性质上的不均一性，又克服了土壤类型在地域边界上的不一致性，同时，考虑了行政边界因素，使评价单元的行政隶属关系明确，便于将评价结果落实到实地。本次评价通过将土地利用现状图、土壤图及乡镇级行政区划图进行叠置，划分生成遵义市耕地地力评价单元 463 867 个。

五、评价信息的提取

影响耕地地力的因子非常多，而且这些因子在计算机中的储存方式也不尽相同，如何准确地在评价单元中获取评价信息是关键的一环。由土壤图、土地利用现状图和行政区划图叠加生成单元图斑，在单元图斑内统计采样点，如果一个单元内有一个采样点，则该单元的数值就用该点的数值，如果一个单元内有多个采样点，则该单元的数值采用多个采样点的平均值（数值型取平均值，文本型取大样本值，下同）；如果某一单元内没有采样点，则该单元的值用与该单元相邻同土种的单元的值代替；如果没有同土种单元相邻，或相邻同土种单元也没有数据则可用与之较近的多个单元（数据）的平均值代替。

第四节　评价方法

耕地地力评价就是通过对耕地资源的动态管理，进一步查清遵义市耕地的地力状况、土壤养分分布情况、土壤肥力水平和耕地退化等情况，为遵义市耕地利用和改良、耕地科

学施肥管理提供科学依据，促使农业增效、农民增收，促进遵义市现代山地高效农业发展。

一、评价依据

遵义市依据《全国耕地类型区、耕地地力等级划分》（NY/T 309—1996）、《耕地地力调查与质量评价技术规程》（NY/T 1634—2008）、《贵州省耕地地力等级划分标准》（DB52/T 435—2002）和《贵州省耕地地力评价技术规范》（DB52/T 435—2009）对遵义市耕地地力进行等级划分。采样调查、分析化验、田间试验、示范数据是测土配方施肥项目的重要成果，也是制定肥料配方和开展耕地地力评价的重要依据。分析化验、汇总、数据库建设等工作均由各县（区、市）土肥站完成。按照整体设计、分步实施的原则，逐步建立了遵义市县域耕地资源管理信息系统，为遵义市耕地地力评价提供了数据和方法支撑。

二、评价原则

1. 综合因素与主导因素相结合原则

综合因素是指对耕地立地条件、理化性质、土体构型等方面的因素进行全面的研究、分析与评价，以全面了解耕地地力状况。主导因素是指在特定的范围内对耕地地力起决定作用的因素，相对稳定的因素，在评价中要着重对其进行研究分析。因此把综合因素与主导因素结合起来进行评价，才可以对耕地地力做出科学准确的评价。

2. 一致性与共性评价原则

不同区域的耕地立地条件、理化性质、土体构型等不统一，耕地地力有很大差异。考虑区域内耕地地力的可比性，针对不同的耕地地力，选用统一的评价指标和标准，即地力评价不针对某一特殊土地利用类型。同时，鉴于耕地地力评价是对全年的生物生产潜力进行评价，评价指标的选择需要考虑全年的各季作物。

3. 评价结果稳定性原则

评价结果在一定时期内应具有一定的稳定性，能为一定时期内的耕地资源利用和改良提供依据。因此，在指标的选取上必须考虑评价指标的稳定性。

4. 定量和定性相结合的原则

影响耕地地力的因素中，有数值型函数，也有概念性函数，定量和定性要素共存，相互影响，相互作用。因此，为保证评价结果的准确性，宜采用定量和定性评价相结合的方法。总体上，为保证评价结果的客观性，尽量采用定量评价方法，对于可以量化的评价因子，如有机质、速效钾、有效磷等因子，按其数值参与计算。对于非数值量化的定性因子，如剖面构型、耕层质地等因子进行量化处理，确定其相应的指数。在评价因素筛选、权重赋值、评价标准、评级确定过程中尽量采用定量化数学模型。在此基础上充分利用人工智能和专家知识，对评价中间过程和评价结果进行必要的定性修正，从而保证评价结果的准确性。

5. 采用GIS支持的自动化评价原则

自动化、定量化的土地评价技术方法是当前土地评价的重要方向，随着GIS技术在土地评价中的不断应用和发展，土地评价的精度和准确度不断提升。本次耕地地力评价基于数据库建立评价模型建立与 GIS 空间叠加分析模型的结合，采用县域耕地资源管理信息系统进行评价，实现全数字化、自动化评价流程，在一定程度上代表了当前遵义市地力评价的最新技术。

三、评价流程

评价技术流程归纳起来主要分为三个阶段或内容，评价技术路线见图 5-1 所示。

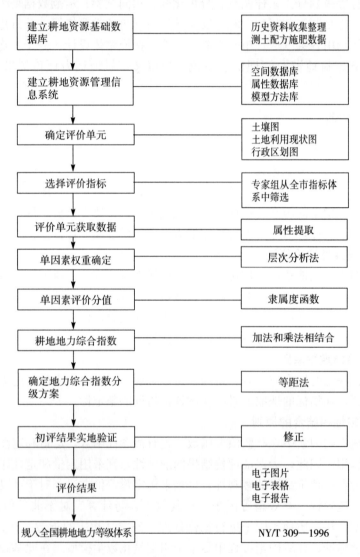

图 5-1　耕地地力评价技术路线图

1. 准备阶段

主要是收集整理图件、资料，校核筛选测土配方施肥数据；建立数据库，包括空间数据库、属性数据库、专家知识库和模型库。

2. 评价阶段

首先是专家组根据指标选取原则，从遵义市耕地地力评价指标中选取反映本地实际情况的评价因子，然后应用 ArcGIS 软件，利用各县土壤图、土地利用现状图和行政区划图确定评价单元，从评价单元中获取数据，计算所选因子权重，采用累加法等方法对各单元进行评价，得出各单元评价结果数据，对各单元数据进行统计分析就得出了耕地地力评价结果。

3. 评价成果应用阶段

应用评价结果，把耕地地力归入国家地力等级体系，形成各种成果图件，编制耕地地力评价报告和专题研究报告等。

第五节　评价因子的选取及权重确定

正确地进行参评因素的选取并确定其权重，是科学进行地力评价的前提，直接关系评价结果的正确性、科学性和社会可接受性。

一、参评因素选取

因子筛选与权重确定是评价过程中的关键，尤其土壤因素的选择。土壤是十分复杂的灰色系统，不可能将其所包含的全部信息提出来，由于影响耕地质量的因子间普遍存在着相关性，甚至信息彼此重叠，故进行耕地地力评价时没有必要将所有因子都考虑进去。为了排除人为主观性对选择评价因子的影响，使筛选的主导评价因子能较全面客观地反映评价区域耕地质量的现实状况，遵循稳定性、主导性、综合性、差异性、定量和定性原则。采用德尔菲法，进行影响耕地的立地条件、土体构型、理化性状等定性指标进行筛选。遵义市土肥站组织土壤肥料、植物栽培、农业技术推广、气象等业务成员建立耕地地力评价专家组，对指标进行分类，并多次咨询贵州大学农学院、贵州省土壤肥料工作总站、贵州省农业科学院有关专家，根据全国共用的耕地质量评价指标体系，针对遵义市的耕地资源特点，采用德尔菲法选取了土体厚度、剖面构型、耕地坡度级、海拔高度、抗旱能力、地形部位、成土母质、有效磷、pH、耕层质地、速效钾、有机质共 12 个评价因子，这些评价因子对遵义市耕地地力影响比较大，区域内的变异明显，在时间序列上具有相对稳定性，与农业生产有密切关系，因此选择其为遵义市耕地地力评价的评价因素，建立评价因素指标体系。

二、权重确定

在耕地地力评价中，需要根据参评因素对耕地地力贡献确定其权重。确定权重的方法有很多，本评价中采用层次分析法（AHP）来确定各参评因素的权重。

(一)建立层次结构

耕地地力为目标层（A），影响耕地地力的土体构型、立地条件和理化性状为准则层（B），影响准则层的 12 个单项因素（土体厚度、剖面构型、耕地坡度级、海拔高度、抗旱能力、地形部位、成土母质、有效磷、pH、耕层质地、速效钾、有机质）为指标层（C），指标体系结构关系见表5-2所示。

（二）构建判别矩阵及一致性检验

判别矩阵是假定在地力评价中有 n 个因素，用 P_{ij} 表示因素 i 和 j 的相对重要性比较，这样就可以得到一个矩阵 $P=（P_{ij}）n×n$，此矩阵代表了评价者对决策目标的认识和主观判断，即称之为判别矩阵。构建判别矩阵是层次分析关键的一步，根据表5-3标度法，专家组按照B层各因素对A层、C层各因素对B层相应因素的相对重要性，给出数量化的评估。专家组评估的初步结果经合适的数学处理后反馈给各位专家，请专家确认。经多次征求意见形成表5-4～表5-7共4个判断矩阵。

表5-2 耕地地力评价层次模型

目标层（A）	准则层（B）	指标层（C）
耕地地力 A	土体构型 B₁	土体厚度 C₁
		剖面构型 C₂
	立地条件 B₂	耕地坡度级 C₃
		海拔高度 C₄
		抗旱能力 C₅
		地形部位 C₆
		成土母质 C₇
	理化性状 B₃	有效磷 C₈
		pH C₉
		耕层质地 C₁₀
		速效钾 C₁₁
		有机质 C₁₂

表5-3 判断矩阵标度的含义

标度	含义（因素 i 与 j 之间的重要性比较）
1	表示因素 i 与 j 具有同样重要性
3	表示因素 i 与 j 稍微重要
5	表示因素 i 与 j 明显重要
7	表示因素 i 与 j 强烈重要
9	表示因素 i 与 j 极端重要
2，4，6，8	上述两相邻判断的中值
倒数	比较因素 i 与 j 时的值

表 5-4 目标层判别矩阵

地力评价	土体构型	理化性状	立地条件	权重 W_i
土体构型	1.000 0	0.384 6	0.355 9	0.156 0
理化性状	2.600 0	1.000 0	0.925 9	0.405 7
立地条件	2.810 0	1.080 0	1.000 0	0.438 3

判断矩形一致性比例为 0；对总目标的权重为 1。

表 5-5 准则层（1）判别矩阵

土体构型	耕层厚度	剖面构型	权重 W_i
土体厚度	1.000 0	0.793 7	0.442 5
剖面构型	1.260 0	1.000 0	0.557 5

土体构型：判断矩形一致性比例为 0；对总目标的权重为 0.156 0。

表 5-6 准则层（2）判别矩阵

理化性状	pH	有效磷	速效钾	耕层质地	有机质	权重 W_i
pH	1.000 0	0.943 4	0.909 1	0.617 3	0.561 8	0.152 5
有效磷	1.060 0	1.000 0	0.970 9	0.657 9	0.598 8	0.162 2
速效钾	1.100 0	1.030 0	1.000 0	0.675 7	0.617 3	0.167 2
耕层质地	1.620 0	1.520 0	1.480 0	1.000 0	0.909 1	0.246 9
有机质	1.780 0	1.670 0	1.620 0	1.100 0	1.000 0	0.271 2

理化性状：判断矩形一致性比例为 1.596 553E-06；对总目标的权重为 0.405 7。

表 5-7 准则层（3）判别矩阵

立地条件	耕地坡度级	地形部位	成土母质	抗旱能力	海拔	权重 W_i
耕地坡度级	1.000 0	0.961 5	0.877 2	0.769 2	0.591 7	0.162 1
地形部位	1.040 0	1.000 0	0.917 4	0.806 5	0.617 3	0.169 1
成土母质	1.140 0	1.090 0	1.000 0	0.877 2	0.675 7	0.184 6
抗旱能力	1.300 0	1.240 0	1.140 0	1.000 0	0.763 4	0.210 0
海拔	1.690 0	1.620 0	1.480 0	1.310 0	1.000 0	0.274 1

立地条件：判断矩形一致性比例为 2.554 485E-06；对总目标的权重为 0.438 3。

由此可见，本研究中各判断矩阵均具有满意的一致性，一致性检验通过，可以对各个评价因子进行层次总排序。

（三）层次总排序

对各层次进行总排序，并进行一次性检验，结果具有满意的一致性。同时，由于层次总排序结果即为评价因子的组合权重的排序，所以计算得到的组合权重即为耕地地力评价因子的权重。对各评价因子权重进行排序，从表 5-8 中可以看出，各评价因子对地力的影响程度综合排序如下：pH＜有效磷＜速效钾＜土体厚度＜耕地坡度级＜地形部位＜成土母质＜剖面构型＜抗旱能力＜耕层质地＜有机质＜海拔。可见，海拔对耕地地力影响最大。

表 5-8　各个因素的组合权重计算结果

准则层（B）	指标名称（C）	土体构型 B_1	理化性状 B_2	立地条件 B_3	权重 $\sum C_i$
土体构型 B_1	土体厚度 C_1	0.442 5			0.069 0
	剖面构型 C_2	0.557 5			0.087 0
理化性状 B_2	pH C_9		0.152 5		0.061 9
	有效磷 C_8		0.162 2		0.065 8
	速效钾 C_{11}		0.167 2		0.067 9
	耕层质地 C_{10}		0.246 9		0.100 2
	有机质 C_{12}		0.271 2		0.110 0
立地条件 B_3	耕地坡度级 C_3			0.162 1	0.071 0
	地形部位 C_6			0.169 1	0.074 1
	成土母质 C_7			0.184 6	0.080 9
	抗旱能力 C_5			0.210 0	0.092 1
	海拔高度 C_4			0.274 1	0.120 1

三、参评因素属性值获取

在确定评价单元并建立评价指标体系后，需要将选定的评价因子值添加到评价单元的属性表中，这就涉及评价因子值的获取问题。在 GIS 中有栅格与矢量两种数据结构，耕地地力评价可以基于这两种数据结构进行。数据结构不同，其评价单元中的评价因子值提取方式也不同，从而形成不同的评价模式。本次评价采用栅格矢量混合数据评价模式，这种模式的优点是它的评价单元采用了矢量模式的划分方法，继承了矢量模式最大的优点即空间分辨率高、评价结果容易落实的特点，同时也避免了栅格评价模式过程中所产生的斑点噪声，充分利用 ArcGIS 的空间分析功能，不需要对数据进行格式的转换，大大减少了工作量，并且这种模式的数据量、运算复杂度介于矢量模式和栅格模式之间，运算时间比栅格模式要低。尤其是它在评价因子属性值提取方面所采用的取均值的方法获得土壤肥料工作者们的认可和推崇。

（一）土壤有机质、有效磷、速效钾、pH 因素值的获取

对于土壤有机质、有效磷、速效钾、pH 因素值的获取，可以通过野外采集的土壤样品化验分析数据用统计的方法进行 kriging 空间插值来获得。首先，将采样点调查及分析数据按照经纬度在 ArcGIS9.3 中进行布点。其次，利用其中的统计分析（Geostatistical Analyst）模块选择最优的插值模型进行 kriging 空间插值，得到各因子

的空间分布图。最后，同样使用确定的评价单元图通过空间分析（Spatial Analyst）模块下的区域统计（Zonal Statistics）功能来提取每个评价单元范围内的有机质、有效磷、速效钾、pH 因素的平均值，并将该值赋给相应的评价单元，最终实现这些因素值的提取。

（二）抗旱能力、地形部位、成土母质、剖面构型、土体厚度、耕地坡度级、耕层质地因素值的获取

抗旱能力、地形部位、成土母质、剖面构型、土体厚度、耕地坡度级、耕层质地相对定性的评价因素，由于没有相应的专题图，因此其值不能通过 GIS 中的空间分析功能直接进行提取，只能通过土壤采样点的调查数据得到。本次评价的土壤调查样点分布较为均匀，在采集土壤时，对各样点的抗旱能力、地形部位、成土母质、剖面构型、土体厚度、耕地坡度级耕层质地因子进行了详细的调查，而这些因子在空间上一定范围内存在相对的一致性，也就是说在一定的采样密度下，每个采样点附近的评价单元的这些因子的值可以用该样点的值代替，即以点代面来实现评价单元中对抗旱能力、地形部位、成土母质、剖面构型、土体厚度、耕地坡度级、耕层质地因素值的获取。

（三）海拔高度因素值的获取

海拔高度因素值的获取首先是利用 ArcGIS9.3 软件将数字化的遵义市地形图生成数字高程模型（DEM）。在生成的 DEM 的基础上，利用 ArcGIS9.3 中的空间分析（Spatial Analyst）模块下的表面分析（Surface Analysis）功能来提取每个评价单元范围内海拔高度的平均值，并将其赋给对应的评价单元，从而实现海拔高度因素值的提取。

四、模糊综合评价模型的建立

耕地地力评价模型是一个灰色系统，系统内部各要素之间与其地力之间关系十分复杂，且评价中也存在着许多不严格、模糊性的概念，因此采用模糊评价方法来进行耕地地力的评价。

在建立了评价指标体系后，由于单因素间的数据量纲不同，不能直接用来衡量该因素对耕地地力的影响程度。因此，必须对参评的指标进行标准化处理。各因素对耕地地力的影响程度是一个模糊的概念，在模糊评价中以隶属度来划分客观事物中的模糊界线，隶属度可以用隶属函数来表达。

根据模糊数学理论，将选定的评价指标与耕地生产能力的关系分为戒上型、峰型、直线型和概念型 4 种类型的隶属函数。

（一）戒上型函数模型

$$y_i = \begin{cases} 0, & u_i \leqslant u_t \\ 1/[1+a_i(u_i-c_i)^2], & u_t < u_i < c_i,(i=1,2,\cdots m) \\ 1, & c_i \leqslant u_i \end{cases}$$

式中：y_i——第 i 个因素分值；

u_i——样品观测值；

c_i——标准指标；

u_t——指标下限值。

(二) 峰型函数模型

$$y_i = \begin{cases} 0, & u_t > u_{t1} \text{ 或 } u_i < u_{t2} \\ 1/[1 + a_i(u_i - c_i)^2], & u_{t1} < u_i < u_{t2}, (i = 1, 2, \cdots m) \\ 1, & u_i \leqslant c_i \end{cases}$$

式中：u_i、u_2——分别为指标上、下限值。

(三) 直线型（正直线和负直线）

$$y_i = au_i + b$$

式中：y_i——样品观测值。

(四) 概念型

这类指标其性状是定性的、综合的，与耕地地力之间是一种非线性的关系，如地形部位、耕层质地、耕地坡度级、剖面构型和成土母质，这类要素的评价可采用德尔菲法直接给出隶属度。

在本次评价中根据遵义市耕地资源特点选出的 12 项评价因素，对于戒上型、戒下型、峰型、直线型四种函数，用德尔菲法邀请专家对一组实测值评估出相应的隶属度，根据相关数据的回归分析和专家经验，确定各因子的分值等级序列。并根据这两组数据用 SPSS10.0 拟合隶属函数，计算出隶属函数的参数。根据所选单因子对耕地地力影响及各自特点，综合各专家的意见，把各参评因子分为不同的函数类型：pH、海拔为峰型，土体厚度为正直线型；抗旱能力、有机质、有效磷、速效钾为戒上型；地形部位、耕层质地、耕地坡度级、剖面构型和成土母质为概念型。各因素的隶属度见表 5-9～表 5-14。

表 5-9　耕地地力评价隶属度

函数类型	项目	方程	a 值	b 值	c 值	u_t 值	
土体厚度	正直线型	$y = b + a \times u$	0.007 5	0.318		−42.33	91
抗旱能力	戒上型	$y = 1/[1 + a \times (u - c)^2]$	0.004 053		24.73	−22.4	24.73
海拔	峰型	$y = 1/[1 + a \times (u - c)^2]$	0.000 002		634.01	−1 487.32	2 755.32
pH	峰型	$y = 1/[1 + a \times (u - c)^2]$	0.430 108		6.77	2.19	11.34
有机质	戒上型	$y = 1/[1 + a \times (u - c)^2]$	0.000 223		92.59	−108.3	92.59
有效磷	戒上型	$y = 1/[1 + a \times (u - c)^2]$	0.000 310		64.20	−106.19	64.20
速效钾	戒上型	$y = 1/[1 + a \times (u - c)^2]$	0.000 007		358.93	−774.97	358.93

表 5-10　成土母质隶属度及其描述

隶属度	描　述
1	河流沉积物、溪/河流冲积物残积物
0.9	砂页岩/砂岩/板岩坡残积物、砂页岩风化坡残积物、砂页岩坡残积物
0.8	中性/钙质紫色砂页岩坡残积物、老风化壳、紫色砂页岩坡残积物、紫色砂页岩残积物
0.7	碳酸盐岩类坡残积物、白云灰岩/白云岩坡残积物、白云岩/石灰岩/砂岩/砂页岩/板岩坡残积物、白云岩坡残积物、酸性紫红色砂页岩/砾岩坡残积物、中性/钙质紫色页岩坡残积物、紫红色砂岩坡残积物、紫红色砂页岩/紫色砂岩/砾岩坡残积物、紫红色砂页岩坡残积物、紫色砂页岩/紫色砂岩残坡积物、棕紫色砂页岩/紫色砂岩坡残积物、红砂岩/紫色砂页岩坡残积物、砂岩/粉砂岩坡残积物、砂岩/粉砂岩坡积物、砂岩坡残积物
0.6	石灰岩/白云灰岩残坡积物、石灰岩/白云岩残坡积物、石灰岩/白云岩坡残积物、石灰岩/白云岩坡积物、钙质紫色砂岩/红色粉砂岩残坡积物、钙质紫色页岩/砾岩残坡积物、钙质紫色页岩残坡积物、酸性紫红色粉砂页岩残坡积物、酸性紫红色砂岩/砾岩残坡积物、紫色砂岩/紫色砾岩坡残积物
0.5	钙质紫色泥页岩坡残积物、泥质白云岩/石灰岩坡残积物、泥质石灰岩坡残积物、石灰岩残坡积物、石灰岩坡残积物、硅质灰岩/钙质砾岩/白云岩坡残积物、变余砂岩/砂岩/石英砂岩等风化残积物、酸性紫红色泥岩/砂岩残坡积物、酸性紫红色泥岩/页岩坡残积物、酸性紫色页岩坡残积物、页岩/板岩坡残积、页岩坡残积物、灰绿色/青灰色页岩坡残积物、紫色泥砾岩坡残积物、紫色泥岩/紫色页岩残积物、紫色泥岩坡残积物、紫色泥页岩坡残积物、棕紫色页岩坡残积物、老风化壳/黏土岩/泥页岩/板岩坡残积物、老风化壳/页岩坡残积物、老风化壳/页岩/泥页岩坡残积物、页岩/板岩坡残积物、老风化壳/黏土岩/泥页岩坡残积物
0.4	泥灰岩坡残积物、泥岩/泥页岩坡积物、泥岩/页岩/板岩等坡残积物、泥岩/页岩残积物、碳质页岩坡残积物、炭质页岩坡残积物、白云质灰岩/燧石灰岩坡残积物、石灰岩坡残积物、泥岩/页岩坡残积物
0.2	湖沼沉积物

表 5-11　耕层质地隶属度及其描述

隶属度	描　述
1	中壤
0.9	沙壤
0.8	轻壤
0.7	重壤
0.6	轻黏
0.4	中黏
0.2	松沙、重黏

表 5-12　剖面构型隶属度及其描述

隶属度	描　述
1	Aa-Ap-W-C、Aa-Ap-W-C/Aa-Ap-W-G、 A-B-C、A-Ap-AC-C、A-Ap-AC-R、A-P-B-C
0.8	Aa-Ap-E、A-BC-C、A-AH-R
0.7	Aa-Ap-P-C、Aa-Ap-P-E、Aa-Ap-P-C/Aa-Ap-P-B

（续）

隶属度	描　述
0.6	Aa‑Ap‑C、Aa‑Ap‑G、Aa‑Ap‑G/Aa‑Ap‑G‑C
0.4	Aa‑Apg‑G/Aa‑Ap‑G‑C、Aa‑Ap‑E
0.3	Aa‑G‑Pw、A‑E‑B‑C、A‑E‑C
0.2	Aag‑Apg‑G/Aag‑Apg‑G‑C、Aag‑Apg‑G‑C
0.1	Ae‑APe‑E、M‑G、M‑G‑Wg‑C、A‑C

表 5‑13　地形部位隶属度及其描述

隶属度	描　述
1	河谷谷地、平坝、低丘坡脚
0.9	阶地、盆地、低丘坡顶、低丘坡腰、丘陵低山中下部及坡麓平坦地、丘陵缓坡、丘陵坡脚
0.8	丘陵坡顶、谷地、丘陵中上部、中丘坡脚、中丘坡腰、低山缓坡、低山坡脚、低山丘陵坡脚、低山下部、丘陵坡腰
0.7	中丘坡顶、低山坡顶、低山坡腰、低山丘陵坡顶、低山丘陵坡腰、低山中部、低中山坡脚、低中山下部、山原坡脚
0.6	山原坡腰、山垄上部、低山上部、台地、低山中上部、低中山坡腰、低中山中部、中低山缓坡、中低山上中部坡腰、中低山台地、山地坡脚
0.5	低中山坡顶、低中山上部、中低山中上部、中山坡脚、山地、丘陵中、下部的缓坡地段，地面有一定的坡度、中山下部、山地坡腰、山原坡顶
0.4	中低山顶部、中山坡腰、中山中部、山地坡顶、在山地丘陵上部，海拔较高，坡度较大或低洼渍水地段
0.3	中山坡顶、中山中上部、中中山坡脚
0.2	中山上部、中中山坡腰
0.1	中中山坡顶

表 5‑14　耕地坡度级隶属度及其描述

隶属度	描　述
1	耕地坡度级＝Ⅰ
0.8	耕地坡度级＝Ⅱ
0.6	耕地坡度级＝Ⅲ
0.4	耕地坡度级＝Ⅳ
0.2	耕地坡度级＝Ⅴ

五、耕地地力等级的确定

利用累加模型计算耕地地力综合指数（IFI），即对于每个评价单元的耕地地力综合指数：

$$IFI = \sum F_i \times C_i \qquad (i = 1, 2, 3, \cdots, n)$$

式中：IFI——耕地地力综合指数；

　　　F_i——第 i 个评价指标隶属度；

　　　C_i——第 i 个评价因子的组合权重。

将参评因子的隶属度值进行加权组合得到每个评价单元的综合评价分值，以其大小表示耕地地力。

耕地地力等级划分一般采用等间距法、数轴法和累积曲线法。本次评价参考《全国耕地类型区、耕地地力等级划分》（NY/T 309—1996）和《贵州省耕地地力评价技术规范》（DB52/T 578—2009），以耕地地力综合指数为依据，采用等间距分级法将遵义市耕地地力分为六个等级。

第六章
耕地地力等级划分及其特征

第一节　耕地地力等级划分

一、遵义市耕地地力等级划分

第二次土地调查（2011 年底）遵义市耕地面积为 845 364.92hm²，其中水田 259 622.25hm²，旱地 585 742.67hm²，分别占遵义市耕地总面积的 30.71%、69.29%。此次遵义市耕地地力等级划分以遵义市第二次土地调查的耕地面积为基础数据，计算出各地力等级面积。

利用"耕地资源管理信息系统"软件，结合遵义市实际情况，通过综合分析，将遵义市耕地划分为一级地、二级地、三级地、四级地、五级地和六级地 6 个等级（以下简称市等级）。其中，一级地面积为 55 756.73hm²，占遵义市耕地总面积的 6.60%；二级地为 97 934.55hm²，占遵义市耕地总面积的 11.58%；三级地 161 982.68hm²，占遵义市耕地总面积的 19.16%；四级地为 197 110.56 hm²，占遵义市耕地总面积的 23.32%；五级地为 160 910.83 hm²，占遵义市耕地总面积的 19.03%；六级地为 171 669.57hm²，占遵义市耕地总面积的 20.31%。

依据农业部 1997 年颁布的《全国耕地类型区、耕地地力等级划分》（NY/T 309—1996）和《贵州省耕地地力等级划分标准》（DB52/T 435—2002）等，将遵义市区域等级归入全国等级（以下简称部等级）。具体过程如下：一是实地调查每一等级的粮食产量（全年粮食产量），对照《贵州省耕地地力等级划分标准》（DB52/T 435—2002）。二是根据全国耕地地力等级划分要求，依据全年粮食单产水平，全国将西南水田耕地地力划分为一至十等 10 个等级，全年粮食产量大于 13 500kg/hm² 为一等地，小于 1 500kg/hm² 为十等地，每1 500kg/hm² 为一等级差；将旱耕地划分为五至九等 5 个等级，全年粮食产量大于 7 500kg/hm² 为五等地，小于 3 000kg/hm² 为九等地，每 1 500kg/hm² 为一等级差。根据此划分标准，结合遵义市六个地力等级上的粮食产量、土壤肥力等综合因素，分别将遵义市六个耕地地力按水田和旱地进行划分。划分结果为遵义市水田全年粮食产量大于 4 500kg/hm²，并将遵义市的一级地水田（全年粮食产量大于 12 000kg/hm²）划为全国水田等级的二等地，二级地水田［全年粮食产量10 500（含）～12 000kg/hm²］划为全国水田等级的三等地，三级地水田［全年粮食产量9 000（含）～10 500kg/hm²］划为全国水田等级的四等地，四级地水田［全年粮食产量7 500（含）～9 000kg/hm²］划为全国水田等级的五等地，五级地水田［全年粮食产量6 000（含）～7 500kg/hm²］划为全国水田等级的六等地，六级地水田［全年粮食产量4 500(含)～6 000kg/hm²］划为全国水田等级的七等地；遵义市旱地全年粮食产量大于 4 500kg/hm²，并将遵义市一、二级旱地（全年粮食产量大于 7 500kg/hm²）划为全国旱地等级的五等地，三、四级旱地［全年粮食产量 6 000（含）～7 500kg/hm²］划为全国旱地等级的六等地，五、六级旱地［全年粮食产量 4 500（含）～6 000kg/hm²］划为全国旱地等级的七等地，结果详见表 6-1。

表 6-1　遵义市耕地地力评价结果面积统计表

耕地等级	耕地面积（hm²）	占遵义市耕地总面积比例（%）	其中：水田				其中：旱地			
			面积（hm²）	归并到全国水田等级	占遵义市水田面积比例（%）	占遵义市耕地面积比例（%）	面积（hm²）	归并到全国旱地等级	占遵义市旱地面积比例（%）	占遵义市耕地面积比例（%）
一级地	55 756.73	6.60	28 156.08	二等	10.85	3.33	27 600.65	五等	4.71	3.27
二级地	97 934.55	11.58	43 544.04	三等	16.77	5.15	54 390.51	五等	9.29	6.43
三级地	161 982.68	19.16	64 763.00	四等	24.95	7.66	97 219.68	六等	16.60	11.50
四级地	197 110.56	23.32	62 137.68	五等	23.93	7.35	134 972.88	六等	23.04	15.97
五级地	160 910.83	19.03	39 443.64	六等	15.19	4.67	121 467.19	七等	20.74	14.37
六级地	171 669.57	20.31	21 577.81	七等	8.31	2.55	150 091.76	七等	25.62	17.75
合　计	845 364.92	100.00	259 622.25	—	100.00	30.71	585 742.67	—	100.00	69.29

二、不同肥力等级面积及比例

根据遵义市各等级耕地的分布特点，综合第二次土壤普查及此次土壤养分检测等有关信息，为了进一步指导好农业生产、农民施肥，为科学施肥提供依据，将遵义市一、二级耕地划为上等肥力耕地，面积为 153 691.28hm²，占遵义市耕地总面积的 18.18%；三、四级耕地划为中等肥力耕地，面积为 359 093.24hm²，占遵义市耕地总面积的 42.48%；五、六级耕地划为下等肥力耕地，面积为 332 580.40hm²，占遵义市耕地总面积的 39.34%（表 6-2、表 6-3）。

由表 6-2 可知，遵义市上等肥力耕地中旱地面积 81 991.16hm²，占遵义市耕地面积的 9.70%，水田面积 71 700.12hm²，占遵义市耕地面积的 8.48%；中等肥力耕地中旱地面积 232 192.56hm²，占遵义市耕地面积的 27.47%，水田面积 126 900.68hm²，占遵义市耕地面积的 15.01%；下等肥力耕地中旱地面积 271 558.95hm²，占遵义市耕地面积的 32.12%，水田面积 61 021.45hm²，占遵义市耕地面积的 7.22%。上、中、下等肥力耕地中旱地面积及所占比例均大于水田面积及所占比例。

从遵义市不同肥力等级耕地在各县（区、市）分布看（表 6-2），上等肥力耕地以湄潭县分布居多，占遵义市耕地总面积的 2.75%；其次为绥阳县，占遵义市耕地总面积的 2.48%；再次为播州区，占遵义市耕地总面积的 2.12%；凤冈县占遵义市耕地总面积的 1.90%；赤水市上等肥力耕地所占面积比例最小，为 0.20%。

表6-2 遵义市不同肥力耕地面积分布情况统计（占遵义市耕地面积的比例）

县 (区、市)	上等地				中等地				下等地				合计	
	水田 面积 (hm²)	所占 比例 (%)	旱地 面积 (hm²)	所占 比例 (%)	水田 面积 (hm²)	所占 比例 (%)	旱地 面积 (hm²)	所占 比例 (%)	水田 面积 (hm²)	所占 比例 (%)	旱地 面积 (hm²)	所占 比例 (%)	水田 占比 (%)	旱地 占比 (%)
红花岗区	6 068.09	0.72	6 244.69	0.74	9 555.03	1.13	11 809.87	1.40	1 361.22	0.16	10 124.41	1.20	2.01	3.33
汇川区	4 546.39	0.54	1 724.17	0.20	4 907.34	0.58	10 294.86	1.22	1 524.09	0.18	17 814.33	2.11	1.30	3.53
播州区	10 469.73	1.24	7 447.95	0.88	13 288.36	1.57	23 918.46	2.83	2 272.63	0.27	20 460.02	2.42	3.08	6.13
桐梓县	3 097.32	0.37	6 297.62	0.74	8 122.35	0.96	25 419.18	3.01	9 564.26	1.13	48 273.36	5.71	2.46	9.46
绥阳县	9 056.88	1.07	11 883.82	1.41	7 670.23	0.91	25 000.67	2.96	2 270.10	0.27	17 103.37	2.02	2.25	6.39
正安县	4 207.48	0.50	5 938.56	0.70	10 573.26	1.25	21 332.39	2.52	6 166.54	0.73	25 118.44	2.97	2.48	6.20
道真县	1 300.85	0.15	4 976.57	0.59	5 204.52	0.62	17 903.34	2.12	5 086.18	0.60	17 185.95	2.03	1.37	4.74
务川县	3 114.88	0.37	2 003.54	0.24	9 739.95	1.15	19 966.86	2.36	4 358.99	0.52	21 861.18	2.59	2.04	5.18
凤冈县	7 791.34	0.92	8 319.98	0.98	15 922.04	1.88	13 861.96	1.64	4 031.04	0.48	7 719.09	0.91	3.28	3.54
湄潭县	10 409.09	1.23	12 860.81	1.52	7 691.66	0.91	14 517.39	1.72	1 577.20	0.19	10 096.69	1.19	2.33	4.43
余庆县	5 026.27	0.59	7 663.87	0.91	7 961.97	0.94	12 490.68	1.48	2 531.46	0.30	10 971.53	1.30	1.84	3.68
习水县	2 020.95	0.24	3 018.28	0.36	12 503.75	1.48	18 805.89	2.22	12 713.33	1.50	32 818.18	3.88	3.22	6.46
赤水市	711.60	0.08	988.32	0.12	8 610.67	1.02	4 451.67	0.53	5 762.48	0.68	2 817.89	0.33	1.78	0.98
仁怀市	3 879.25	0.46	2 622.98	0.31	5 149.55	0.61	12 419.34	1.47	1 801.93	0.21	29 194.51	3.45	1.28	5.23
合计	71 700.12	8.48	81 991.16	9.70	126 900.68	15.01	232 192.56	27.47	61 021.45	7.22	271 558.95	32.12	30.71	69.29

表6-3　遵义市不同肥力耕地面积分布情况统计（占本行政区域耕地面积的比例）

县（区、市）	上等地				中等地				下等地				合计	
	水田面积(hm²)	所占比例(%)	旱地面积(hm²)	所占比例(%)	水田面积(hm²)	所占比例(%)	旱地面积(hm²)	所占比例(%)	水田面积(hm²)	所占比例(%)	旱地面积(hm²)	所占比例(%)	水田占比(%)	旱地占比(%)
红花岗区	6 068.09	13.44	6 244.69	13.83	9 555.03	21.16	11 809.87	26.15	1 361.22	3.01	10 124.41	22.42	37.61	62.39
汇川区	4 546.39	11.14	1 724.17	4.22	4 907.34	12.02	10 294.86	25.23	1 524.09	3.73	17 814.33	43.65	26.90	73.10
播州区	10 469.73	13.45	7 447.95	9.57	13 288.36	17.07	23 918.46	30.72	2 272.63	2.92	20 460.02	26.28	33.43	66.57
桐梓县	3 097.32	3.07	6 297.62	6.25	8 122.35	8.06	25 419.18	25.22	9 564.26	9.49	48 273.36	47.90	20.62	79.38
绥阳县	9 056.88	12.41	11 883.82	16.28	7 670.23	10.51	25 000.67	34.25	2 270.10	3.11	17 103.37	23.43	26.03	73.97
正安县	4 207.48	5.74	5 938.56	8.10	10 573.26	14.42	21 332.39	29.09	6 166.54	8.41	25 118.44	34.25	28.56	71.44
道真县	1 300.85	2.52	4 976.57	9.63	5 204.52	10.08	17 903.34	34.66	5 086.18	9.85	17 185.95	33.27	22.44	77.56
务川县	3 114.88	5.10	2 003.54	3.28	9 739.95	15.96	19 966.86	32.71	4 358.99	7.14	21 861.18	35.81	28.20	71.80
凤冈县	7 791.34	13.52	8 319.98	14.43	15 922.04	27.62	13 861.96	24.05	4 031.04	6.99	7 719.09	13.39	48.13	51.87
湄潭县	10 409.09	18.21	12 860.81	22.50	7 691.66	13.46	14 517.39	25.40	1 577.20	2.76	10 096.69	17.67	34.43	65.57
余庆县	5 026.27	10.78	7 663.87	16.43	7 961.97	17.07	12 490.68	26.78	2 531.46	5.43	10 971.53	23.52	33.27	66.73
习水县	2 020.95	2.47	3 018.28	3.69	12 503.75	15.27	18 805.89	22.97	12 713.33	15.53	32 818.18	40.08	33.27	66.73
赤水市	711.60	3.05	988.32	4.23	8 610.67	36.89	4 451.67	19.07	5 762.48	24.69	2 817.89	12.07	64.62	35.38
仁怀市	3 879.25	7.04	2 622.98	4.76	5 149.55	9.35	12 419.34	22.55	1 801.93	3.27	29 194.51	53.02	19.67	80.33
合计	71 700.12	8.48	81 991.16	9.70	126 900.68	15.01	232 192.56	27.47	61 021.45	7.22	271 558.95	32.12	30.71	69.29

中等肥力耕地以播州区分布居多，占遵义市耕地总面积的 4.40％；其次为桐梓县，占遵义市耕地总面积的 3.97％；再次为绥阳县，占遵义市耕地总面积的 3.87％；正安县占遵义市耕地总面积的 3.77％；习水县占遵义市耕地总面积的 3.70％；凤冈县占遵义市耕地总面积的 3.52％；务川县占遵义市耕地总面积的 3.51％；赤水市所占面积比例最小，为 1.55％。下等肥力耕地以桐梓县分布居多，占遵义市耕地总面积的 6.84％；其次为习水县，占遵义市耕地总面积的 5.38％；再次为正安县占遵义市耕地总面积的 3.70％；仁怀市占遵义市耕地总面积的 3.66％；务川县占遵义市耕地总面积的 3.11％；赤水市所占面积比例最小，为 1.01％。

从各县（区、市）不同肥力等级耕地在本行政区域分布看（表 6-3），中等肥力占本行政区域耕地面积较大的县（区、市）居多。

上等肥力耕地占本行政区域耕地面积比例最大的为湄潭县，为 40.71％；其次为绥阳县，占 28.69％；凤冈县占 27.95％；红花岗区占 27.27％；余庆县占 27.21％；播州区占 23.02％。习水县最低，占 6.16％。

中等肥力耕地占本行政区域耕地面积比例最大的为赤水市，为 55.96％；其次为凤冈县，占 51.67％；仁怀市最小，占 31.90％。

下等肥力耕地占本行政区域耕地面积比例最大的为桐梓县，为 57.39％；其次为仁怀市，占 56.29％；习水县占 55.61％；汇川区占 47.38％；凤冈县最小，为 20.38％。

三、耕地地力等级分布

总体看，一级地占遵义市耕地总面积的 6.6％，其中水田占 3.33％，旱地占 3.26％。一级地主要分布在湄潭县、绥阳县、播州区、余庆县，其面积分别为 11 378.45hm²、9 279.06hm²、5 961.36hm²、5 705.73hm²，分别占遵义市一级地面积的 20.41％、16.64％、10.69％、10.23％。

二级地占遵义市耕地总面积的 11.58％，其中水田占 5.15％，旱地占 6.43％。二级地主要分布在凤冈县、播州区、湄潭县、绥阳县，其面积分别为 12 219.34hm²、11 956.32hm²、11 891.45hm²、11 611.64hm²，分别占遵义市二级地面积的 12.48％、12.21％、12.14％、11.91％。

三级地占遵义市耕地总面积的 19.16％，其中水田占 7.66％，旱地占 11.50％。三级地主要分布在播州区、绥阳县、凤冈县、正安县，其面积分别为 19 485.70 hm²、16 041.26hm²、15 174.42hm²、13 995.74hm²，分别占遵义市三级地面积的 12.03％、9.90％、9.37％、8.64％。

四级地占遵义市耕地总面积的 23.32％，其中水田占 7.35％，旱地占 15.97％。四级地主要分布在桐梓县、习水县、务川县、正安县、播州区、绥阳县，其面积分别为 20 549.32hm²、19 746.74hm²、17 980.18hm²、17 909.91hm²、17 721.12hm²、16 629.64hm²，分别占遵义市四级地面积的 10.43％、10.02％、9.12％、9.09％、8.99％、8.44％。

五级地占遵义市耕地总面积的 19.03％，其中水田占 4.67％，旱地占 14.37％。五级地主要分布在桐梓县、习水县、正安县、务川县、播州区、道真县，其面积分别为 23 587.72hm²、18 706.39hm²、16 665.35hm²、14 316.58hm²、11 599.06hm²、11 081.04hm²，分别占遵义市五级地面积的 14.66％、11.63％、10.36％、8.90％、7.21％、6.89％。

表6-4 遵义市各县（区、市）耕地地力评价等级分布统计表

单位：hm²

县（区、市）	耕地			一级地			二级地			三级地		
	合计	水田	旱地	水田	旱地	小计	水田	旱地	小计	水田	旱地	小计
红花岗区	45 163.31	16 984.34	28 178.97	2 740.35	1 902.55	4 642.90	3 327.74	4 342.14	7 669.88	5 821.49	5 723.81	11 545.30
汇川区	40 811.18	10 977.82	29 833.36	1 948.30	629.71	2 578.01	2 598.09	1 094.46	3 692.55	2 517.91	3 819.44	6 337.35
播州区	77 857.15	26 030.72	51 826.43	4 102.36	1 859.00	5 961.36	6 367.37	5 588.95	11 956.32	8 783.17	10 702.53	19 485.70
桐梓县	100 774.09	20 783.93	79 990.16	1 274.23	1 772.74	3 046.97	1 823.09	4 524.88	6 347.97	3 550.62	9 441.59	12 992.21
绥阳县	72 985.07	13 997.21	53 987.86	5 010.71	4 268.35	9 279.06	4 046.17	7 615.47	11 661.64	4 371.66	11 669.60	16 041.26
正安县	73 336.67	20 947.28	52 389.39	1 275.34	1 324.13	2 599.47	2 932.14	4 614.43	7 546.57	4 994.24	9 001.50	13 995.74
道真县	51 657.41	11 591.55	40 065.86	328.79	1 040.25	1 369.04	972.06	3 936.32	4 908.38	1 885.84	8 069.48	9 955.32
务川县	61 045.40	17 213.82	43 831.58	899.40	515.44	1 414.84	2 215.48	1 488.10	3 703.58	4 637.41	7 089.22	11 726.63
凤冈县	57 645.45	27 744.42	29 901.03	1 596.48	2 295.50	3 891.98	6 194.86	6 024.48	12 219.34	8 607.04	6 567.38	15 174.42
湄潭县	57 152.84	19 677.95	37 474.89	4 664.02	6 714.43	11 378.45	5 745.07	6 146.38	11 891.45	5 190.80	5 919.42	11 110.22
余庆县	46 645.78	15 519.70	31 126.08	2 055.55	3 650.18	5 705.73	2 970.72	4 013.69	6 984.41	3 968.47	5 158.55	9 127.02
习水县	81 880.38	27 238.03	54 642.35	735.23	903.14	1 638.37	1 285.72	2 115.14	3 400.86	4 750.33	6 812.57	11 562.90
赤水市	23 342.63	15 084.75	8 257.88	13.93	227.95	241.88	697.67	760.37	1 458.04	2 917.23	2 268.86	5 186.09
仁怀市	55 067.56	10 830.73	44 236.83	1 511.39	497.28	2 008.67	2 367.86	2 125.70	4 493.56	2 766.79	4 975.73	7 742.52
合计	845 364.92	259 622.25	585 742.67	28 156.08	27 600.65	55 756.73	43 544.04	54 390.51	97 934.55	64 763.00	97 219.68	161 982.68

（续）

县（区、市）	四级地			五级地			六级地		
	水田	旱地	小计	水田	旱地	小计	水田	旱地	小计
红花冈区	3 733.54	6 086.06	9 819.60	1 074.42	6 053.74	7 128.16	286.80	4 070.67	4 357.47
汇川区	2 389.43	6 475.42	8 864.85	1 220.22	7 162.36	8 382.58	303.87	10 651.97	10 955.84
播州区	4 505.19	13 215.93	17 721.12	1 687.72	9 911.34	11 599.06	584.91	10 548.68	11 133.59
桐梓县	4 571.73	15 977.59	20 549.32	4 599.95	18 987.77	23 587.72	4 964.31	29 285.59	34 249.90
绥阳县	3 298.57	13 331.07	16 629.64	1 663.81	8 572.12	10 235.93	606.29	8 531.25	9 137.54
正安县	5 579.02	12 330.89	17 909.91	3 796.45	12 868.90	16 665.35	2 370.09	12 249.54	14 619.63
道真县	3 318.68	9 833.86	13 152.54	3 027.83	8 053.21	11 081.04	2 058.35	9 132.74	11 191.09
务川县	5 102.54	12 877.64	17 980.18	3 358.25	10 958.33	14 316.58	1 000.74	10 902.85	11 903.59
凤冈县	7 315.00	7 294.58	14 609.58	3 161.16	4 024.13	7 185.29	869.88	3 694.96	4 564.84
湄潭县	2 500.86	8 597.97	11 098.83	1 104.44	6 789.85	7 894.29	472.76	3 306.84	3 779.60
余庆县	3 993.50	7 332.13	11 325.63	1 897.00	6 572.59	8 469.59	634.46	4 398.94	5 033.40
习水县	7 753.42	11 993.32	19 746.74	7 114.33	11 592.06	18 706.39	5 599.00	21 226.12	26 825.12
赤水市	5 693.44	2 182.81	7 876.25	4 683.96	1 406.59	6 090.55	1 078.52	1 411.30	2 489.82
仁怀市	2 382.76	7 443.61	9 826.37	1 054.10	8 514.20	9 568.30	747.83	20 680.31	21 428.14
合计	62 137.68	134 972.88	197 110.56	39 443.64	121 467.19	160 910.83	21 577.81	150 091.76	171 669.57

六级地占遵义市耕地总面积的 20.31%，其中水田占 2.55%，旱地占 17.76%。六级地主要分布在桐梓县、习水县、仁怀市、正安县，其面积分别为 34 249.90hm²、26 825.12hm²、21 428.14hm²、14 619.63hm²，分别占遵义市六级地面积的 19.95%、15.63%、12.48%、8.52%。遵义市各县（区、市）耕地地力等级分布详见表 6-4、表 6-5。

表 6-5　遵义市各县区市耕地地力等级统计

县（区、市）	项目	一级地	二级地	三级地	四级地	五级地	六级地	合计
红花岗区	面积（hm²）	4 642.90	7 669.88	11 545.30	9 819.60	7 128.16	4 357.47	45 163.31
	占该区耕地面积比例（%）	10.28	16.98	25.56	21.74	15.78	9.65	100.00
	占遵义市耕地面积比例（%）	0.55	0.91	1.37	1.16	0.84	0.52	5.34
汇川区	面积（hm²）	2 578.01	3 692.55	6 337.35	8 864.85	8 382.58	10 955.84	40 811.18
	占该区耕地面积比例（%）	6.32	9.05	15.53	21.72	20.54	26.85	100.00
	占遵义市耕地面积比例（%）	0.30	0.44	0.75	1.05	0.99	1.30	4.83
播州区	面积（hm²）	5 961.36	11 956.32	19 485.70	17 721.12	11 599.06	11 133.59	77 857.15
	占该区耕地面积比例（%）	7.66	15.36	25.03	22.76	14.90	14.30	100.00
	占遵义市耕地面积比例（%）	0.71	1.41	2.31	2.10	1.37	1.32	9.21
桐梓县	面积（hm²）	3 046.97	6 347.97	12 992.21	20 549.32	23 587.72	34 249.90	100 774.09
	占该县耕地面积比例（%）	3.02	6.30	12.89	20.39	23.41	33.99	100.00
	占遵义市耕地面积比例（%）	0.36	0.75	1.54	2.43	2.79	4.05	11.92
绥阳县	面积（hm²）	9 279.06	11 661.64	16 041.26	16 629.64	10 235.93	9 137.54	72 985.07
	占该县耕地面积比例（%）	12.71	15.98	21.98	22.78	14.02	12.52	100.00
	占遵义市耕地面积比例（%）	1.10	1.38	1.90	1.97	1.21	1.08	8.63
正安县	面积（hm²）	2 599.47	7 546.57	13 995.74	17 909.91	16 665.35	14 619.63	73 336.67
	占该县耕地面积比例（%）	3.54	10.29	19.08	24.42	22.72	19.93	100.00
	占遵义市耕地面积比例（%）	0.31	0.89	1.66	2.12	1.97	1.73	8.68
道真县	面积（hm²）	1 369.04	4 908.38	9 955.32	13 152.54	11 081.04	11 191.09	51 657.41
	占该县耕地面积比例（%）	2.65	9.50	19.27	25.46	21.45	21.66	100.00
	占遵义市耕地面积比例（%）	0.16	0.58	1.18	1.56	1.31	1.32	6.11

（续）

县 （区、市）	项目	一级地	二级地	三级地	四级地	五级地	六级地	合计
务川县	面积（hm²）	1 414.84	3 703.58	11 726.63	17 980.18	14 316.58	11 903.59	61 045.40
	占该县耕地 面积比例（%）	2.32	6.07	19.21	29.45	23.45	19.50	100.00
	占遵义市耕 地面积比例（%）	0.17	0.44	1.39	2.13	1.69	1.41	7.22
凤冈县	面积（hm²）	3 891.98	12 219.34	15 174.42	14 609.58	7 185.29	4 564.84	57 645.45
	占该县耕地 面积比例（%）	6.75	21.20	26.32	25.34	12.46	7.92	100.00
	占遵义市耕 地面积比例（%）	0.46	1.45	1.80	1.73	0.85	0.54	6.82
湄潭县	面积（hm²）	11 378.45	11 891.45	11 110.22	11 098.83	7 894.29	3 779.60	57 152.84
	占该县耕地 面积比例（%）	19.91	20.81	19.44	19.42	13.81	6.61	100.00
	占遵义市耕 地面积比例（%）	1.35	1.41	1.31	1.31	0.93	0.45	6.76
余庆县	面积（hm²）	5 705.73	6 984.41	9 127.02	11 325.63	8 469.59	5 033.40	46 645.78
	占该县耕地 面积比例（%）	12.23	14.97	19.57	24.28	18.16	10.79	100.00
	占遵义市耕 地面积比例（%）	0.67	0.83	1.08	1.34	1.00	0.60	5.52
习水县	面积（hm²）	1 638.37	3 400.86	11 562.90	19 746.74	18 706.39	26 825.12	81 880.38
	占该县耕地 面积比例（%）	2.00	4.15	14.12	24.12	22.85	32.76	100.00
	占遵义市耕 地面积比例（%）	0.19	0.40	1.37	2.34	2.21	3.17	9.69
赤水市	面积（hm²）	241.88	1 458.04	5 186.09	7 876.25	6 090.55	2 489.82	23 342.63
	占该市耕地 面积比例（%）	1.04	6.25	22.22	33.74	26.09	10.67	100.00
	占遵义市耕 地面积比例（%）	0.03	0.17	0.61	0.93	0.72	0.29	2.76
仁怀市	面积（hm²）	2 008.67	4 493.56	7 742.52	9 826.37	9 568.30	21 428.14	55 067.56
	占该市耕地 面积比例（%）	3.65	8.16	14.06	17.84	17.38	38.91	100.00
	占遵义市耕 地面积比例（%）	0.24	0.53	0.92	1.16	1.13	2.53	6.51

第二节　一级地

一、面积与分布

一级地面积 55 756.73hm²，占遵义市耕地总面积的 6.60%。其中，水田面积 28 156.08hm²，旱地 27 600.65hm²，分别占一级地面积的 50.50% 和 49.50%。一级耕地主要分布在湄潭县、绥阳县、播州区、余庆县等 4 个县（区），分别占遵义市一级地面积的 20.41％、16.64％、10.69％、10.23％，详见表 6-6。从一级地面积及分布比例可以看出，由于遵义市 7 个万亩大坝中的 6 个均分布在以上三个县中，其中，湄潭县（黄家坝）1 个，绥阳县（蒲场镇、凤华镇、洋川镇、旺草镇）4 个，余庆县（白泥镇）1 个。万亩大坝由于基础设施较好，生产条件、肥力水平较高，因此分布面积较大。

表 6-6　遵义市各县（区、市）一级地面积分布统计表

县（区、市）	一级地		占遵义市耕地面积比例（％）	占该县（区、市）耕地面积比例（％）	其中：水田		其中：旱地	
	面积（hm²）	占遵义市一级地比例（％）			面积（hm²）	占该县（区、市）一级地比例（％）	面积（hm²）	占该县（区、市）一级地比例（％）
红花岗区	4 642.90	8.33	0.55	10.28	2 740.35	59.02	1 902.55	40.98
汇川区	2 578.01	4.62	0.30	6.32	1 948.30	75.57	629.71	24.43
播州区	5 961.36	10.69	0.71	7.66	4 102.36	68.82	1 859.00	31.18
桐梓县	3 046.97	5.46	0.36	3.02	1 274.23	41.82	1 772.74	58.18
绥阳县	9 279.06	16.64	1.10	12.71	5 010.71	54.00	4 268.35	46.00
正安县	2 599.47	4.66	0.31	3.54	1 275.34	49.06	1 324.13	50.94
道真县	1 369.04	2.46	0.16	2.65	328.79	24.02	1 040.25	75.98
务川县	1 414.84	2.54	0.17	2.32	899.40	63.57	515.44	36.43
凤冈县	3 891.98	6.98	0.46	6.75	1 596.48	41.02	2 295.50	58.98
湄潭县	11 378.45	20.41	1.35	19.91	4 664.02	40.99	6 714.43	59.01
余庆县	5 705.73	10.23	0.67	12.23	2 055.55	36.03	3 650.18	63.97
习水县	1 638.37	2.94	0.19	2.00	735.23	44.88	903.14	55.12
赤水市	241.88	0.43	0.03	1.04	13.93	5.76	227.95	94.24
仁怀市	2 008.67	3.60	0.24	3.65	1 511.39	75.24	497.28	24.76
合计	55 756.73	100.00	6.60	6.60	28 156.08	50.50	27 600.65	49.50

二、土壤主要理化性状特征及分布

（一）pH

一级耕地土壤 pH 介于 6.5（含）～7.5 之间的耕地面积占一级耕地面积的 35.44％；pH 介于 5.5（含）～6.5 之间的耕地面积占一级耕地面积的 34.20％；pH 介于 7.5（含）～8.5 之间的耕地面积占一级耕地面积的 26.92％；pH 介于（含）4.5～5.5 之间的耕地面积占一级耕地面积的 3.41％；pH≥8.5 和 pH<4.5 的耕地面积很少。pH 介于 7.5

（含）～8.5之间的耕地面积中水田面积及比例大于旱地，其余则水田面积及比例小于旱地（表6-7）。

表6-7 遵义市一级耕地土壤 pH 分级及面积比例

含量指标	地类	≥8.5	7.5（含）～8.5	6.5（含）～7.5	5.5（含）～6.5	4.5（含）～5.5	<4.5
面积（hm²）	耕地	4.11	15 010.01	19 761.83	19 070.08	1 900.13	10.57
	水田	0.00	8 654.42	9 511.31	9 118.05	872.30	0.00
	旱地	4.11	6 355.59	10 250.52	9 952.03	1 027.83	10.57
占一级地面积比例（%）	耕地	0.01	26.92	35.44	34.20	3.41	0.02
	水田	0.00	15.52	17.06	16.35	1.56	0.00
	旱地	0.01	11.40	18.38	17.85	1.84	0.02

（二）有机质

遵义市一级地土壤有机质含量主要介于30（含）～40g/kg之间，占遵义市一级耕地面积的40.38%；含量≥40g/kg占遵义市一级耕地面积的27.28%；含量为20～30g/kg的占一级耕地面积的27.62%；含量为10（含）～20g/kg的占遵义市一级耕地面积的4.60%；含量≤10g/kg的占遵义市一级耕地面积的比例很小。土壤有机质含量≥30g/kg的水田面积及比例大于旱地面积及比例，含量<30g/kg的水田面积及比例小于旱地面积及比例（表6-8）。

表6-8 遵义市一级耕地土壤有机质含量分级及面积比例

含量指标	地类	≥40g/kg	30（含）～40g/kg	20（含）～30g/kg	10（含）～20g/kg	6（含）～10g/kg	<6g/kg
面积（hm²）	耕地	15 211.84	22 516.90	15 398.83	2 566.67	60.43	2.06
	水田	9 808.58	12 425.78	5 091.46	808.44	20.75	1.07
	旱地	5 403.26	10 091.12	10 307.37	1 758.23	39.68	0.99
占一级地面积比例（%）	耕地	27.28	40.38	27.62	4.60	0.11	0.004
	水田	17.59	22.29	9.13	1.45	0.04	0.002
	旱地	9.69	18.10	18.49	3.15	0.07	0.002

（三）全氮

遵义市一级地土壤全氮含量≥2.0g/kg的占遵义市一级耕地面积的50.57%；含量为1.5（含）～2.0g/kg的占遵义市一级耕地面积的35.01%；含量为1.0（含）～1.5g/kg的占遵义市一级耕地面积的12.92%；含量为0.75（含）～1.0g/kg的占遵义市一级耕地面积的1.26%；含量<0.75g/kg的占遵义市一级耕地面积很小。遵义市土壤全氮含量≥

2.0g/kg的水田面积及比例均大于旱地面积及比例，其余水田面积及比例小于旱地面积及比例（表6-9）。

表6-9 遵义市一级耕地土壤全氮含量分级及面积比例

含量指标	地类	≥2.0g/kg	1.5（含）～2.0g/kg	1.0（含）～1.5g/kg	0.75（含）～1.0g/kg	0.5（含）～0.75g/kg	<0.5g/kg
面积（hm²）	耕地	28 195.13	19 518.22	7 206.01	700.24	124.54	12.59
	水田	17 222.65	8 728.95	1 958.95	207.78	31.85	5.90
	旱地	10 972.48	10 789.27	5 247.06	492.46	92.69	6.69
占一级地面积比例（%）	耕地	50.57	35.01	12.92	1.26	0.22	0.02
	水田	30.89	15.66	3.51	0.37	0.06	0.01
	旱地	19.68	19.35	9.41	0.88	0.17	0.01

（四）碱解氮

遵义市一级地土壤碱解氮含量为150（含）～200mg/kg的占遵义市一级耕地面积的37.44%；含量为100（含）～150mg/kg的占遵义市一级耕地面积的29.74%；含量为200（含）～250mg/kg的占遵义市一级耕地面积的20.47%；含量为50（含）～100mg/kg的占遵义市一级耕地面积的7.24%；含量为≥250mg/kg的占遵义市一级耕地面积的4.71%；含量<50mg/kg的比例较小。含量≥150mg/kg的水田面积及比例均大于旱地面积及比例，其余水田面积及比例小于旱地面积及比例（表6-10）。

表6-10 遵义市一级耕地土壤碱解氮含量分级及面积比例

含量指标	地类	≥250mg/kg	200（含）～250mg/kg	150（含）～200mg/kg	100（含）～150mg/kg	50（含）～100mg/kg	<50mg/kg
面积（hm²）	耕地	2 624.17	11 412.84	20 877.41	16 581.84	4 037.90	222.57
	水田	1 366.20	6 127.22	12 549.41	6 604.37	1 399.24	109.64
	旱地	1 257.97	5 285.62	8 328.00	9 977.47	2 638.66	112.93
占一级地面积比例（%）	耕地	4.71	20.47	37.44	29.74	7.24	0.40
	水田	2.45	10.99	22.51	11.84	2.51	0.20
	旱地	2.26	9.48	14.94	17.89	4.73	0.20

（五）有效磷

遵义市一级地土壤有效磷含量为20（含）～40mg/kg的占遵义市一级耕地面积的47.37%；含量为10（含）～20mg/kg的占遵义市一级耕地面积的32.05%；含量≥40mg/kg的占遵义市一级耕地面积的9.92%；含量为5（含）～10mg/kg的占遵义市一级耕地面积的8.33%；含量为3（含）～5mg/kg的占遵义市一级耕地面积的4.71%；含

量<3mg/kg 的比例较小。含量≥20mg/kg 的水田面积及比例均大于旱地面积及比例，其余水田面积及比例小于旱地面积及比例（表 6-11）。

表 6-11　遵义市一级耕地土壤有效磷含量分级及面积比例

含量指标	地类	≥40mg/kg	20（含）~40mg/kg	10（含）~20mg/kg	5（含）~10mg/kg	3（含）~5mg/kg	<3mg/kg
面积（hm²）	耕地	5 530.98	26 413.46	17 868.05	4 642.32	859.81	442.11
	水田	2 556.77	14 080.78	8 794.04	2 279.97	274.54	169.98
	旱地	2 974.21	12 332.68	9 074.01	2 362.35	585.27	272.13
占一级地面积比例（%）	耕地	9.92	47.37	32.05	8.33	1.54	0.79
	水田	4.59	25.25	15.77	4.09	0.49	0.30
	旱地	5.33	22.12	16.27	4.24	1.05	0.49

（六）速效钾

遵义市一级地土壤速效钾含量为 100（含）~150mg/kg 的占遵义市一级耕地面积的 44.74%；含量为 50（含）~100mg/kg 的占遵义市一级耕地面积的 23.48%；含量为 150（含）~200mg/kg 的占遵义市一级耕地面积的 19.51%；含量≥200mg/kg 的占遵义市一级耕地面积的 11.56%；含量<50mg/kg 的比例较小。含量为 50（含）~150mg/kg 的水田面积及比例大于旱地面积及比例，其余水田面积及比例小于旱地面积及比例（表6-12）。

表 6-12　遵义市一级耕地土壤速效钾含量分级及面积比例

含量指标	地类	≥200mg/kg	150（含）~200mg/kg	100（含）~150mg/kg	50（含）~100mg/kg	30（含）~50mg/kg	<30mg/kg
面积（hm²）	耕地	6 447.39	10 875.60	24 947.25	13 091.15	377.95	17.39
	水田	3 192.11	5 203.23	12 824.3	6 772.77	152.82	10.85
	旱地	3 255.28	5 672.37	12 122.95	6 318.38	225.13	6.54
占一级地面积比例（%）	耕地	11.56	19.51	44.74	23.48	0.68	0.03
	水田	5.73	9.33	23.00	12.15	0.27	0.02
	旱地	5.84	10.17	21.74	11.33	0.40	0.01

（七）缓效钾

遵义市一级地土壤缓效钾含量≥300mg/kg 的占遵义市一级耕地面积的 31.00%；含量为 150（含）~200mg/kg 的占遵义市一级耕地面积的 19.47%；含量为 100（含）~150mg/kg 的占遵义市一级耕地面积的 16.23%；含量为 200（含）~250mg/kg 的占遵义市一级耕地面积的 15.52%；含量为 250（含）~300mg/kg 的占遵义市一级耕地面积的

14.57%；含量＜100mg/kg 的占遵义市一级耕地面积的 3.21%。含量为 150（含）～250mg/kg 的水田面积及比例大于旱地面积及比例，其余水田面积及比例小于旱地面积及比例（表 6-13）。

表 6-13　遵义市一级耕地土壤缓效钾含量分级及面积比例

含量指标	地类	≥300mg/kg	250（含）～300mg/kg	200（含）～250mg/kg	150（含）～200mg/kg	100（含）～150mg/kg	＜100mg/kg
面积（hm²）	耕地	17 285.51	8 123.21	8 653.13	10 855.86	9 048.62	1 790.40
	水田	7 358.34	4 343.65	5 123.40	6 082.08	4 357.69	890.92
	旱地	9 927.17	3 779.56	3 529.73	4 773.78	4 690.93	899.48
占一级地面积比例（%）	耕地	31.00	14.57	15.52	19.47	16.23	3.21
	水田	13.20	7.79	9.19	10.91	7.82	1.60
	旱地	17.80	6.78	6.33	8.56	8.41	1.61

（八）质地

遵义市一级耕地中壤土所占比例较大，其次为黏土，沙土所占比例较小，见表6-14。壤土占遵义市一级耕地面积比例的 50.31%，其中旱地所占比例大于水田；黏土占遵义市一级耕地面积比例的 40.03%，其中旱地所占比例小于水田；沙土占遵义市一级耕地面积比例的 9.66%，其中旱地所占比例小于水田（表 6-14）。

表 6-14　遵义市一级耕地质地种类及分布

质地	耕地		旱地			水田		
	面积（hm²）	占一级耕地比例（%）	面积（hm²）	占一级耕地比例（%）	占一级旱地比例（%）	面积（hm²）	占一级耕地比例（%）	占一级水田比例（%）
沙土	5 386.82	9.66	2 212.18	3.97	8.02	3 174.64	5.69	11.27
壤土	28 048.74	50.31	14 430.66	25.88	52.28	13 618.08	24.42	48.37
黏土	22 321.17	40.03	10 957.81	19.62	39.70	11 363.36	20.38	40.36
合计	55 756.73	100.00	27 600.65	49.50	100.00	28 156.08	50.50	100.00

三、立地条件

（一）地形部位

遵义市一级地坝地面积 8 472.4hm²，占遵义市一级耕地面积的 15.20%，其中水田面积大于旱地面积；一级地丘陵面积 21 117.5hm²，占遵义市一级耕地面积的 37.87%，其中水田面积小于旱地面积；一级地山地面积 26 166.8hm²，占遵义市一级耕地面积的

46.93%，其中水田面积小于旱地面积（表6-15）。

表6-15 遵义市一级耕地地貌统计表

地貌	耕地			旱地			水田		
	面积(hm²)	占总耕地比例(%)	占一级耕地比例(%)	面积(hm²)	占一级耕地比例(%)	占一级旱地比例(%)	面积(hm²)	占一级耕地比例(%)	占一级水田比例(%)
坝地	8 472.43	1.00	15.20	1 405.13	2.52	5.09	7 067.30	12.68	25.10
丘陵	21 117.47	2.50	37.87	11 744.95	21.06	42.55	9 372.52	16.81	33.29
山地	26 166.83	3.10	46.93	14 450.57	25.92	52.36	11 716.26	21.07	41.61
合计	55 756.73	6.60	100.00	27 600.65	49.50	100.00	28 156.08	50.50	100.00

（二）坡度

遵义市一级耕地6°（含）～15°坡度面积最大，为21 527.35hm²，占遵义市一级耕地面积的38.61%；其次为15°（含）～25°、≥25°、2°（含）～6°，其面积分别为15 416.33hm²、9 495.47hm²、6 089.61hm²，分别占一级耕地面积的27.65%、17.03%、10.92%；0°（含）～2°坡度面积最小，为3 227.97hm²，占一级耕地面积的5.79%（表6-16）。

表6-16 遵义市一级耕地坡度统计表

坡度	耕地		旱地			水田		
	面积(hm²)	占一级耕地比例(%)	面积(hm²)	占一级耕地比例(%)	占一级旱地比例(%)	面积(hm²)	占一级耕地比例(%)	占一级水田比例(%)
0°（含）～2°	3 227.97	5.79	312.97	0.56	1.13	2 915.00	5.23	10.35
2°（含）～6°	6 089.61	10.92	1 102.97	1.98	4.00	4 986.64	8.94	17.71
6°（含）～15°	21 527.35	38.61	8 320.07	14.92	30.14	13 207.28	23.69	46.91
15°（含）～25°	15 416.33	27.65	10 385.49	18.63	37.63	5 030.84	9.02	17.87
≥25°	9 495.47	17.03	7 479.15	13.41	27.10	2 016.32	3.62	7.16
合计	55 756.73	100.00	27 600.65	49.50	100.00	28 156.08	50.50	100.00

（三）海拔

遵义市一级耕地面积主要分布在海拔800（含）～1 000m之间，耕地面积为35 962.96hm²，占遵义市一级耕地面积的64.50%；＜800m耕地面积为15 229.18hm²，占遵义市一级耕地面积的27.31%；1 000（含）～1 200m耕地面积为4 084.32hm²，占遵义市一级耕地面积的7.33%；1 200（含）～1 400m耕地面积为426.39hm²，占遵义市一级耕地面积的0.76%；≥1400m耕地面积为53.87hm²，占遵义市一级耕地面积的0.10%（表6-17）。

表 6-17　遵义市一级耕地海拔统计表

海拔(m)	耕地		旱地			水田		
	面积(hm²)	占一级耕地比例(%)	面积(hm²)	占一级耕地比例(%)	占一级旱地比例(%)	面积(hm²)	占一级耕地比例(%)	占一级水田比例(%)
≥1 400	53.87	0.10	53.87	0.10	0.20	0.00	0.00	0.00
1 200（含）~1 400	426.39	0.76	368.58	0.66	1.34	57.81	0.10	0.21
1 000（含）~1 200	4 084.32	7.33	3 044.40	5.46	11.03	1 039.92	1.87	3.69
800（含）~1 000	35 962.96	64.50	16 131.50	28.93	58.45	19 831.46	35.57	70.43
<800	15 229.18	27.31	8 002.29	14.35	28.99	7 226.89	12.96	25.67
合计	55 756.73	100.00	27 600.65	49.50	100.00	28 156.08	50.50	100.00

四、土壤属性

遵义市一级地土壤类型主要有水稻土、黄壤、石灰土，占遵义市一级地面积的 50.50%、37.31%、11.30%。

遵义市一级地土种主要有黄泥土、黄泥田、紫油泥田、暗豆面黄泥田、大眼泥田、灰油砂泥田、大眼黄泥田、黄油砂土、大土泥田、大眼泥土、黄油砂泥田、扁油泥田、潮砂泥土，分别占遵义市一级地面积的 7.54%、4.38%、3.09%、2.80%、2.70%、2.69%、1.82%、1.60%、1.48%、1.11%、0.95%、0.93%、0.85%。

遵义市一级地成土母质主要有白云灰岩/白云岩坡残积物、砂页岩风化坡残积物、老风化壳、老风化壳/黏土岩/泥页岩/板岩坡残积物、老风化壳/页岩/泥页岩坡残积物、砂页岩坡残积物、溪/河流冲积物、泥质白云岩/石灰岩坡残积物、泥岩/页岩/板岩等坡残积物、中性/钙质紫色页岩坡残积物，分别占遵义市一级地面积的 16.18%、15.84%、8.87%、7.27%、6.00%、5.59%、5.33%、3.92%、3.26%、3.06%。

遵义市一级地剖面构型主要有 A-B-C、Aa-Ap-P-C、Aa-Ap-W-C、A-AP-AC-C，分别占一级地面积的 33.79%、26.72%、19.18%、7.61%。

五、生产性能

一级地主要位于坝地和丘陵，田间机耕道、生产便道、沟渠等基础设施建设相对较好，抗旱能力及排灌能力较强，交通条件便利，土体较厚，养分含量高，易于耕作，易于各种作物生长，保肥、保水能力强。主要种植模式为水稻-油菜、水稻-蔬菜-蔬菜、玉米-马铃薯、玉米-马铃薯-蔬菜、玉米-红薯、蔬菜-蔬菜-蔬菜、玉米-蔬菜、高粱-绿肥、蔬菜-蔬菜等，一年两熟或三熟，耕地复种指数较高，耕地利用较好，常年周年产量水田为 12 000kg/hm² 以上，旱耕地为 7 500kg/hm² 以上。

第三节 二 级 地

一、面积与分布

遵义市二级地面积 97 934.55hm²，占遵义市耕地总面积的 11.58%。其中水田面积 43 544.04hm²，旱地 54 390.51hm²，分别占遵义市二级地的 44.46% 和 55.54%。二级耕地主要分布在凤冈县、播州区、湄潭县、绥阳县等 4 个县（区），分别占遵义市二级地面积的 12.48%、12.21%、12.14%、11.91%。详见表 6-18。

表 6-18 遵义市各县（区、市）二级地面积分布统计表

县（区、市）	二级地		占遵义市耕地面积比例（%）	占该县（区、市）耕地面积比例（%）	其中：水田		其中：旱地	
	面积（hm²）	占遵义市二级地比例（%）			面积（hm²）	占该县（区、市）二级地比例（%）	面积（hm²）	占该县（区、市）二级地比例（%）
红花岗区	7 669.88	7.83	0.91	16.98	3 327.74	3.40	4 342.14	4.43
汇川区	3 692.55	3.77	0.44	9.05	2 598.09	2.65	1 094.46	1.12
播州区	11 956.32	12.21	1.41	15.36	6 367.37	6.50	5 588.95	5.71
桐梓县	6 347.97	6.48	0.75	6.30	1 823.09	1.86	4 524.88	4.62
绥阳县	11 661.64	11.91	1.38	15.98	4 046.17	4.13	7 615.47	7.78
正安县	7 546.57	7.71	0.89	10.29	2 932.14	2.99	4 614.43	4.71
道真县	4 908.38	5.01	0.58	9.50	972.06	0.99	3 936.32	4.02
务川县	3 703.58	3.78	0.44	6.07	2 215.48	2.26	1 488.10	1.52
凤冈县	12 219.34	12.48	1.45	21.20	6 194.86	6.33	6 024.48	6.15
湄潭县	11 891.45	12.14	1.41	20.81	5 745.07	5.87	6 146.38	6.28
余庆县	6 984.41	7.13	0.83	14.97	2 970.72	3.03	4 013.69	4.10
习水县	3 400.86	3.47	0.40	4.15	1 285.72	1.31	2 115.14	2.16
赤水市	1 458.04	1.49	0.17	6.25	697.67	0.71	760.37	0.78
仁怀市	4 493.56	4.59	0.53	8.16	2 367.86	2.42	2 125.70	2.17
合计	97 934.55	100.00	11.58	11.58	43 544.04	44.46	54 390.51	55.54

二、土壤主要理化性状特征及分布

（一）pH

遵义市二级耕地土壤 pH 介于 7.5（含）～8.5 之间的耕地面积占遵义市二级耕地面积的 38.96%；pH 介于 5.5（含）～6.5 之间的耕地面积占遵义市二级耕地面积的

28.76%；pH 介于 6.5（含）～7.5 之间的耕地面积占遵义市二级耕地面积的 27.55%；
pH 介于 4.5（含）～5.5 之间的耕地面积占遵义市二级耕地面积的 4.63%；pH≥8.5 和
pH<4.5 的耕地面积很少。pH 介于 7.5（含）～8.5、4.5（含）～5.5 之间耕地面积中
水田面积及比例略大于旱地，其余则水田面积及比例小于旱地（表 6-19）。

表 6-19　遵义市二级耕地土壤 pH 分级及面积比例

含量指标	地类	≥8.5	7.5（含）～8.5	6.5（含）～7.5	5.5（含）～6.5	4.5（含）～5.5	<4.5
面积（hm²）	耕地	40.49	38 156.78	26 978.38	28 169.11	4 535.61	54.17
	水田	0.00	19 126.31	9 843.22	12 290.58	2 273.64	10.29
	旱地	40.49	19 030.47	17 135.17	15 878.53	2 261.97	43.88
占二级地面积比例（%）	耕地	0.04	38.96	27.55	28.76	4.63	0.055
	水田	0.00	19.53	10.05	12.55	2.32	0.01
	旱地	0.04	19.43	17.50	16.21	2.31	0.04

（二）有机质

遵义市二级地土壤有机质含量主要介于 30（含）～40g/kg 之间，占遵义市二级耕地
面积的 38.25%；含量为 20（含）～30g/kg 的占遵义市二级耕地面积的 35.40%；含量≥
40g/kg 的占遵义市二级耕地面积的 19.31%；含量≤10g/kg 的占遵义市二级耕地面积的
比例很小。土壤有机质含量≥30g/kg 的水田面积及比例大于旱地面积及比例，含量<
30g/kg 的水田面积及比例小于旱地面积及比例（表 6-20）。

表 6-20　遵义市二级耕地土壤有机质含量分级及面积比例

含量指标	地类	≥40g/kg	30（含）～40g/kg	20（含）～30g/kg	10（含）～20g/kg	6（含）～10g/kg	<6g/kg
面积（hm²）	耕地	18 914.63	37 456.46	34 671.43	6 683.07	186.48	22.48
	水田	10 537.88	18 931.11	11 870.62	2 145.09	54.00	5.34
	旱地	8 376.75	18 525.35	22 800.81	4 537.98	132.48	17.14
占二级地面积比例（%）	耕地	19.31	38.25	35.40	6.83	0.19	0.02
	水田	10.76	19.33	12.12	2.19	0.06	0.01
	旱地	8.55	18.92	23.28	4.64	0.14	0.01

（三）全氮

遵义市二级地土壤全氮含量≥2.0g/kg 的耕地占遵义市二级耕地面积的 41.74%；含
量为 1.5（含）～2.0g/kg 的占遵义市二级耕地面积的 38.51%；含量为 1.0（含）～
1.5g/kg 的占遵义市二级耕地面积的 17.78%；含量为 0.75（含）～1.0g/kg 的占遵义市
二级耕地面积的 1.42%；含量<0.75g/kg 的占遵义市二级耕地面积很小。土壤全氮含量
为 0.5（含）～2.0g/kg 的水田面积及比例小于旱地面积及比例；含量≥2.0g/kg

和＜0.5g/kg的水田面积及比例大于旱地面积及比例（表6-21）。

表6-21　遵义市二级耕地土壤全氮含量分级及面积比例

含量指标	地类	≥2.0g/kg	1.5（含）～ 2.0g/kg	1.0（含）～ 1.5g/kg	0.75（含）～ 1.0g/kg	0.5（含）～ 0.75g/kg	＜0.5g/kg
面积（hm²）	耕地	40 879.84	37 713.48	17 415.58	1 393.01	474.69	57.95
	水田	22 231.67	15 969.92	4 723.72	413.01	157.70	48.02
	旱地	18 648.17	21 732.56	12 691.86	980.00	316.99	9.93
占二级地面积 比例（%）	耕地	41.74	38.51	17.78	1.42	0.48	0.06
	水田	22.70	16.31	4.82	0.42	0.16	0.05
	旱地	19.04	22.19	12.96	1.00	0.32	0.01

（四）碱解氮

遵义市二级地土壤碱解氮含量为100（含）～150mg/kg的耕地占遵义市二级耕地面积的38.73%；含量为150（含）～200mg/kg的占遵义市二级耕地面积的33.28%；含量为200（含）～250mg/kg的占遵义市二级耕地面积的13.34%；含量为50（含）～100mg/kg的占遵义市二级耕地面积的10.71%；含量≥250mg/kg的占遵义市二级耕地面积的3.58%；含量＜50mg/kg的比例较小。含量为150（含）～250mg/kg的水田面积及比例均大于旱地面积及比例，其余水田面积及比例小于旱地面积及比例（表6-22）。

表6-22　遵义市二级耕地土壤碱解氮含量分级及面积比例

含量指标	地类	≥250mg/kg	200（含）～ 250mg/kg	150（含）～ 200mg/kg	100（含）～ 150mg/kg	50（含）～ 100mg/kg	＜50mg/kg
面积（hm²）	耕地	3 510.69	13 067.81	32 591.97	37 921.97	10 489.83	352.28
	水田	1 609.50	7 092.37	17 320.25	14 285.38	3 130.92	105.62
	旱地	1 901.19	5 975.44	15 271.72	23 636.59	7 358.91	246.66
占二级地面积 比例（%）	耕地	3.58	13.34	33.28	38.73	10.71	0.36
	水田	1.64	7.24	17.69	14.59	3.20	0.11
	旱地	1.94	6.10	15.59	24.14	7.51	0.25

（五）有效磷

遵义市二级地土壤有效磷含量为20（含）～40mg/kg的耕地占遵义市二级耕地面积的39.39%；含量为10（含）～20mg/kg的占遵义市二级耕地面积的36.31%；含量为5（含）～10mg/kg的占遵义市二级耕地面积的14.85%；含量≥40mg/kg的占遵义市二级耕地面积的6.04%；含量为3（含）～5mg/kg的占遵义市二级耕地面积的2.06%；含量＜3mg/kg的比例较小。二级耕地有效磷含量各等级水田面积及比例均小于旱地面积及比例（表 6-23）。

表 6-23　遵义市二级耕地土壤有效磷含量分级及面积比例

含量指标	地类	≥40mg/kg	20（含）～40mg/kg	10（含）～20mg/kg	5（含）～10mg/kg	3（含）～5mg/kg	<3mg/kg
面积（hm²）	耕地	5 918.14	38 577.93	35 560.98	14 541.60	2 016.26	1 319.64
	水田	2 694.69	18 021.12	16 046.78	5 536.02	700.37	545.06
	旱地	3 223.45	20 556.81	19 514.20	9 005.58	1 315.89	774.58
占二级地面积比例（%）	耕地	6.04	39.39	36.31	14.85	2.06	1.35
	水田	2.75	18.40	16.38	5.65	0.72	0.56
	旱地	3.29	20.99	19.93	9.20	1.34	0.79

（六）速效钾

遵义市二级地土壤速效钾含量为 100（含）～150mg/kg 的耕地占遵义市二级耕地面积的 44.60%；含量为 50（含）～100mg/kg 的占遵义市二级耕地面积的 24.58%；含量为 150（含）～200mg/kg 的占遵义市二级耕地面积的 19.29%；含量≥200mg/kg 的占遵义市二级耕地面积的 10.65%；含量<30mg/kg 的面积及比例较小。二级耕地速效钾含量各等级水田面积及比例均小于旱地面积及比例（表 6-24）。

表 6-24　遵义市二级耕地土壤速效钾含量分级及面积比例

含量指标	地类	≥200mg/kg	150（含）～200mg/kg	100（含）～150mg/kg	50（含）～100mg/kg	30（含）～50mg/kg	<30mg/kg
面积（hm²）	耕地	10 427.56	18 890.56	43 683.43	24 077.19	825.67	30.14
	水田	4 427.14	8 341.73	19 393.35	10 970.45	401.56	9.81
	旱地	6 000.42	10 548.83	24 290.08	13 106.74	424.11	20.33
占二级地面积比例（%）	耕地	10.65	19.29	44.60	24.59	0.84	0.03
	水田	4.52	8.52	19.80	11.20	0.41	0.01
	旱地	6.13	10.77	24.80	13.39	0.43	0.02

（七）缓效钾

遵义市二级地土壤缓效钾含量≥300mg/kg 的耕地占遵义市二级耕地面积的 38.60%；含量为 200（含）～250mg/kg 的占遵义市二级耕地面积的 15.86%；含量为 250（含）～300mg/kg 的占遵义市二级耕地面积的 15.85%；含量为 150（含）～200mg/kg的占遵义市二级耕地面积的 15.35%；含量为 100（含）～150mg/kg 的占遵义市二级耕地面积的 11.67%；含量<100mg/kg 的占遵义市二级耕地面积的 2.67%。二级耕地缓效钾含量除<100mg/kg 外，其余各等级水田面积及比例均小于旱地面积及

比例（表 6-25）。

表 6-25 遵义市二级耕地土壤缓效钾含量分级及面积比例

含量指标	地类	≥300mg/kg	250（含）～300mg/kg	200（含）～250mg/kg	150（含）～200mg/kg	100（含）～150mg/kg	<100mg/kg
面积（hm²）	耕地	37 802.94	15 523.31	15 529.73	15 033.54	11 429.13	2 615.90
	水田	14 356.17	6 455.19	7 593.55	8 173.19	5 640.92	1 325.02
	旱地	23 446.77	9 068.12	7 936.18	6 860.35	5 788.21	1 290.88
占二级地面积比例（%）	耕地	38.60	15.85	15.86	15.35	11.67	2.67
	水田	14.66	6.59	7.75	8.35	5.76	1.35
	旱地	23.94	9.26	8.11	7.00	5.91	1.32

（八）质地

遵义市二级耕地中黏土所占比例较大，其次为壤土，沙土所占比例较小。黏土占遵义市二级耕地面积的 53.35%，其中旱地所占比例大于水田；壤土占遵义市二级耕地面积比例的 36.37%，其中旱地所占比例大于水田；沙土占遵义市二级耕地面积的 10.28%，其中旱地所占比例小于水田。水田和旱地中面积、比例：黏土＞壤土＞沙土（表 6-26）。

表 6-26 遵义市二级耕地质地种类及分布

质地	耕地		旱地			水田		
	面积（hm²）	占二级耕地比例（%）	面积（hm²）	占二级耕地比例（%）	占二级旱地比例（%）	面积（hm²）	占二级耕地比例（%）	占二级水田比例（%）
沙土	10 066.56	10.28	1 614.42	1.65	2.97	8452.14	8.63	19.41
壤土	35 617.25	36.37	20 544.93	20.98	37.77	15 072.32	15.39	34.61
黏土	52 250.74	53.35	32 231.16	32.91	59.26	20 019.58	20.44	45.98
合计	97 934.55	100.00	54 390.51	55.54	100.00	43 544.04	44.46	100.00

三、立地条件

（一）地形部位

遵义市二级地坝地面积 4 393.7hm²，占遵义市二级耕地面积的 4.49%，其中水田面积及比例大于旱地面积及比例；二级地丘陵面积 27 933.1hm²，占遵义市二级耕地面积的 28.52%，其中水田面积及比例略大于旱地面积及比例；二级地山地面积 65 607.8hm²，占遵义市二级耕地面积的 66.99%，其中水田面积小于旱地面积。旱地和水田面积及比例均是山地＞丘陵＞盆地（表 6-27）。

表 6 - 27 遵义市二级耕地地貌统计表

地貌	耕地			旱地			水田		
	面积（hm²）	占总耕地比例（%）	占二级耕地比例（%）	面积（hm²）	占二级耕地比例（%）	占二级旱地比例（%）	面积（hm²）	占二级耕地比例（%）	占二级水田比例（%）
盆地	4 393.68	0.52	4.49	1 080.49	1.10	1.99	3 313.19	3.38	7.61
丘陵	27 933.06	3.30	28.52	13 903.75	14.20	25.56	14 029.31	14.33	32.22
山地	65 607.81	7.76	66.99	39 406.27	40.24	72.45	26 201.54	26.75	60.17
合计	97 934.55	11.58	100.00	54 390.51	55.54	100.00	43 544.04	44.46	100.00

（二）坡度

遵义市二级耕地坡度为 6°（含）～15°的耕地面积最大，为 36 048.71hm²，占遵义市二级耕地面积的 36.81%；其次为 15°（含）～25°、≥25°、2°（含）～6°，其面积分别为 33 129.99hm²、8 069.82hm²、482.18hm²，分别占遵义市二级耕地面积的 33.83%、18.45%、7.64%；坡度为 0°（含）～2°的耕地面积最小，为 3 203.85hm²，占遵义市二级耕地面积的 3.27%（表 6 - 28）。

表 6 - 28 遵义市二级耕地坡度统计表

坡度	耕地		旱地			水田		
	面积（hm²）	占二级耕地比例（%）	面积（hm²）	占二级耕地比例（%）	占二级旱地比例（%）	面积（hm²）	占二级耕地比例（%）	占二级水田比例（%）
0°（含）～2°	3 203.85	3.27	1 002.75	1.02	1.84	2 201.1	2.25	5.06
2°（含）～6°	7 482.18	7.64	2 267.03	2.31	4.17	5 215.15	5.33	11.98
6°（含）～15°	36 048.71	36.81	16 078.21	16.42	29.56	19 970.5	20.39	45.86
15°（含）～25°	33 129.99	33.83	21 175.98	21.62	38.93	11 954.01	12.21	27.45
≥25°	18 069.82	18.45	13 866.54	14.16	25.5	4 203.28	4.29	9.65
0°（含）～2°	97 934.55	100.00	54 390.51	55.53	100.00	43 544.04	44.47	100.00

（三）海拔

遵义市二级耕地主要分布在海拔 800（含）～1 000m 之间，耕地面积为 54 902.24hm²，占遵义市二级耕地面积的 56.06%；海拔＜800m 的耕地面积为 29 667.22hm²，占遵义市二级耕地面积的 30.29%；海拔为 1 000（含）～1 200m 的耕地面积为 11 454.83hm²，占遵义市二级耕地面积的 11.70%；海拔为 1 200（含）～1 400m 的耕地面积为 1 593.68hm²，占遵义市二级耕地面积的 1.63%；海拔≥1 400m 的耕地面积为 316.58hm²，占遵义市二级耕地面积的 0.32%（表 6 - 29）。

表 6 - 29　遵义市二级耕地海拔统计表

海拔 （m）	耕地		旱地			水田		
	面积 （hm²）	占二级耕地 比例（%）	面积 （hm²）	占二级耕地 比例（%）	占二级旱地 比例（%）	面积 （hm²）	占二级耕地 比例（%）	占二级水田 比例（%）
≥1 400	316.58	0.32	316.15	0.32	0.58	0.43	0.00	0.00
1 200（含）～ 1 400	1 593.68	1.63	1 277.97	1.31	2.34	315.71	0.32	0.72
1 000（含）～ 1 200	11 454.83	11.70	7 971.35	8.14	14.66	3 483.48	3.56	8.00
800（含）～ 1 000	54 902.24	56.06	28 324.56	28.91	52.08	26 577.68	27.14	61.04
＜800	29 667.22	30.29	16 500.48	16.85	30.34	13 166.74	13.44	30.24
合计	97 934.55	100.00	54 390.51	55.54	100.00	43 544.04	44.46	100.00

四、土壤属性

遵义市二级地土壤类型主要有水稻土、黄壤、石灰土，占遵义市二级地面积的44.46%、34.16%、19.10%。土种主要有灰砂泥田、豆面泥土、扁砂泥石灰土、灰砂黄泥土、黄泥田、大土泥田、胶泥土、黄泡泥土、大眼泥土、大眼黄泥土、黄泥土、扁砂泥田、大土泥土、豆面黄泥田，分别占二级地面积的10.16%、8.22%、7.47%、7.08%、5.70%、5.0%、4.53%、4.12%、3.84%、3.71%、3.11%、3.0%、2.76%、2.46%。

遵义市二级地成土母质主要有泥岩/页岩/板岩等坡残积物、石灰岩坡残积物、石灰岩/白云岩坡残积物、老风化壳/黏土岩/泥页岩/板岩坡残积物、灰绿色/青灰色页岩坡残积物、泥质石灰岩坡残积物、砂页岩风化坡残积物、砂页岩坡残积物、石灰岩坡积物、老风化壳、老风化壳/页岩/泥页岩坡残积物、页岩坡残积物，分别占遵义市二级地面积的8.56%、7.99%、7.08%、5.73%、4.65%、4.53%、4.31%、4.14%、3.84%、3.71%、3.57%、2.46%。

遵义市二级地剖面构型主要有 Aa-Ap-P-C、A-B-C、A-AP-AC-R、A-AP-AC-C，分别占遵义市二级地面积的31.29%、29.52%、8.37%、7.47%。

五、生产性能

遵义市二级地主要是山地，坝地和丘陵较少，土体较厚。田间机耕道、生产便道、沟渠等基础设施建设不足，抗旱能力及排灌能力中等，交通条件较好。主要种植模式为水稻-油菜、水稻-蔬菜、玉米-马铃薯、玉米-马铃薯-蔬菜、玉米-红薯、蔬菜-蔬菜-蔬菜、玉米-蔬菜、高粱-绿肥、蔬菜-蔬菜等，一年两熟或三熟，耕地复种指数较高，耕地利用较好，常年周年产量水田为 10 500kg/hm²以上，旱耕地为6 000kg/hm²以上。

第四节　三　级　地

一、面积与分布

遵义市三级地面积 161 982.68hm²，占遵义市耕地总面积的 19.16%。其中，水田面积 64 763.00hm²，旱地 97 219.68hm²，分别占遵义市三级地的 39.98% 和 60.02%。三级耕地主要分布在播州区、绥阳县、凤冈县、正安县等 4 个县（区），分别占遵义市三级地面积的 12.03%、9.90%、9.37%、8.64%，详见表 6 - 30。

表 6 - 30　遵义市各县（区、市）三级地面积分布统计表

县 （区、市）	三级地		占遵义市耕地面积比例（%）	占该县（区、市）耕地面积比例（%）	其中：水田		其中：旱地	
	面积 （hm²）	占遵义市三级地比例 （%）			面积 （hm²）	占该县（区、市）三级地比例（%）	面积 （hm²）	占该县（区、市）三级地比例（%）
红花岗区	11 545.30	7.13	1.37	25.56	5 821.49	3.59	5 723.81	3.53
汇川区	6 337.35	3.91	0.75	15.53	2 517.91	1.55	3 819.44	2.36
播州区	19 485.70	12.03	2.31	25.03	8 783.17	5.42	10 702.53	6.61
桐梓县	12 992.21	8.02	1.54	12.89	3 550.62	2.19	9 441.59	5.83
绥阳县	16 041.26	9.90	1.90	21.98	4 371.66	2.70	11 669.60	7.20
正安县	13 995.74	8.64	1.66	19.08	4 994.24	3.08	9 001.50	5.56
道真县	9 955.32	6.15	1.18	19.27	1 885.84	1.16	8 069.48	4.98
务川县	11 726.63	7.24	1.39	19.21	4 637.41	2.86	7 089.22	4.38
凤冈县	15 174.42	9.37	1.80	26.32	8 607.04	5.31	6 567.38	4.05
湄潭县	11 110.22	6.86	1.31	19.44	5 190.80	3.20	5 919.42	3.65
余庆县	9 127.02	5.63	1.08	19.57	3 968.47	2.45	5 158.55	3.18
习水县	11 562.90	7.14	1.37	14.12	4 750.33	2.93	6 812.57	4.21
赤水市	5 186.09	3.20	0.61	22.22	2 917.23	1.80	2 268.86	1.40
仁怀市	7 742.52	4.78	0.92	14.06	2 766.79	1.71	4 975.73	3.07
合计	161 982.68	100.00	19.16	19.16	64 763.00	39.98	97 219.68	60.02

二、土壤主要理化性状特征及分布

（一）pH

遵义市三级耕地土壤 pH 在 7.5（含）～8.5 之间的耕地面积占遵义市三级耕地面积的 38.75%；pH 在 5.5（含）～6.5 之间的耕地面积占遵义市三级耕地面积的 30.91%；

pH 在 6.5（含）～7.5 之间的耕地面积占遵义市三级耕地面积的 23.98%；pH 在 4.5（含）～5.5 之间的耕地面积占遵义市三级耕地面积的 6.12%；pH≥8.5 和 pH<4.5 的耕地面积很小。遵义市三级耕地面积中 pH 各个等级水田面积及比例均小于旱地（表 6-31）。

表 6-31　遵义市三级耕地土壤 pH 分级及面积比例

含量指标	地类	≥8.5	7.5（含）～8.5	6.5（含）～7.5	5.5（含）～6.5	4.5（含）～5.5	<4.5
面积（hm²）	耕地	145.06	62 766.20	38 839.02	50 073.36	9 914.92	244.12
	水田	0.00	30 438.56	10 661.19	19 570.47	4 072.97	19.81
	旱地	145.06	32 327.64	28 177.83	30 502.89	5 841.95	224.32
占三级地面积比例（%）	耕地	0.09	38.75	23.98	30.91	6.12	0.15
	水田	0.00	18.79	6.58	12.08	2.51	0.01
	旱地	0.09	19.95	17.40	18.83	3.61	0.14

（二）有机质

遵义市三级地土壤有机质含量主要在 20（含）～30g/kg 之间，占遵义市三级耕地面积的 40.86%；含量为 30（含）～40g/kg 的占遵义市三级耕地面积的 34.09%；含量≥40g/kg 的占遵义市三级耕地面积的 14.33%；含量为 10（含）～20g/kg 的占遵义市三级耕地面积的 10.24%；含量≤10g/kg 的占遵义市三级耕地面积的比例很小。遵义市三级耕地面积中有机质含量各个等级水田面积及比例均小于旱地（表 6-32）。

表 6-32　遵义市三级耕地土壤有机质含量分级及面积比例

含量指标	地类	≥40g/kg	30（含）～40g/kg	20（含）～30g/kg	10（含）～20g/kg	6（含）～10g/kg	<6g/kg
面积（hm²）	耕地	23 204.49	55 221.68	66 186.16	16 580.31	622.56	167.48
	水田	10 405.02	24 912.93	23 238.65	5 988.14	186.69	31.57
	旱地	12 799.47	30 308.75	42 947.51	10 592.17	435.87	135.91
占三级地面积比例（%）	耕地	14.33	34.09	40.86	10.24	0.38	0.10
	水田	6.43	15.38	14.35	3.70	0.12	0.02
	旱地	7.90	18.71	26.51	6.54	0.27	0.08

（三）全氮

遵义市三级地土壤全氮含量为 1.5（含）～2.0g/kg 的耕地占遵义市三级耕地面积的 42.47%；含量≥2.0g/kg 的占遵义市三级耕地面积的 33.35%；含量为 1.0（含）～1.5g/kg 的占遵义市三级耕地面积的 20.47%；含量为 0.75（含）～1.0g/kg 的占遵义市三级耕地面积的 2.93%；含量<0.75g/kg 的占遵义市三级耕地面积的比例很小。三级耕

地面积中全氮含量各个等级水田面积及比例均小于旱地（表6-33）。

表6-33 遵义市三级耕地土壤全氮含量分级及面积比例

含量指标	地类	≥2g/kg	1.5（含）～2.0g/kg	1.0（含）～1.5g/kg	0.75（含）～1.0g/kg	0.5（含）～0.75g/kg	<0.5g/kg
面积（hm²）	耕地	54 022.83	68 793.96	33 162.06	4 750.09	1 126.46	1 27.28
	水田	26 264.22	26 464.41	9 691.65	1 896.52	385.24	60.96
	旱地	27 758.61	42 329.55	23 470.41	2 853.57	741.22	66.32
占三级地面积比例（%）	耕地	33.35	42.47	20.47	2.93	0.70	0.08
	水田	16.21	16.34	5.98	1.17	0.24	0.04
	旱地	17.14	26.13	14.49	1.76	0.46	0.04

（四）碱解氮

遵义市三级地土壤碱解氮含量为100（含）～150mg/kg的耕地占遵义市三级耕地面积的43.17%；含量为150（含）～200mg/kg的占遵义市三级耕地面积的31.44%；含量为50（含）～100mg/kg的占遵义市三级耕地面积的12.20%；含量为200（含）～250mg/kg的占遵义市三级耕地面积的10.05%；含量≥250mg/kg的占遵义市三级耕地面积的2.53%；含量<50mg/kg的比例较小。除200（含）～250mg/kg等级外，其余碱解氮含量等级中水田面积及比例均小于旱地面积及比例（表6-34）。

表6-34 遵义市三级耕地土壤碱解氮含量分级及面积比例

含量指标	地类	≥250mg/kg	200（含）～250mg/kg	150（含）～200mg/kg	100（含）～150mg/kg	50（含）～100mg/kg	<50mg/kg
面积（hm²）	耕地	4 090.58	16 278.51	50 924.84	69 933.66	19 769.34	985.75
	水田	1 687.85	8 164.79	24 097.38	23 624.01	6 798.01	390.96
	旱地	2 402.73	8 113.72	26 827.46	46 309.65	12 971.33	594.79
占三级地面积比例（%）	耕地	2.53	10.05	31.44	43.17	12.20	0.61
	水田	1.04	5.04	14.88	14.58	4.20	0.24
	旱地	1.48	5.01	16.56	28.59	8.01	0.37

（五）有效磷

遵义市三级地土壤有效磷含量为10（含）～20mg/kg的耕地占遵义市三级耕地面积的40.21%；含量为20（含）～40mg/kg的占遵义市三级耕地面积的32.43%；含量为5（含）～10mg/kg的占遵义市三级耕地面积的17.30%；含量≥40mg/kg的占遵义市三级耕地面积的4.05%；含量为3（含）～5mg/kg的占遵义市三级耕地面积的3.79%；含量<3mg/kg的占遵义市三级耕地面积的2.22%。三级耕地有效磷含量水田面积及比例均

小于旱地面积及比例（表 6-35）。

表 6-35　遵义市三级耕地土壤有效磷含量分级及面积比例

含量指标	地类	≥40mg/kg	20（含）～40mg/kg	10（含）～20mg/kg	5（含）～10mg/kg	3（含）～5mg/kg	<3mg/kg
面积（hm²）	耕地	6 555.54	52 534.24	65 129.15	28 022.88	6 138.68	3 602.19
	水田	2 280.33	21 753.84	26 788.57	10 260.09	2 399.71	1 280.46
	旱地	4 275.21	30 780.4	38 340.58	17 762.79	3 738.97	2 321.73
占三级地面积比例（%）	耕地	4.05	32.43	40.21	17.30	3.79	2.22
	水田	1.41	13.43	16.54	6.33	1.48	0.79
	旱地	2.64	19.00	23.67	10.97	2.31	1.43

（六）速效钾

遵义市三级地土壤速效钾含量为 100（含）～150mg/kg 的占耕地遵义市三级耕地面积的 45.68%；含量为 50（含）～100mg/kg 的占遵义市三级耕地面积的 23.66%；含量为 150（含）～200mg/kg 的占遵义市三级耕地面积的 18.98%；含量≥200mg/kg 的占遵义市三级耕地面积的 10.50%；含量<30mg/kg 的面积及比例较小。三级地速效钾含量水田面积及比例小于旱地面积及比例（表 6-36）。

表 6-36　遵义市三级耕地土壤速效钾含量分级及面积比例

含量指标	地类	≥200mg/kg	150（含）～200mg/kg	100（含）～150mg/kg	50（含）～100mg/kg	30（含）～50mg/kg	<30mg/kg
面积（hm²）	耕地	17 002.19	30 738.73	73 997.66	38 328.22	1 789.30	126.58
	水田	5 905.65	12 596.29	30 337.72	15 121.38	764.15	37.81
	旱地	11 096.54	18 142.44	43 659.94	23 206.84	1 025.15	88.77
占三级地面积比例（%）	耕地	10.50	18.98	45.68	23.66	1.10	0.08
	水田	3.65	7.78	18.73	9.33	0.47	0.02
	旱地	6.85	11.20	26.95	14.33	0.63	0.06

（七）缓效钾

遵义市三级地土壤缓效钾含量≥300mg/kg 的耕地占遵义市三级耕地面积的 44.76%；含量为 200（含）～250mg/kg 的占遵义市三级耕地面积的 15.71%；含量为 250（含）～300mg/kg 的占遵义市三级耕地面积的 14.55%；含量为 150（含）～200mg/kg 占遵义市三级耕地面积的 13.67%；含量为 100（含）～150mg/kg 的占遵义市三级耕地面积的 8.89%；含量<100mg/kg 的占遵义市三级耕地面积的 2.42%。三级地缓效钾含量水田面积及比例均小于旱地面积及比例（表 6-37）。

表6-37　遵义市三级耕地土壤缓效钾含量分级及面积比例

含量指标	地类	≥300mg/kg	250（含）～300mg/kg	200（含）～250mg/kg	150（含）～200mg/kg	100（含）～150mg/kg	<100mg/kg
面积（hm²）	耕地	72 495.57	25 451.68	23 565.72	22 146.12	14 398.78	3 924.81
	水田	27 126.98	9 219.28	9 684.69	10 151.24	6 881.89	1 698.92
	旱地	45 368.59	16 232.4	13 881.03	11 994.88	7 516.89	2 225.89
占三级地面积比例（%）	耕地	44.76	15.71	14.55	13.67	8.89	2.42
	水田	16.75	5.56	5.98	6.27	4.25	1.05
	旱地	28.00	10.02	8.57	7.40	4.64	1.37

（八）质地

遵义市三级耕地中黏土所占比例较大，其次为壤土，沙土所占比例较小。黏土占遵义市三级耕地面积的比例为60.15%，其中旱地所占比例大于水田；壤土占遵义市三级耕地面积的比例为31.90%，其中旱地所占比例大于水田；沙土占遵义市三级耕地面积的比例为7.95%，其中旱地所占比例小于水田（表6-38）。

表6-38　遵义市三级耕地质地种类及分布

质地	耕地		旱地			水田		
	面积（hm²）	占三级耕地比例（%）	面积（hm²）	占三级耕地比例（%）	占三级旱地比例（%）	面积（hm²）	占三级耕地比例（%）	占三级水田比例（%）
沙土	12 869.81	7.95	3 425.12	2.11	3.52	9 444.69	5.83	14.58
壤土	51 675.51	31.90	32 023.61	19.77	32.94	19 651.90	12.13	30.35
黏土	97 437.36	60.15	61 770.95	38.13	63.54	35 666.41	22.02	55.07
合计	161 982.68	100.00	97 219.68	60.01	100.00	64 763.00	39.98	100.00

三、立地条件

（一）地形部位

遵义市三级地坝地面积3 087.09hm²，占遵义市三级耕地面积的1.91%，其中水田面积及比例大于旱地面积及比例；遵义市三级地丘陵面积32 289.21hm²，占遵义市三级耕地面积的19.93%，其中水田面积及比例小于旱地面积及比例；遵义市三级地山地面积126 606.38hm²，占遵义市三级耕地面积的78.16%，其中水田面积小于旱地面积（表6-39）。

表 6 - 39　遵义市三级耕地地貌统计表

地貌	耕地			旱地			水田		
	面积（hm²）	占总耕地比例（%）	占三级耕地比例（%）	面积（hm²）	占三级耕地比例（%）	占三级旱地比例（%）	面积（hm²）	占三级耕地比例（%）	占三级水田比例（%）
坝地	3 089.09	0.36	1.91	1 180.24	0.73	1.22	1 906.85	1.18	2.94
丘陵	32 289.21	3.82	19.93	17 394.80	10.74	17.89	14 894.41	9.19	23.00
山地	126 606.38	14.98	78.16	78 644.64	48.55	80.89	47 961.74	29.61	74.06
合计	161 982.68	19.16	100.00	97 219.68	60.02	100.00	64 763.00	39.98	100.00

（二）坡度

遵义市三级耕地坡度为 6°（含）～15°的耕地面积最大，为 59 085.48hm²，占遵义市三级耕地面积的 36.48%；其次为 15°（含）～25°、≥25°、2°（含）～6°，其面积分别为 54 971.05hm²、32 231.72hm²、11 784.14hm²，分别占遵义市三级耕地面积的 33.94%、19.90%、7.27%；坡度为 0°（含）～2°的耕地面积最小，为 3 910.29hm²，占遵义市三级耕地面积的 2.41%（表 6 - 40）。

表 6 - 40　遵义市三级耕地坡度统计表

坡度	耕地		旱地			水田		
	面积（hm²）	占三级耕地比例（%）	面积（hm²）	占三级耕地比例（%）	占三级旱地比例（%）	面积（hm²）	占三级耕地比例（%）	占三级水田比例（%）
0°（含）～2°	3 910.29	2.41	1 263.6	0.78	1.30	2 646.69	1.63	4.09
2°（含）～6°	11 784.14	7.27	4 357.44	2.69	4.48	7 426.70	4.59	11.47
6°（含）～15°	59 085.48	36.48	29 908.03	18.46	30.76	29 177.45	18.01	45.05
15°（含）～25°	54 971.05	33.94	36 734.09	22.68	37.79	18 236.96	11.26	28.16
≥25°	32 231.72	19.90	24 956.52	15.41	25.67	7 275.20	4.49	11.23
合计	161 982.68	100.00	97 219.68	60.02	100.00	64 763.00	39.98	100.00

（三）海拔

遵义市三级耕地主要分布在海拔 800（含）～1 000m 之间，耕地面积为 77 715.90hm²，占遵义市三级耕地面积的 47.98%；海拔＜800m 的耕地面积为 47 644.37hm²，占遵义市三级耕地面积的 29.41%；海拔为 1 000（含）～1 200m 的耕地面积为 28 832.66hm²，占遵义市三级耕地面积的 17.80%；海拔为 1 200（含）～1 400m 的耕地面积为 6 792.46hm²，占遵义市三级耕地面积的 4.19%；海拔＞1 400m 的耕地面积为 997.30hm²，占遵义市三级耕地面积的 0.62%（表 6 - 41）。

表 6 - 41 遵义市三级耕地海拔统计表

海拔 (m)	耕地		旱地			水田		
	面积 (hm²)	占三级耕地比例（%）	面积 (hm²)	占三级耕地比例（%）	占三级旱地比例（%）	面积 (hm²)	占三级耕地比例（%）	占三级水田比例（%）
≥1 400	997.30	0.62	986.01	0.61	1.01	11.29	0.01	0.02
1 200（含）~ 1 400	6 792.46	4.19	5 501.33	3.40	5.66	1 291.13	0.80	1.99
1 000（含）~ 1 200	28 832.65	17.80	20 810.82	12.85	21.41	8 031.83	4.95	12.39
800（含）~ 1 000	77 715.90	47.98	43 028.22	26.56	44.26	34 687.68	21.41	53.56
<800	47 644.37	29.41	26 893.30	16.60	27.66	20 751.07	12.81	32.03
合计	161 982.68	100.00	97 219.68	60.02	100.00	64 763.00	39.98	100.00

四、土壤属性

遵义市三级地土壤类型主要有水稻土、黄壤、石灰土，分别占遵义市三级地面积的 39.98%、35.46%、19.73%。

遵义市三级地土种主要有豆面泥土、灰砂黄泥土、大土泥土、大土泥田、灰砂泥田、黄泥田、扁砂泥田、大眼泥土、大眼黄泥土、胶泥土、扁砂泥石灰土、酸性红砂泥土、紫砂泥田。分别占遵义市三级地面积的 9.91%、9.55%、8.24%、7.54%、6.94%、4.48%、3.73%、3.51%、3.42%、2.87%、2.52%、2.46%、2.43%。

遵义市三级地成土母质主要有石灰岩坡残积物、白云灰岩/白云岩坡残积物、泥岩/页岩/板岩等坡残积物、石灰岩/白云岩坡残积物、灰绿色/青灰色页岩坡残积物、石灰岩坡积物、石灰岩/白云岩坡积物、砂页岩坡残积物、棕紫色砂页岩/紫色砂岩坡残积物，分别占遵义市三级地面积的 16.12%、11.53%、10.54%、9.55%、6.42%、3.51%、3.42%、2.78%、2.46%。

遵义市三级地剖面构型主要有 A-B-C、Aa-Ap-P-C、A-BC-C、A-AP-AC-C，分别占遵义市三级地面积的 33.71%、30.62%、8.12%、6.38%。

五、生产性能

遵义市三级地主要是山地，坝地和丘陵较少。土体较厚。田间机耕道、生产便道、沟渠等基础设施建设不足，抗旱能力及灌溉能力弱，交通条件较好。主要种植模式为水稻-油菜、水稻-蔬菜、玉米-马铃薯、玉米-马铃薯、玉米-红薯、蔬菜-蔬菜-蔬菜、玉米-蔬菜、高粱-绿肥、蔬菜-蔬菜等，一年两熟或三熟，耕地复种指数较高，耕地利用较好，常年周年产量水田为 9 000kg/hm² 以上，旱耕地为 6 000kg/hm² 以上。

第五节 四 级 地

一、面积与分布

遵义市四级地面积 197 110.56hm²，占遵义市耕地总面积的 23.32%。其中，水田面积 62 137.68hm²，旱地 134 972.88hm²，分别占遵义市四级地的 31.52% 和 68.48%。四级耕地主要分布在桐梓县、习水县、务川县、正安县、播州区、绥阳县等 6 个县（区），分别占遵义市四级地面积的 10.42%、10.02%、9.12%、9.09%、8.99%、8.44%（表 6 - 42）。

表 6 - 42 遵义市各县（区、市）四级地面积分布统计表

县（区、市）	四级地		占遵义市耕地面积比例（%）	占该县（区、市）耕地面积比例（%）	其中：水田		其中：旱地	
	面积（hm²）	占遵义市四级地比例（%）			面积（hm²）	占该县（区、市）四级地比例（%）	面积（hm²）	占该县（区、市）四级地比例（%）
红花岗区	9 819.60	4.98	1.16	21.74	3 733.54	1.89	6 086.06	3.09
汇川区	8 864.85	4.50	1.05	21.72	2 389.43	1.21	6 475.42	3.29
播州区	17 721.12	8.99	2.10	22.76	4 505.19	2.29	13 215.93	6.70
桐梓县	20 549.32	10.42	2.43	20.39	4 571.73	2.32	15 977.59	8.10
绥阳县	16 629.64	8.44	1.97	22.78	3 298.57	1.68	13 331.07	6.76
正安县	17 909.91	9.09	2.12	24.42	5 579.02	2.83	12 330.89	6.26
道真县	13 152.54	6.67	1.55	25.46	3 318.68	1.68	9 833.86	4.99
务川县	17 980.18	9.12	2.13	29.45	5 102.54	2.59	12 877.64	6.53
凤冈县	14 609.58	7.41	1.73	25.34	7 315.00	3.71	7 294.58	3.70
湄潭县	11 098.83	5.63	1.31	19.42	2 500.86	1.27	8 597.97	4.36
余庆县	11 325.63	5.75	1.34	24.28	3 993.50	2.03	7 332.13	3.72
习水县	19 746.74	10.02	2.34	24.12	7 753.42	3.93	11 993.32	6.09
赤水市	7 876.25	4.00	0.93	33.74	5 693.44	2.89	2 182.81	1.11
仁怀市	9 826.37	4.98	1.16	17.84	2 382.76	1.20	7 443.61	3.78
合计	197 110.56	100.00	23.32	23.32	62 137.68	31.52	134 972.88	68.48

二、土壤主要理化性状特征及分布

（一）pH

遵义市四级耕地土壤 pH 在 7.5（含）～8.5 之间的耕地面积占遵义市四级耕地面积

的 42.51%；pH 在 5.5（含）～6.5 之间的耕地面积占遵义市四级耕地面积的 29.34%；pH 在 6.5（含）～7.5 之间的耕地面积占遵义市四级耕地面积的 19.74%；pH 在 4.5（含）～5.5 之间的耕地面积占遵义市四级耕地面积的 8.00%；pH≥8.5 和 pH<4.5 的耕地面积很小。遵义市四级耕地面积中土壤 pH 各个等级水田面积及比例均小于旱地（表 6-43）。

表 6-43 遵义市四级耕地土壤 pH 分级及面积比例

含量指标	地类	≥8.5	7.5（含）～8.5	6.5（含）～7.5	5.5（含）～6.5	4.5（含）～5.5	<4.5
面积（hm²）	耕地	373.69	83 787.58	38 918.23	57 835.31	15 759.98	435.79
	水田	0.00	27 457.53	7 896.60	20 460.03	6 291.12	32.40
	旱地	373.68	56 330.05	31 021.63	37 375.28	9 468.85	403.39
占四级地面积比例（%）	耕地	0.19	42.51	19.75	29.34	7.99	0.22
	水田	0.00	13.93	4.01	10.38	3.19	0.02
	旱地	0.19	28.58	15.74	18.96	4.80	0.20

（二）有机质

遵义市四级地土壤有机质含量主要在 20（含）～30g/kg 之间，占遵义市四级耕地面积的 41.89%；含量为 30（含）～40g/kg 的占遵义市四级耕地面积的 31.34%；含量≥40g/kg 的占遵义市四级耕地面积的 13.24%；含量为 10（含）～20g/kg 的占遵义市四级耕地面积的 12.84%；含量≤10g/kg 的占遵义市四级耕地面积的比例很小。四级耕地土壤有机质含量各个等级水田面积及比例小于旱地面积及比例（表 6-44）。

表 6-44 遵义市四级耕地土壤有机质含量分级及面积比例

含量指标	地类	≥40g/kg	30（含）～40g/kg	20（含）～30g/kg	10（含）～20g/kg	6（含）～10g/kg	<6g/kg
面积（hm²）	耕地	26 105.00	61 769.45	82 571.18	25 309.57	1 093.58	261.78
	水田	8 432.80	19 581.13	24 371.65	9 100.67	537.83	113.60
	旱地	17 672.20	42 188.32	58 199.53	16 208.90	555.75	148.18
占四级地面积比例（%）	耕地	13.24	31.34	41.89	12.84	0.55	0.13
	水田	4.28	9.94	12.36	4.62	0.28	0.06
	旱地	8.96	21.40	29.53	8.22	0.28	0.07

（三）全氮

遵义市四级地土壤全氮含量为 1.5（含）～2.0g/kg 的耕地占遵义市四级耕地面积的 43.67%；含量≥2.0g/kg 的占遵义市四级耕地面积的 28.67%；含量为 1.0（含）～1.5g/kg 的占遵义市四级耕地面积的 22.79%；含量为 0.75（含）～1.0g/kg 的占遵义市四级耕地面积的 3.83%；含量<0.75g/kg 的占遵义市四级耕地面积的比例很小。遵义市

四级耕地中土壤全氮含量各个等级水田面积及比例小于旱地面积及比例（表6-45）。

表6-45 遵义市四级耕地土壤全氮含量分级及面积比例

含量指标	地类	≥2g/kg	1.5（含）~ 2.0g/kg	1.0（含）~ 1.5g/kg	0.75（含）~ 1.0g/kg	0.5（含）~ 0.75g/kg	<0.5g/kg
面积（hm²）	耕地	56 503.65	86 082.12	44 927.74	7 556.09	1 876.92	164.04
	水田	20 230.33	24 384.16	13 460.42	3 284.45	688.34	89.98
	旱地	36 273.32	61 697.96	31 467.32	4 271.64	1 188.58	74.06
占四级地面积比例（%）	耕地	28.67	43.67	22.79	3.84	0.95	0.08
	水田	10.27	12.37	6.83	1.67	0.35	0.04
	旱地	18.40	31.30	15.96	2.17	0.60	0.04

（四）碱解氮

遵义市四级地土壤碱解氮含量为100（含）~150mg/kg的耕地占遵义市四级耕地面积的44.76%；含量为150（含）~200mg/kg的占遵义市四级耕地面积的30.36%；含量为50（含）~100mg/kg的占遵义市四级耕地面积的13.12%；含量为200（含）~250mg/kg的占遵义市四级耕地面积的8.47%；含量≥250mg/kg的占遵义市四级耕地面积的2.61%；含量<50mg/kg的比例较小。遵义市四级耕地土壤碱解氮含量各个等级水田面积及比例均小于旱地面积及比例（表6-46）。

表6-46 遵义市四级耕地土壤碱解氮含量分级及面积比例

含量指标	地类	≥250mg/kg	200（含）~ 250mg/kg	150（含）~ 200mg/kg	100（含）~ 150mg/kg	50（含）~ 100mg/kg	<50mg/kg
面积（hm²）	耕地	5 136.30	16 688.92	59 852.20	88 222.15	25 867.49	1 343.50
	水田	1 480.33	5 534.59	21 066.74	26 146.96	7 541.51	367.55
	旱地	3 655.97	11 154.33	38 785.46	62 075.19	18 325.98	975.95
占四级地面积比例（%）	耕地	2.61	8.47	30.36	44.76	13.12	0.68
	水田	0.75	2.81	10.69	13.27	3.82	0.19
	旱地	1.85	5.66	19.67	31.49	9.30	0.49

（五）有效磷

遵义市四级地土壤有效磷含量为10（含）~20mg/kg的耕地占遵义市四级耕地面积的42.16%；含量为20（含）~40mg/kg的占遵义市四级耕地面积的27.78%；含量为5（含）~10mg/kg的占遵义市四级耕地面积的20.73%；含量为3（含）~5mg/kg的占遵义市四级耕地面积的4.39%；含量<3mg/kg的占遵义市四级耕地面积的2.52%；含量≥40mg/kg的占遵义市四级耕地面积的2.41%。遵义市四级耕地土壤有效磷各含量等级

水田面积及比例均小于旱地面积及比例（表6-47）。

表6-47 遵义市四级耕地土壤有效磷含量分级及面积比例

含量指标	地类	≥40mg/kg	20（含）～40mg/kg	10（含）～20mg/kg	5（含）～10mg/kg	3（含）～5mg/kg	<3mg/kg
面积（hm²）	耕地	4 753.16	54 759.68	83 109.04	40 868.43	8 650.58	4 969.67
	水田	1 368.89	14 753.99	27 006.47	13 722.32	3 503.75	1 782.26
	旱地	3 384.27	40 005.69	56 102.57	27 146.11	5 146.83	3 187.41
占四级地面积比例（%）	耕地	2.41	27.79	42.16	20.73	4.39	2.52
	水田	0.69	7.49	13.70	6.96	1.78	0.90
	旱地	1.72	20.30	28.46	13.77	2.61	1.62

（六）速效钾

遵义市四级地土壤速效钾含量为100（含）～150mg/kg的耕地占遵义市四级耕地面积的45.63%；含量为50（含）～100mg/kg的占遵义市四级耕地面积的24.35%；含量为150（含）～200mg/kg的占遵义市四级耕地面积的19.46%；含量≥200mg/kg的占遵义市四级耕地面积的9.37%；含量<30mg/kg的面积及比例较小。遵义市四级地速效钾各含量等级水田面积及比例小于旱地面积及比例（表6-48）。

表6-48 遵义市四级耕地土壤速效钾含量分级及面积比例

含量指标	地类	≥200mg/kg	150（含）～200mg/kg	100（含）～150mg/kg	50（含）～100mg/kg	30（含）～50mg/kg	<30mg/kg
面积（hm²）	耕地	18 467.97	38 366.78	89 941.55	47 994.77	2 178.12	161.37
	水田	4 844.66	12 236.61	28 064.60	16 132.33	804.89	54.59
	旱地	13 623.31	26 130.17	61 876.95	31 862.44	1 373.23	106.78
占四级地面积比例（%）	耕地	9.37	19.46	45.63	24.35	1.11	0.08
	水田	2.46	6.20	14.27	8.18	0.41	0.03
	旱地	6.91	13.26	31.39	16.17	0.70	0.05

（七）缓效钾

遵义市四级地土壤缓效钾含量≥300mg/kg的耕地占遵义市四级耕地面积的48.45%；含量为250（含）～300mg/kg的占遵义市四级耕地面积的15.95%；含量为200（含）～250mg/kg的占遵义市四级耕地面积的13.83%；含量为150（含）～200mg/kg的占遵义市四级耕地面积的12.35%；含量为100（含）～150mg/kg的占遵义市四级耕地面积的7.67%；含量<100mg/kg的占遵义市四级耕地面积的1.74%。遵义市四级地缓效钾含量各等级水田面积及比例均小于旱地面积及比例（表6-49）。

表 6-49　遵义市四级耕地土壤缓效钾含量分级及面积比例

含量指标	地类	≥300mg/kg	250（含）～300mg/kg	200（含）～250mg/kg	150（含）～200mg/kg	100（含）～150mg/kg	<100mg/kg
面积（hm²）	耕地	95 438.73	31 442.93	27 246.38	24 334.34	15 111.49	3 436.69
	水田	30 880.74	8 966.09	8 280.65	8 051.74	4 713.88	1 244.58
	旱地	64 557.99	22 476.84	18 965.73	16 282.6	10 397.61	2 192.11
占四级地面积比例（%）	耕地	48.45	15.95	13.83	12.35	7.67	1.74
	水田	15.67	4.55	4.20	4.09	2.39	0.63
	旱地	32.78	11.41	9.63	8.27	5.28	1.11

（八）质地

遵义市四级耕地中黏土所占比例较大，其次为壤土，沙土所占比例较小。黏土占遵义市四级耕地面积的比例为 68.97%，其中旱地所占比例大于水田；壤土占遵义市四级耕地面积的比例为 26.43%，其中旱地所占比例大于水田；沙土占遵义市四级耕地面积的比例为 4.60%，其中旱地所占比例小于水田（表 6-50）。

表 6-50　遵义市四级耕地质地种类及分布

质地	耕地		旱地			水田		
	面积（hm²）	占四级耕地比例（%）	面积（hm²）	占四级耕地比例（%）	占四级旱地比例（%）	面积（hm²）	占四级耕地比例（%）	占四级水田比例（%）
沙土	9 061.95	4.60	4 507.26	2.29	3.34	4 554.69	2.31	7.33
壤土	52 095.43	26.43	39 713.52	20.15	29.42	12 381.91	6.28	19.93
黏土	135 953.18	68.97	90 752.10	46.04	67.24	45 201.08	22.93	72.74
合计	197 110.56	100.00	134 972.88	68.48	100.00	62 137.68	31.52	100.00

三、立地条件

（一）地形部位

遵义市四级地坝地面积 2 593.03hm²，占遵义市四级耕地面积的 1.32%，其中水田面积及比例大于旱地面积及比例；遵义市四级地丘陵面积 29 071.26hm²，占遵义市四级耕地面积的 14.75%，其中水田面积及比例小于旱地面积及比例；遵义市四级地山地面积165 446.27hm²，占遵义市四级耕地面积的 83.94%，其中水田面积小于旱地面积（表 6-51）。

表 6 - 51　遵义市四级耕地地貌统计表

地貌	耕地			旱地			水田		
	面积 (hm²)	占总耕地 比例（%）	占四级 耕地比例 （%）	面积 (hm²)	占四级 耕地比例 （%）	占四级 旱地比例 （%）	面积 (hm²)	占四级 耕地比例 （%）	占四级 水田比例 （%）
坝地	2 593.03	0.31	1.32	1 056.09	0.54	0.78	1 536.94	0.78	2.47
丘陵	29 071.26	3.44	14.75	19 944.49	10.12	14.78	9 126.77	4.63	14.69
山地	165 446.27	19.57	83.94	113 972.30	57.82	84.44	51 473.97	26.11	82.84
合计	197 110.56	23.32	100.00	134 972.88	68.48	100.00	62 137.68	31.52	100.00

（二）坡度

遵义市四级耕地坡度为 6°（含）～15°的耕地面积最大，为 70 885.83hm²，占遵义市四级耕地面积的 35.96%；其次为 15°（含）～25°、≥25°、2°（含）～6°，其面积分别为 68 287.45hm²、41 610.04hm²、12 790.44hm²，分别占遵义市四级耕地面积的 36.65%、21.11%、6.49%；坡度为 0°（含）～2°的耕地面积最小，为 3 536.80hm²，占遵义市四级耕地面积的 1.79%（表 6 - 52）。

表 6 - 52　遵义市四级耕地坡度统计表

坡度	耕地		旱地			水田		
	面积 (hm²)	占四级耕地 比例（%）	面积 (hm²)	占四级耕地 比例（%）	占四级旱地 比例（%）	面积 (hm²)	占四级耕地 比例（%）	占四级水田 比例（%）
0°（含）～2°	3 536.80	1.79	1 143.76	0.58	0.85	2 393.04	1.21	3.85
2°（含）～6°	12 790.44	6.49	5 478.12	2.78	4.06	7 312.32	3.71	11.77
6°（含）～15°	70 885.83	35.96	42 375.63	21.50	31.40	28 510.20	14.46	45.88
15°（含）～25°	68 287.45	34.65	51 362.68	26.06	38.05	16 924.77	8.59	27.24
≥25°	41 610.04	21.11	34 612.69	17.56	25.64	6 997.35	3.55	11.26
合计	197 110.56	100.00	134 972.88	68.48	100.00	62 137.68	31.52	100.00

（三）海拔

遵义市四级耕地主要分布在海拔 800（含）～1 000m 之间，耕地面积为 82 940.14hm²，占遵义市四级耕地面积的 42.08%；海拔 1 000（含）～1 200m 的耕地面积为 49 891.01hm²，占遵义市四级耕地面积的 25.31%；海拔＜800m 的耕地面积为 47 245.51hm²，占遵义市四级耕地面积的 23.97%；海拔 1 200（含）～1 400m 的耕地面积为 15 015.69hm²，占遵义市四级耕地面积的 7.62%；海拔＞1 400m 的耕地面积为 2 108.22hm²，占遵义市四级耕地面积的 1.02%（表 6 - 53）。

表 6-53　遵义市四级耕地海拔统计表

海拔 （m）	耕地		旱地			水田		
	面积 （hm²）	占四级耕地 比例（%）	面积 （hm²）	占四级耕地 比例（%）	占四级旱地 比例（%）	面积 （hm²）	占四级耕地 比例（%）	占四级水田 比例（%）
≥1 400	2 018.22	1.02	1 852.31	0.94	1.37	165.91	0.08	0.27
1 200（含）～ 1 400	15 015.69	7.62	13 125.41	6.66	9.72	1 890.28	0.96	3.04
1 000（含）～ 1 200	49 891.01	25.31	36 216.87	18.37	26.83	13 674.14	6.94	21.01
800（含）～ 1 000	82 940.13	42.08	55 167.87	27.99	40.87	27 772.26	14.09	44.69
<800	47 245.51	23.97	28 610.42	14.51	21.20	18 635.09	9.45	29.99
合计	197 110.56	100.00	134 972.88	68.43	100.00	62 137.68	31.52	100.00

四、土壤属性

遵义市四级地土壤类型主要有黄壤、水稻土、石灰土、紫色土，占遵义市四级地面积的 32.22%、31.52%、28.02%、7.20%。

遵义市四级地土种主要有大土泥土、灰砂黄泥土、豆面泥土、大土泥田、白云砂泥土、紫砂泥田、黄泥田、岩泥土、黄泥土，分别占遵义市四级地面积的 14.66%、8.26%、7.95%、7.45%、5.85%、3.32%、3.26%、3.05%、2.35%。

遵义市四级地成土母质主要有石灰岩坡残积物、泥岩/页岩/板岩等坡残积物、白云灰岩/白云岩坡残积物、石灰岩/白云岩坡残积物、灰绿色/青灰色页岩坡残积物、老风化壳/黏土岩/泥页岩/板岩坡残积物、石灰岩残坡积物、页岩/板岩坡残积物、泥灰岩坡残积物，分别占遵义市四级地面积的 22.56%、8.62%、8.61%、8.26%、7.01%、3.28%、3.05%、2.46%、2.37%。

遵义市四级地剖面构型主要有 A-B-C、Aa-Ap-P-C、A-BC-C、A-AC-C，分别占遵义市四级地面积的 35.00%、23.84%、10.99%、5.85%。

五、生产性能

遵义市四级地主要是山地，坝地和丘陵较少。田间机耕道、生产便道、沟渠等基础设施建设不足，抗旱能力及灌溉能力弱，交通条件较差。主要种植模式为水稻-油菜、水稻、玉米-马铃薯、玉米、玉米-红薯、蔬菜-蔬菜、玉米-蔬菜、高粱-绿肥、高粱、蔬菜-蔬菜等，一年一熟或两熟，耕地复种指数不高，耕地利用不好，常年周年产量水田为 7 500kg/hm² 以上，旱地为 4 500kg/hm² 以上。

第六节　五 级 地

一、面积与分布

遵义市五级地面积 160 910.83hm²，占遵义市耕地总面积的 19.03%。其中，水田面积 39 443.64hm²，旱地 121 467.19hm²，分别占五级地的 24.51% 和 75.49%。五级耕地
主要分布在桐梓县、习水县、正安县、务川县、播州区等 5 个县（区），分别占遵义市五
级地面积的 14.66%、11.62%、10.36%、8.90%、7.21%（表 6-54）。

表 6-54 遵义市各县（区、市）五级地面积分布统计表

县（区、市）	五级地		占遵义市耕地面积比例（%）	占该县（区、市）耕地面积比例（%）	其中：水田		其中：旱地	
	面积（hm²）	占遵义市五级地比例（%）			面积（hm²）	占该县（区、市）五级地比例（%）	面积（hm²）	占该县（区、市）五级地比例（%）
红花岗区	7 128.16	4.43	0.84	15.78	1 074.42	0.67	6 053.74	3.76
汇川区	8 382.58	5.21	0.99	20.54	1 220.22	0.76	7 162.36	4.45
播州区	11 599.06	7.21	1.37	14.90	1 687.72	1.05	9 911.34	6.16
桐梓县	23 587.72	14.66	2.79	23.41	4 599.95	2.86	18 987.77	11.80
绥阳县	10 235.93	6.36	1.21	14.02	1 663.81	1.03	8 572.12	5.33
正安县	16 665.35	10.36	1.97	22.72	3 796.45	2.36	12 868.90	8.00
道真县	11 081.04	6.89	1.31	21.45	3 027.83	1.88	8 053.21	5.01
务川县	14 316.58	8.90	1.70	23.45	3 358.25	2.09	10 958.33	6.81
凤冈县	7 185.29	4.46	0.85	12.46	3 161.16	1.96	4 024.13	2.50
湄潭县	7 894.29	4.91	0.94	13.81	1 104.44	0.69	6 789.85	4.22
余庆县	8 469.59	5.26	1.00	18.16	1 897.00	1.18	6 572.59	4.08
习水县	18 706.39	11.62	2.21	22.85	7 114.33	4.42	11 592.06	7.20
赤水市	6 090.55	3.78	0.72	26.09	4 683.96	2.91	1 406.59	0.87
仁怀市	9 568.30	5.95	1.13	17.38	1 054.10	0.66	8 514.20	5.29
合计	160 910.83	100.00	19.03	19.03	39 443.64	24.51	121 467.20	75.49

二、土壤主要理化性状特征及分布

（一）pH

遵义市五级耕地土壤 pH 在 7.5（含）～8.5 之间的耕地面积占遵义市五级耕地面积的 47.75%；pH 在 5.5（含）～6.5 之间的耕地面积占遵义市五级耕地面积的 25.78%；pH 在 6.5（含）～7.5 之间的耕地面积占遵义市五级耕地面积的 15.61%；pH 在 4.5（含）～5.5 之间的耕地面积占遵义市五级耕地面积的 10.47%；pH≥8.5 和 pH<4.5 的耕地面积很小。遵义市五级耕地面积中 pH 各等级水田面积及比例均小于旱地（表 6-55）。

表 6-55　遵义市五级耕地土壤 pH 分级及面积比例

含量指标	地类	≥8.5	7.5（含）～8.5	6.5（含）～7.5	5.5（含）～6.5	4.5（含）～5.5	<4.5
面积（hm²）	耕地	404.75	76 829.64	25 121.42	41 478.11	16 849.24	227.67
	水田	0.00	15 773.26	3 436.05	13 399.68	6 834.49	0.16
	旱地	404.75	61 056.38	21 685.37	28 078.43	10 014.75	227.51
占五级地面积比例（%）	耕地	0.25	47.75	15.61	25.78	10.47	0.14
	水田	0.00	9.80	2.13	8.33	4.25	0.00
	旱地	0.25	37.95	13.48	17.45	6.22	0.14

（二）有机质

遵义市五级地土壤有机质含量主要在 20（含）～30g/kg 之间，占遵义市五级耕地面积的 42.82%；含量为 30（含）～40g/kg 的占遵义市五级耕地面积的 30.29%；含量为 10（含）～20g/kg 的占遵义市五级耕地面积的 14.64%；含量≥40g/kg 的占遵义市五级耕地面积的 11.55%；含量≤10g/kg 的占遵义市五级耕地面积的比例很小。遵义市五级耕地土壤有机质含量各等级水田面积及比例小于旱地面积及比例（表 6-56）。

表 6-56　遵义市五级耕地土壤有机质含量分级及面积比例

含量指标	地类	≥40g/kg	30（含）～40g/kg	20（含）～30g/kg	10（含）～20g/kg	6（含）～10g/kg	<6g/kg
面积（hm²）	耕地	18 582.73	48 734.84	68 898.30	23 556.75	978.91	159.30
	水田	4 146.88	10 767.88	15 982.71	8 150.8	331.17	64.20
	旱地	14 435.85	37 966.96	52 915.59	15 405.95	647.74	95.10
占五级地面积比例（%）	耕地	11.55	30.29	42.82	14.64	0.61	0.10
	水田	2.58	6.69	9.93	5.07	0.21	0.04
	旱地	8.97	23.60	32.89	9.57	0.40	0.06

（三）全氮

遵义市五级地土壤全氮含量为 1.5（含）～2.0g/kg 的耕地占遵义市五级耕地面积的 45.51%；含量≥2.0g/kg 的占遵义市五级耕地面积的 25.09%；含量为 1.0（含）～1.5g/kg 的占遵义市五级耕地面积的 24.43%；含量为 0.75（含）～1.0g/kg 的占遵义市五级耕地面积的 3.75%；含量<0.75g/kg 的占遵义市五级耕地面积的比例很小。遵义市五级耕地中土壤全氮含量≥0.75g/kg 的水田面积及比例小于旱地面积及比例（表 6-57）。

表6-57　遵义市五级耕地土壤全氮含量分级及面积比例

含量指标	地类	≥2g/kg	1.5（含）～2.0g/kg	1.0（含）～1.5g/kg	0.75（含）～1.0g/kg	0.5（含）～0.75g/kg	<0.5g/kg
面积（hm²）	耕地	40 366.30	73 232.58	39 311.77	6 026.12	1 729.66	244.40
	水田	10 586.16	14 685.44	10 380.85	2 764.40	894.26	132.53
	旱地	29 780.14	58 547.14	28 930.92	3 261.72	835.40	111.87
占五级地面积比例（%）	耕地	25.09	45.51	24.43	3.75	1.07	0.15
	水田	6.58	9.13	6.45	1.72	0.55	0.08
	旱地	18.51	36.38	17.98	2.03	0.52	0.07

（四）碱解氮

遵义市五级地土壤碱解氮含量为100（含）～150mg/kg的耕地占遵义市五级耕地面积的45.52%；含量为150（含）～200mg/kg的占遵义市五级耕地面积的29.53%；含量为50（含）～100mg/kg的占遵义市五级耕地面积的14.34%；含量为200～250mg/kg的占遵义市五级耕地面积的7.81%；含量≥250mg/kg的占遵义市五级耕地面积的2.08%；含量<50mg/kg的比例较小。遵义市五级耕地碱解氮含量各等级水田面积及比例均小于旱地面积及比例（表6-58）。

表6-58　遵义市五级耕地土壤碱解氮含量分级及面积比例

含量指标	地类	≥250mg/kg	200（含）～250mg/kg	150（含）～200mg/kg	100（含）～150mg/kg	50（含）～100mg/kg	<50mg/kg
面积（hm²）	耕地	3 348.55	12 562.99	47 515.34	73 240.17	23 071.88	1 171.90
	水田	869.28	2 789.81	12 174.07	17 516.95	5 782.71	310.82
	旱地	2 479.27	9 773.18	35 341.27	55 723.22	17 289.17	861.08
占五级地面积比例（%）	耕地	2.08	7.81	29.53	45.52	14.34	0.73
	水田	0.54	1.74	7.57	10.88	3.59	0.19
	旱地	1.54	6.07	21.96	34.63	10.75	0.54

（五）有效磷

遵义市五级地土壤有效磷含量为10（含）～20mg/kg的耕地占遵义市五级耕地面积的43.54%；含量为20（含）～40mg/kg的占遵义市五级耕地面积的24.10%；含量为5（含）～10mg/kg的占遵义市五级耕地面积的22.97%；含量为3（含）～5mg/kg的占遵义市五级耕地面积的5.09%；含量<3mg/kg的占遵义市五级耕地面积的2.70%；含量≥40mg/kg的占遵义市五级耕地面积的1.60%。遵义市五级耕地有效磷含量各等级水田面积及比例均小于旱地面积及比例（表6-59）。

表 6-59　遵义市五级耕地土壤有效磷含量分级及面积比例

含量指标	地类	≥40mg/kg	20（含）～40mg/kg	10（含）～20mg/kg	5（含）～10mg/kg	3（含）～5mg/kg	<3mg/kg
面积（hm²）	耕地	2 566.53	38 786.41	70 057.01	36 965.64	8 192.68	4 342.56
	水田	342.82	6 810.81	18 074.47	9 905.41	2 781.84	1 528.29
	旱地	2 223.71	31 975.60	51 982.54	27 060.23	5 410.84	2 814.27
占五级地面积比例（%）	耕地	1.60	24.10	43.54	22.97	5.09	2.70
	水田	0.22	4.23	11.23	6.15	1.73	0.95
	旱地	1.38	19.87	32.31	16.82	3.36	1.75

（六）速效钾

遵义市五级地土壤速效钾含量为 100（含）～150mg/kg 的耕地占遵义市五级耕地面积的 46.83%；含量为 50（含）～100mg/kg 的占遵义市五级耕地面积的 24.81%；含量为 150（含）～200mg/kg 的占遵义市五级耕地面积的 18.33%；含量≥200mg/kg 的占遵义市五级耕地面积的 8.85%；含量<30mg/kg 的面积及比例较小。五级地速效钾含量各等级水田面积及比例小于旱地面积及比例（表 6-60）。

表 6-60　遵义市五级耕地土壤速效钾含量分级及面积比例

含量指标	地类	≥200mg/kg	150（含）～200mg/kg	100（含）～150mg/kg	50（含）～100mg/kg	30（含）～50mg/kg	<30mg/kg
面积（hm²）	耕地	14 250.17	29 491.07	75 355.89	39 920.64	1 733.65	159.41
	水田	2 498.95	6 011.69	18 229.29	12 062.23	588.65	52.83
	旱地	11 751.22	23 479.38	57 126.60	27 858.41	1 145.00	106.58
占五级地面积比例（%）	耕地	8.85	18.33	46.83	24.81	1.08	0.10
	水田	1.55	3.74	11.33	7.50	0.36	0.03
	旱地	7.30	14.59	35.50	17.31	0.72	0.07

（七）缓效钾

遵义市五级地土壤缓效钾含量≥300mg/kg 的耕地占遵义市五级耕地面积的 48.55%；含量为 250（含）～300mg/kg 的占遵义市五级耕地面积的 15.94%；含量为 200（含）～250mg/kg 的占遵义市五级耕地面积的 14.46%；含量为 150（含）～200mg/kg 的占遵义市五级耕地面积的 12.12%；含量为 100（含）～150mg/kg 的占遵义市五级耕地面积的 7.10%；含量<100mg/kg 的占遵义市五级耕地面积的 1.83%。遵义市五级地缓效钾含量各等级水田面积及比例均小于旱地面积及比例（表 6-61）。

表6-61 遵义市五级耕地土壤缓效钾含量分级及面积比例

含量指标	地类	≥300mg/kg	250（含）～300mg/kg	200（含）～250mg/kg	150（含）～200mg/kg	100（含）～150mg/kg	<100mg/kg
面积（hm²）	耕地	78 127.32	25 653.98	23 270.79	19 491.43	11 417.97	2 949.34
	水田	19 784.28	6 160.88	5 386.15	4 425.07	2 979.51	707.75
	旱地	58 343.04	19 493.10	17 884.64	15 066.36	8 438.46	2 241.59
占五级地面积比例（%）	耕地	48.55	15.94	14.46	12.12	7.10	1.83
	水田	12.29	3.83	3.35	2.75	1.85	0.44
	旱地	36.26	12.11	11.11	9.37	5.25	1.39

（八）质地

遵义市五级耕地中黏土所占比例较大，其次为壤土，沙土所占比例较小。黏土占遵义市五级耕地面积的比例为75.36%，其中旱地所占比例大于水田；壤土占遵义市五级耕地面积的比例为21.14%，其中旱地所占比例大于水田；沙土占遵义市五级耕地面积的比例为3.50%，其中旱地所占比例小于水田（表6-62）。

表6-62 遵义市五级耕地质地种类及分布

质地	耕地		旱地			水田		
	面积（hm²）	占五级耕地比例（%）	面积（hm²）	占五级耕地比例（%）	占五级旱地比例（%）	面积（hm²）	占五级耕地比例（%）	占五级水田比例（%）
沙土	56 38.91	3.50	4 105.48	2.55	3.38	1 533.43	0.95	3.89
壤土	34 013.36	21.14	29 173.2	18.13	24.02	4 840.16	3.01	12.27
黏土	121 258.56	75.36	88 188.51	54.81	72.60	33 070.05	20.55	83.84
合计	160 910.83	100.00	121 467.19	75.49	100.00	39 443.64	24.51	100.00

三、立地条件

（一）地形部位

遵义市五级地坝地面积1 073.4hm²，占遵义市五级耕地面积的0.67%，其中水田面积及比例大于旱地面积及比例；遵义市五级地丘陵面积17 409.5hm²，占遵义市五级耕地面积的10.82%，其中水田面积及比例小于旱地面积及比例；遵义市五级地山地面积142 427.9hm²，占遵义市五级耕地面积的88.51%，其中水田面积小于旱地面积（表6-63）。

表6-63　遵义市五级耕地地貌统计表

地貌	耕地			旱地			水田		
	面积 （hm²）	占总耕地 比例（%）	占五级 耕地比例 （%）	面积 （hm²）	占五级 耕地比例 （%）	占五级 旱地比例 （%）	面积 （hm²）	占五级 耕地比例 （%）	占五级 水田比例 （%）
坝地	1 073.44	0.13	0.67	783.82	0.49	0.65	289.62	0.18	0.73
丘陵	17 409.49	2.06	10.82	13 646.42	8.48	11.23	3 763.07	2.34	9.54
山地	142 427.90	16.85	88.51	107 036.95	66.52	88.12	35 390.95	21.99	89.73
合计	160 910.83	19.03	100.00	121 467.19	75.49	100.00	39 443.64	24.51	100.00

（二）坡度

遵义市五级耕地坡度为15°（含）～25°的耕地面积最大，为58 513.55hm²，占遵义市五级耕地面积的36.36%；其次为6°（含）～15°、≥25°、2°（含）～6°，其面积分别为54 596.85hm²、35 915.45hm²、9 311.92hm²，分别占遵义市五级耕地面积的33.93%、22.32%、5.79%；坡度为0°（含）～2°的耕地面积最小，为979.36hm²，占遵义市五级耕地面积的1.60%（表6-64）。

表6-64　遵义市五级耕地坡度统计表

坡度	耕地		旱地			水田		
	面积 （hm²）	占五级耕地 比例（%）	面积 （hm²）	占五级耕地 比例（%）	占五级旱地 比例（%）	面积 （hm²）	占五级耕地 比例（%）	占五级水田 比例（%）
0°（含）～2°	2 573.06	1.60	1 137.59	0.71	0.94	1 435.47	0.89	3.64
2°（含）～6°	9 311.92	5.79	5 086.58	3.16	4.19	4 225.34	2.63	10.71
6°（含）～15°	54 596.85	33.93	36 932.28	22.95	30.40	17 664.57	10.98	44.78
15°（含）～25°	58 513.55	36.36	46 739.92	29.05	38.48	11 773.63	7.31	29.85
≥25°	35 915.45	22.32	31 570.82	19.62	25.99	4 344.63	2.70	11.02
合计	160 910.83	100.00	121 467.19	75.49	100.00	39 443.64	24.51	100.00

（三）海拔

遵义市五级耕地主要分布在海拔800（含）～1 000m之间，耕地面积为58 921.32hm²，占五级耕地面积的36.62%；海拔1 000（含）～1 200m的耕地面积为51 227.57hm²，占五级耕地面积的31.84%；海拔＜800m耕地面积为27 707.90hm²，占五级耕地面积的17.22%；海拔1 200（含）～1 400m的耕地面积为19 582.05hm²，占遵义市五级耕地面积的12.17%；海拔＞1 400m的耕地面积为3 471.99hm²，占遵义市五级耕地面积的2.16%（表6-65）。

表 6-65　遵义市五级耕地海拔统计表

海拔 （m）	耕地		旱地			水田		
	面积 （hm²）	占五级耕地 比例（%）	面积 （hm²）	占五级耕地 比例（%）	占五级旱地 比例（%）	面积 （hm²）	占五级耕地 比例（%）	占五级水田 比例（%）
≥1 400	3 471.99	2.16	3 345.64	2.08	2.75	126.35	0.08	0.32
1 200（含）~ 1 400	19 582.05	12.17	17 115.32	10.64	14.09	2 466.73	1.53	6.25
1 000（含）~ 1 200	51 227.57	31.84	39 181.06	24.35	32.26	12 046.51	7.49	30.54
800（含）~ 1 000	58 921.32	36.62	43 198.99	26.85	35.56	15 722.33	9.77	39.86
<800	27 707.90	17.22	18 626.18	11.58	15.33	9 081.72	5.64	23.02
合计	160 910.83	100.00	121 467.19	75.49	100.00	39 443.64	24.51	100.00

四、土壤属性

遵义市五级地土壤类型主要有石灰土、黄壤、水稻土、紫色土，占遵义市五级地面积的 35.63%、26.64%、24.51%、10.77%。

遵义市五级地土种主要有胶泥土、岩泥土、白云砂泥土、大土泥田、豆面泥土、灰砂黄泥土、暗黄泡砂泥田、紫砂泥田、中性紫泥土、豆瓣泥土、漂洗灰砂泥土，分别占遵义市五级地面积的 18.81%、8.2%、6.21%、5.65%、4.99%、4.82%、4.56%、3.22%、3.17%、2.87%、2.46%。

遵义市五级地成土母质主要有石灰岩坡残积物、石灰岩残坡积物、灰绿色/青灰色页岩坡残积物、白云灰岩/白云岩坡残积物、泥岩/页岩/板岩等坡残积物、石灰岩/白云岩坡残积物、紫红色砂页岩坡残积物、棕紫色页岩坡残积物、页岩/板岩坡残积物、碳酸盐岩类坡残积物、变余砂岩/砂岩/石英砂岩等风化残积物，分别占遵义市五级地面积的 24.97%、8.2%、7.29%、7.18%、5.63%、4.82%、3.22%、3.17%、2.87%、2.46%、2.13%。

遵义市五级地剖面构型主要有 A-B-C、Aa-Ap-P-C、A-BC-C、A-C、A-AH-R、A-AC-C，分别占遵义市五级地面积的 33.38%、16.47%、11.70%、8.40%、8.20%、6.21%。

五、生产性能

遵义市五级地主要是山地，土体较厚。田间机耕道、生产便道、沟渠等基础设施建设不足，抗旱能力及灌溉能力弱，交通条件差。主要种植模式为水稻-油菜、水稻、玉米-马铃薯、玉米、玉米-红薯、蔬菜-蔬菜、玉米-蔬菜、高粱-绿肥、高粱、蔬菜-蔬菜等，一年一熟或两熟，耕地复种指数不高，耕地利用不好，常年周年水田产量为 6 000kg/hm² 以上，旱耕地为 3 000kg/hm² 以上。

第七节 六 级 地

一、面积与分布

遵义市六级地面积 171 669.57hm²，占遵义市耕地总面积的 20.31％。其中水田面积 21 577.81hm²，旱地 150 091.76hm²，分别占遵义市六级地的 12.57％和 87.43％。遵义市六级耕地主要分布在桐梓县、习水县、仁怀市等 3 个县（市），分别占遵义市六级地面积的 19.95％、15.63％、12.48％（表 6-66）。

表 6-66 遵义市各县（区、市）六级地面积分布统计表

县（区、市）	六级地		占遵义市耕地面积比例（％）	占该县（区、市）耕地面积比例（％）	其中：水田		其中：旱地	
	面积（hm²）	占遵义市六级地比例（％）			面积（hm²）	占该县（区、市）六级地比例（％）	面积（hm²）	占该县（区、市）六级地比例（％）
红花岗区	4 357.47	2.54	0.52	9.65	286.80	0.17	4 070.67	2.37
汇川区	10 955.84	6.38	1.30	26.85	303.87	0.18	10 651.97	6.20
播州区	11 133.59	6.49	1.32	14.30	584.91	0.34	10 548.68	6.15
桐梓县	34 249.90	19.95	4.05	33.99	4 964.31	2.89	29 285.59	17.06
绥阳县	9 137.54	5.32	1.08	12.52	606.29	0.35	8 531.25	4.97
正安县	14 619.63	8.52	1.73	19.93	2 370.09	1.38	12 249.54	7.14
道真县	11 191.09	6.52	1.32	21.66	2 058.35	1.2	9 132.74	5.32
务川县	11 903.59	6.93	1.41	19.50	1 000.74	0.58	10 902.85	6.35
凤冈县	4 564.84	2.66	0.54	7.92	869.88	0.51	3 694.96	2.15
湄潭县	3 779.60	2.20	0.45	6.61	472.76	0.27	3 306.84	1.93
余庆县	5 033.40	2.93	0.60	10.79	634.46	0.37	4 398.94	2.56
习水县	26 825.12	15.63	3.17	32.76	5 599.00	3.26	21 226.12	12.37
赤水市	2 489.82	1.45	0.29	10.67	1 078.52	0.63	1 411.30	0.82
仁怀市	21 428.14	12.48	2.53	38.91	747.83	0.44	20 680.31	12.04
合计	171 669.57	100.00	20.31	20.31	21 577.81	12.57	150 091.76	87.43

二、土壤主要理化性状特征及分布

（一）pH

遵义市六级耕地土壤 pH 在 7.5（含）～8.5 之间的耕地面积占遵义市六级耕地面积的 55.76％；pH 在 5.5（含）～6.5 之间的耕地面积占遵义市六级耕地面积的 18.78％；

pH 在 4.5（含）～5.5 之间的耕地面积占遵义市六级耕地面积的 12.58%；pH 在 6.5（含）～7.5 之间的耕地面积占遵义市六级耕地面积的 12.48%；pH≥8.5 和 pH＜4.5 的耕地面积很小。遵义市六级耕地面积中 pH 各等级水田面积及比例均小于旱地（表 6-67）。

表 6-67　遵义市六级耕地土壤 pH 分级及面积比例

含量指标	地类	≥8.5	7.5（含）～8.5	6.5（含）～7.5	5.5（含）～6.5	4.5（含）～5.5	＜4.5
面积（hm²）	耕地	418.77	95 726.75	21 424.64	32 241.58	21 603.45	254.38
	水田	0.00	8 388.62	1 818.86	6 239.41	5 130.92	0.00
	旱地	418.77	87 338.13	19 605.78	26 002.17	16 472.53	254.38
占六级地面积比例（%）	耕地	0.24	55.76	12.48	18.78	12.58	0.15
	水田	0.00	4.89	1.06	3.64	2.99	0.00
	旱地	0.24	50.87	11.42	15.14	9.59	0.15

（二）有机质

遵义市六级地土壤有机质含量主要在 20（含）～30g/kg 之间，占遵义市六级耕地面积的 44.53%；含量为 30（含）～40g/kg 的占遵义市六级耕地面积的 29.37%；含量为 10（含）～20g/kg 的占遵义市六级耕地面积的 16.17%；含量≥40g/kg 的占遵义市六级耕地面积的 9.08%；含量≤10g/kg 的占遵义市六级耕地面积的比例很小。遵义市六级耕地土壤有机质含量各等级水田面积及比例小于旱地面积及比例（表 6-68）。

表 6-68　遵义市六级耕地土壤有机质含量分级及面积比例

含量指标	地类	≥40g/kg	30（含）～40g/kg	20（含）～30g/kg	10（含）～20g/kg	6（含）～10g/kg	＜6g/kg
面积（hm²）	耕地	15 582.85	50 422.21	76 438.74	27 761.95	1 295.60	168.22
	水田	1 853.92	6 266.19	9 417.68	3 702.77	279.00	58.25
	旱地	13 728.93	44 156.02	67 021.06	24 059.18	1 016.60	109.97
占六级地面积比例（%）	耕地	9.08	29.37	44.53	16.17	0.75	0.10
	水田	1.08	3.65	5.49	2.16	0.16	0.03
	旱地	8.00	25.72	39.04	14.01	0.59	0.07

（三）全氮

遵义市六级地土壤全氮含量为 1.5（含）～2.0g/kg 的耕地占遵义市六级耕地面积的 45.03%；含量为 1.0（含）～1.5g/kg 的占遵义市六级耕地面积的 29.57%；含量≥2.0g/kg 的占遵义市六级耕地面积的 20.66%；含量为 0.75（含）～1.0g/kg 的占遵义市六级耕地面积的 3.65%；含量＜0.75g/kg 的占遵义市六级耕地面积的很小。六级耕地中土壤全氮含量各等级水田面积及比例小于旱地面积及比例（表 6-69）。

表 6-69　遵义市六级耕地土壤全氮含量分级及面积比例

含量指标	地类	≥2g/kg	1.5（含）～ 2.0g/kg	1.0（含）～ 1.5g/kg	0.75（含）～ 1.0g/kg	0.5（含）～ 0.75g/kg	<0.5g/kg
面积（hm²）	耕地	35 458.68	77 305.27	50 764.28	62 76.05	1 693.69	171.60
	水田	5 355.53	8 717.63	6 022.79	1 016.59	428.29	36.98
	旱地	30 103.15	68 587.64	44 741.49	5 259.46	1 265.40	134.62
占六级地面积 比例（%）	耕地	20.66	45.03	29.57	3.65	0.99	0.10
	水田	3.12	5.08	3.51	0.59	0.25	0.02
	旱地	17.54	39.95	26.06	3.06	0.74	0.08

（四）碱解氮

遵义市六级地土壤碱解氮含量为 100（含）～150mg/kg 的耕地占遵义市六级耕地面积的 47.41%；含量为 150（含）～200mg/kg 的占遵义市六级耕地面积的 27.68%；含量为 50（含）～100mg/kg 的占遵义市六级耕地面积的 16.74%；含量为 200（含）～250mg/kg 的占遵义市六级耕地面积的 5.75%；含量≥250mg/kg 的占遵义市六级耕地面积的 1.40%；含量<50mg/kg 的占遵义市六级耕地面积的 1.01%。遵义市六级耕地碱解氮含量各等级水田面积及比例均小于旱地面积及比例（表 6-70）。

表 6-70　遵义市六级耕地土壤碱解氮含量分级及面积比例

含量指标	地类	≥250mg/kg	200（含）～ 250mg/kg	150（含）～ 200mg/kg	100（含）～ 150mg/kg	50（含）～ 100mg/kg	<50mg/kg
面积（hm²）	耕地	2 405.75	9 871.53	47 520.83	81 396.71	28 736.36	1 738.39
	水田	366.92	1 264.40	6 928.65	9 630.46	3 201.78	185.60
	旱地	2 038.83	8 607.13	40 592.18	71 766.25	25 534.58	1 552.80
占六级地面积 比例（%）	耕地	1.40	5.75	27.68	47.42	16.74	1.01
	水田	0.21	0.74	4.04	5.61	1.86	0.11
	旱地	1.19	5.01	23.64	41.81	14.88	0.90

（五）有效磷

遵义市六级地土壤有效磷含量为 10（含）～20mg/kg 的耕地占遵义市六级耕地面积的 45.43%；含量为 5（含）～10mg/kg 的占遵义市六级耕地面积的 25.90%；含量为 20（含）～40mg/kg 的占遵义市六级耕地面积的 18.40%；含量为 3～5mg/kg 的占遵义市六级耕地面积的 6.20%；含量<3mg/kg 的占遵义市六级耕地面积的 2.98%；含量≥

40mg/kg的占遵义市六级耕地面积的 1.09%。遵义市六级耕地有效磷含量各等级水田面积及比例均小于旱地面积及比例（表 6-71）。

表 6-71　遵义市六级耕地土壤有效磷含量分级及面积比例

含量指标	地类	≥40mg/kg	20（含）～40mg/kg	10（含）～20mg/kg	5（含）～10mg/kg	3（含）～5mg/kg	<3mg/kg
面积（hm²）	耕地	1 867.68	31 584.22	77 982.64	44 473.36	10 648.75	5 112.92
	水田	87.35	2 539.54	10 079.09	6 376.62	1 722.32	790.21
	旱地	1 780.33	29 044.69	67 903.56	38 096.73	8 926.43	4322.71
占六级地面积比例（%）	耕地	1.09	18.40	45.43	25.90	6.20	2.98
	水田	0.05	1.48	5.87	3.71	1.00	0.46
	旱地	1.04	16.92	39.56	22.19	5.20	2.52

（六）速效钾

遵义市六级地土壤速效钾含量为 100（含）～150mg/kg 的耕地占遵义市六级耕地面积的 43.85%；含量为 50（含）～100mg/kg 的占遵义市六级耕地面积的 26.67%；含量为 150（含）～200mg/kg 的占遵义市六级耕地面积的 19.51%；含量≥200mg/kg 的占遵义市六级耕地面积的 8.52%；含量为 30（含）～50mg/kg 的占遵义市六级耕地面积的 1.33%；含量<30mg/kg 的面积及比例较小。遵义市六级地速效钾含量各等级水田面积及比例小于旱地面积及比例（表 6-72）。

表 6-72　遵义市六级耕地土壤速效钾含量分级及面积比例

含量指标	地类	≥200mg/kg	150（含）～200mg/kg	100（含）～150mg/kg	50（含）～100mg/kg	30（含）～50mg/kg	<30mg/kg
面积（hm²）	耕地	14 629.64	33 485.29	75 279.41	45 784.60	2 286.79	203.84
	水田	966.81	3 115.35	9 261.61	7 630.42	553.71	49.91
	旱地	13 662.83	30 369.94	66 017.80	38 154.18	1 733.08	153.93
占六级地面积比例（%）	耕地	8.52	19.51	43.85	26.67	1.33	0.12
	水田	0.56	1.82	5.40	4.44	0.32	0.03
	旱地	7.96	17.69	38.45	22.23	1.01	0.09

（七）缓效钾

遵义市六级地土壤缓效钾含量≥300mg/kg 的耕地占遵义市六级耕地面积的 49.57%；含量为 250（含）～300mg/kg的占遵义市六级耕地面积的 17.40%；含量为 200（含）～250mg/kg 的占遵义市六级耕地面积的 14.09%；含量为 150（含）～200mg/kg 的占遵义

市六级耕地面积的 10.61%；含量为 100（含）～150mg/kg 的占遵义市六级耕地面积的 6.30%；含量 <100mg/kg 的占遵义市六级耕地面积的 2.03%。遵义市六级地缓效钾含量各等级水田面积及比例均小于旱地面积及比例（表 6-73）。

表 6-73　遵义市六级耕地土壤缓效钾含量分级及面积比例

含量指标	地类	≥300mg/kg	250（含）～300mg/kg	200（含）～250mg/kg	150（含）～200mg/kg	100（含）～150mg/kg	<100mg/kg
面积（hm²）	耕地	85 091.20	29 876.86	24 183.89	18 207.05	10 822.52	3 488.06
	水田	10 702.62	4 015.31	2 944.73	2 116.95	1 550.81	247.40
	旱地	74 388.58	25 861.55	21 239.16	16 090.10	9 271.71	3 240.66
占六级地面积比例（%）	耕地	49.57	17.40	14.09	10.61	6.30	2.03
	水田	6.24	2.34	1.72	1.23	0.90	0.14
	旱地	43.33	15.06	12.37	9.38	5.40	1.89

（八）质地

遵义市六级耕地中黏土所占比例较大，其次为壤土，沙土所占比例较小。黏土占遵义市六级耕地面积的比例为 66.25%，其中旱地所占比例大于水田；壤土占遵义市六级耕地面积的比例为 19.20%，其中旱地所占比例大于水田；沙土占遵义市六级耕地面积的比例为 14.55%，其中旱地所占比例小于水田（表 6-74）。

表 6-74　遵义市六级耕地质地种类及分布

质地	耕地		旱地			水田		
	面积（hm²）	占六级耕地比例（%）	面积（hm²）	占六级耕地比例（%）	占六级旱地比例（%）	面积（hm²）	占六级耕地比例（%）	占六级水田比例（%）
沙土	24 985.29	14.55	24 272.69	14.14	16.17	712.60	0.41	3.30
壤土	32 952.61	19.20	30 883.81	17.99	20.58	2 068.8	1.21	9.59
黏土	113 731.67	66.25	94 935.26	55.30	63.25	18 796.41	10.95	87.11
合计	171 669.57	100.00	150 091.76	87.43	100.00	21 577.81	12.57	100.00

三、立地条件

（一）地形部位

遵义市六级地坝地面积 1 012.8hm²，占遵义市六级耕地面积的 0.59%，其中水田面积及比例小于旱地面积及比例；遵义市六级地丘陵面积 10 867.1hm²，占遵义市六级耕地面积的 6.33%，其中水田面积及比例小于旱地面积及比例；遵义市六级地山地面积159 789.7hm²，占遵义市六级耕地面积的93.08％，其中水田面积小于旱地面积（表6-75）。

表6-75　遵义市六级耕地地貌统计表

地貌	耕地			旱地			水田		
	面积（hm²）	占总耕地比例（％）	占六级耕地比例（％）	面积（hm²）	占六级耕地比例（％）	占六级旱地比例（％）	面积（hm²）	占六级耕地比例（％）	占六级水田比例（％）
坝地	1 012.77	0.12	0.59	896.96	0.52	0.60	115.81	0.07	0.54
丘陵	10 867.11	1.29	6.33	9 713.64	5.66	6.47	1 153.47	0.67	5.35
山地	159 789.69	18.90	93.08	139 481.16	81.25	92.93	20 308.53	11.83	94.12
合计	171 669.57	20.31	100.00	150 091.76	87.43	100.00	21 577.81	12.57	100.00

（二）坡度

遵义市六级耕地坡度为15°（含）～25°的耕地面积最大，为66 286.15hm²，占遵义市六级耕地面积的38.61％；其次为≥25°、6°（含）～15°、2°（含）～6°，其面积分别为49 390.12hm²、48 820.99hm²、5 717.08hm²，分别占遵义市六级耕地面积的28.77％、28.44％、3.33％；坡度为0°（含）～2°的耕地面积最小，为1 455.23hm²，占遵义市六级耕地面积的0.85％（表6-76）。

表6-76　遵义市六级耕地坡度统计表

坡度	耕地		旱地			水田		
	面积（hm²）	占六级耕地比例（％）	面积（hm²）	占六级耕地比例（％）	占六级旱地比例（％）	面积（hm²）	占六级耕地比例（％）	占六级水田比例（％）
0°（含）～2°	1 455.23	0.85	964.87	0.56	0.64	490.36	0.29	2.27
2°（含）～6°	5 717.08	3.33	3 694.58	2.15	2.46	2 022.50	1.18	9.37
6°（含）～15°	48 820.99	28.44	39 536.69	23.03	26.34	9 284.30	5.41	43.03
15°（含）～25°	66 286.15	38.61	59 544.12	34.69	39.67	6 742.03	3.93	31.25
≥25°	49 390.12	28.77	46 351.50	27.00	30.88	3 038.62	1.77	14.08
合计	171 669.57	100.00	150 091.76	87.43	100.00	21 577.81	12.57	100.00

（三）海拔

遵义市六级耕地主要分布在海拔1 000（含）～1 200m之间，耕地面积为58 080.11hm²，占遵义市六级耕地面积的33.83％；海拔800（含）～1 000m的耕地面积为48 305.26hm²，占遵义市六级耕地面积的28.14％；海拔1 200（含）～1 400m的耕地面积为 35 540.49hm²，占遵义市六级耕地面积的 20.70％；海拔＜800m 的耕地面积为 21 069.36hm²，占遵义市六级耕地面积的 12.27％；海拔≥1 400m 的耕地面积为 8 674.35hm²，占遵义市六级耕地面积的 5.05％（表 6 - 77）。

表 6 - 77　遵义市六级耕地海拔统计表

海拔 （m）	耕地		旱地			水田		
	面积 （hm²）	占六级耕地 比例（％）	面积 （hm²）	占六级耕地 比例（％）	占六级旱地 比例（％）	面积 （hm²）	占六级耕地 比例（％）	占六级水田 比例（％）
≥1 400	8 674.35	5.05	8 237.62	4.80	5.49	436.73	0.25	2.02
1 200（含）~ 1 400	35 540.49	20.70	31 677.11	18.45	21.11	3 863.38	2.25	17.90
1 000（含）~ 1 200	58 080.11	33.83	48 831.58	28.45	32.53	9 248.53	5.39	42.86
800（含）~ 1 000	48 305.26	28.14	42 137.01	24.55	28.07	6 168.25	3.59	28.59
＜800	21 069.36	12.27	19 208.44	11.19	12.80	1 860.92	1.08	8.62
合计	171 669.57	100.00	150 091.76	87.43	100.00	21 577.81	12.57	100.00

四、土壤属性

遵义市六级地土壤类型主要有石灰土、粗骨土、紫色土、黄壤、水稻土，分别占遵义市六级地面积的 33.01％、20.79％、17.73％、15.22％、12.57％。

遵义市六级地土种主要有岩泥土、大土泥土、砾石白云砂土、扁砂土、扁砂泥土、岩砂土、砾质扁砂石灰土、中性紫泥土、中性紫砂土，分别占遵义市六级地面积的 17.62％、10.94％、10.47％、3.72％、5.48％、3.69％、3.59％、3.34％、2.35％。

遵义市六级地成土母质主要有石灰岩残坡积物、石灰岩坡残积物、白云岩坡残积物、白云灰岩/白云岩坡残积物、页岩坡残积物、灰绿色/青灰色页岩坡残积物、棕紫色页岩坡残积物、紫色砂岩/紫色砾岩坡残积物、变余砂岩/砂岩/石英砂岩等风化残积物，分别占遵义市六级地面积的 17.62％、14.27％、10.47％、7.52％、6.38％、5.40％、3.34％、2.80％、2.25％。

遵义市六级地剖面构型主要有 A-C、A-AH-R、A-B-C、A-BC-C、Aa-Ap-P-C，分别占遵义市六级地面积的 36.57％、17.62％、16.85％、9.19％、5.18％。

五、生产性能

遵义市六级地主要是山地。田间机耕道、生产便道、沟渠等基础设施建设不足，抗旱能力及灌溉能力弱，交通条件差。主要种植模式为水稻-油菜、水稻、玉米-马铃薯、玉米、玉米-红薯、蔬菜-蔬菜、玉米-蔬菜、高粱-绿肥、高粱、蔬菜-蔬菜等，一年一熟或两熟，耕地复种指数不高，耕地利用不好，常年周年产量水田为 6 000kg/hm² 以下，旱耕地为 3 000kg/hm² 以下。

第七章
耕地利用与改良

遵义市现有国土面积 30 767km²，耕地面积 845 364.92hm²（2011 年底国土调查数据），其中水田面积 259 622.25hm²，旱地面积 58 5742.67hm²。2014 年末总人口（统计年鉴）787.03 万人，人均占有耕地面积 0.11hm²，与贵州人均基本持平，比全国人均面积 0.09hm² 高 0.02hm²，比世界人均耕地面积 0.26hm² 低 0.15hm²，耕地资源十分有限。遵义市上等肥力耕地面积为 153 691.28hm²，占遵义市耕地总面积的 18.18%，其中旱耕地面积 81 991.16hm²，占遵义市耕地面积的 9.70%，水田面积 71 700.12hm²，占遵义市耕地面积的 8.48%；中等肥力耕地面积为 359 093.24hm²，占遵义市耕地总面积的 42.48%，其中旱地面积 232 192.56hm²，占遵义市耕地面积的 27.47%，水田面积 126 900.68hm²，占遵义市耕地面积的 15.01%；下等肥力耕地面积为 332 580.40hm²，占遵义市耕地总面积的 39.34%，其中旱地面积 271 558.95hm²，占遵义市耕地面积的 32.12%，水田面积 61 021.45hm²，占遵义市耕地面积的 7.22%。遵义市中低产田土耕地面积 691 673.64hm²，占遵义市耕地面积的 81.82%，说明遵义市中低产田土面积比例大。这与第二次土壤普查遵义市中低产田土占遵义市耕地面积比例 74.94% 有增大趋势。为此，需对遵义市耕地土壤尤其是中低产田土进行培肥改良利用，提高耕地土壤产出率。

第一节　耕地利用现状

一、耕地利用方式

遵义市耕地利用主要以种植农作物为主。以 2014 年统计数据（表 7 - 1）为例，2014 年遵义市农作物种植面积 1 302 152hm²，全年粮食总产量 290.33 万 t。其中夏粮播种面积 238 986hm²，占遵义市播种面积的 18.35%，总产量 65 万 t；秋粮播种面积 534 945hm²，占遵义市播种面积的 41.08%，总产量 225.33 万 t；经济作物播种面积 204 561hm²，占遵义市播种面积的 15.71%，总产量 38.06 万 t；蔬菜及其他作物播种面积 323 660hm²，占遵义市播种面积的 24.86%，总产量超过 573.97 万 t。粮食作物：经济作物＝6：4。

水田利用主要以水稻、油菜、蔬菜为主，一年一熟、两熟或三熟；旱地利用以玉米、烤烟、薯类、蔬菜轮作、间作、套作为主，一年一熟、两熟或三熟。绿肥种植方式有净作、套作、间作、混播。水田绿肥品种主要以紫云英为主，旱地绿肥品种主要以箭舌豌豆、光叶紫花苕为主，兼用绿肥品种主要以油菜、蚕豆、豌豆、紫花苜蓿、萝卜为主（表 7 - 1）。

表 7 - 1　遵义市 2014 年农作物播种面积及产量

项目名称		播种面积（hm²）	单产（kg/hm²）	总产（万 t）
夏粮	马铃薯	172 758.00	3 113.03	53.78
	小麦	29 158.00	2 369.85	6.91
	豆类	37 070.00	1 162.67	4.31
秋粮	水稻	159 895.00	5 708.12	91.27
	玉米	153 798.00	4 815.41	74.06
	高粱	59 915.00	3 536.68	21.19
	大豆	41 041.00	1 593.53	6.54
	薯类	120 296.00	2 682.55	32.27
经济作物	油菜	132 709.00	1 929.79	25.61
	烟叶	61 373.00	1 748.33	10.73
	花生	10 479.00	1 641.38	1.72
其他作物	蔬菜、瓜类	219 958.00	18 112.09	398.39
	青饲料	30 002.00	41 600.00	124.81
	绿肥	26 793.00	16 800.00	45.01
	中药材	34 530.00	1 668.11	5.76
	其他	12 377.00	——	——
合计		1 302 152.00		

二、耕地利用程度

以 2014 年统计数据（表 7 - 2）为例，遵义市农作物播种面积 1 302 152.00hm²，遵义市耕地总面积 843 631.80hm²，平均复种指数 152.97％。遵义县复种指数最大，为 206.13％，桐梓县最小，为 117.71％。说明遵义县耕地利用较好，桐梓县需加强耕地利用。与"十一五"相比，"十二五"期间遵义市农作物播种面积共增加 73 563.0hm²，平均每年增加 14 172.6hm²，耕地面积则从 2011 年的 845 364.92hm² 减少到 2015 年的 842 300.00hm²，平均每年减少耕地 40.87hm²。由此可以看出，虽然每年耕地面积减少，但农作物播种面积逐年上升。说明"十二五"期间遵义市耕地利用总体情况较好。总体上，水田比旱地利用充分；水热、交通及田间基础设施等生产条件较好地区，耕地利用较好。

表 7 - 2　遵义市耕地利用程度

县（区、市）	土地面积（hm²）	耕地面积（hm²）	耕地面积占该区域土地面积比例（％）	农作物播种面积（hm²）	复种指数（％）
红花岗区	60 129.52	16 370.74	27.23	24 459.00	149.41
汇川区	70 870.43	20 357.79	28.73	28 600.00	140.49
遵义县	409 376.75	124 648.14	30.45	256 940.00	206.13
桐梓县	320 760.68	100 633.17	31.37	118 454.00	117.71

（续）

县 （区、市）	土地面积 （hm²）	耕地面积 （hm²）	耕地面积占 该区域土地 面积比例（%）	农作物播种 面积（hm²）	复种指 数（%）
绥阳县	254 639.78	73 169.68	28.73	109 845.00	150.12
正安县	258 976.90	74 499.78	28.77	105 078.00	141.04
道真县	215 596.89	51 568.84	23.92	77 952.00	151.16
务川县	277 463.64	61 205.92	22.06	97 638.00	159.52
凤冈县	188 509.43	57 297.66	30.40	74 144.00	129.40
湄潭县	186 552.89	57 232.62	30.68	81 671.00	142.70
余庆县	162 192.96	47 320.71	29.18	72 219.00	152.62
习水县	307 427.17	81 500.39	26.51	118 092.00	144.90
赤水市	185 198.58	23 031.53	12.44	42 223.00	183.33
仁怀市	178 991.52	54 794.83	30.61	94 837.00	173.08
合计/平均	3 076 687.14	843 631.80	27.42	130 2152.00	152.97

注：采用2014年统计数据做分析。

三、耕地利用存在问题

2014年末遵义市人均占有耕地面积 0.11hm²，与贵州人均基本持平，比全国人均 0.09hm² 高 0.02hm²，比世界人均耕地面积 0.26hm² 低 0.15hm²。若按遵义市每年 320 万吨粮食总量，基本能满足遵义市 787 万人民人均口粮 400kg 供给。若按遵义市常年总产量 280 万吨产量指标算，人均口粮只有 355kg，离人均口粮 400kg 尚差 45kg。为此，需加大耕地利用水平，提高耕地产出率，以满足遵义市人均口粮需要。《遵义市"十三五"农业发展规划》提出，每年粮食总产量稳定在 260 万吨以上，同时要围绕茶叶、蔬菜（辣椒）、中药材、干鲜果、生态畜牧业等五大主导产业，做优烤烟、酒用高粱、特色食粮、马铃薯、竹等五大特色产业，实现遵义市农业区域化、规模化、标准化、生态化生产。综合来看，遵义市耕地利用存在以下问题：

（一）用养失调

重用地，轻养地，用地与养地失调。据调查统计，遵义市耕地土壤有机肥用量平均为 12 750kg/hm²，有机肥施用少。一些地方在化肥施用种类和结构上重氮肥和磷肥、轻钾肥和微肥，在施肥方式上浅施、表施、撒施现象时有发生，在施肥时期上重基肥、轻追肥等，导致肥料利用率不高，土壤养分含量低，土壤贫瘠，土壤肥力不高，耕地产出率低。

（二）耕地撂荒

由于农业比较效益低下，农业增产不增收，导致农民种植积极性不高，农村大量青壮年外出进城务工，而在农村从事农业的主要是"三八（妇女）九九（老人）六一（儿童）"

军团，受体能、技能等多种因素制约，加之受自然、市场、病虫等多重风险的影响，耕地粗放经营、撂荒、闲置等普遍存在，耕地得不到充分利用，耕地利用水平下降，尤其是在生产和生活条件较差的老、少、边、穷地区。

（三）耕地破碎，坡耕地及中低产田土面积大

遵义市地处云贵高原东侧斜坡地段，地貌主体为亚热带岩溶化高原山区，是全国唯一没有平原地貌支撑的内陆省份。耕地破碎、坡耕地及中低产田土面积大，是遵义市耕地利用效率不高，同时也是制约遵义市农业可持续发展的限制因素。

耕地破碎。据资料统计，坡度在 6 度以下，集中连片、面积 1 万亩以上的大坝耕地 7 个，面积 10 093.87hm²，占遵义市耕地总面积的 1.19%；1 千亩以上大坝耕地 104 个，面积 18 073.32hm²，占遵义市耕地面积的 2.14%。其余耕地占 96.57%。从遵义市耕地地力评价可以看出，遵义市耕地评价单元达 463 867 个，每个评价单元耕地面积 1.02hm²。说明遵义市耕地评价单元多，每个评价单元耕地面积小，耕地十分破碎、分散。

坡耕地面积大。遵义市 15°以上坡耕地 483 317.14hm²，占遵义市耕地总面积的 57.17%；25°以上坡耕地 186 712.62hm²，占遵义市耕地总面积的 22.09%。

中低产田土比例大。遵义市中下等肥力耕地 691 673.64hm²，占遵义市耕地总面积的 81.82%，其中旱地面积 503 751.51hm²，占遵义市耕地面积的 59.59%，占遵义市旱耕地面积的 86.00%；水田面积 187 922.13hm²，占遵义市耕地面积的 27.23%，占遵义市水田面积的 72.38%。

耕地破碎，坡耕地及中低产田土面积大，说明规模以上连片耕地面积不大，耕地陡峭不平，土壤肥力低下，不易耕作，耕地利用效率不高。

（四）海拔落差大，山体切割严重，地形条件较差

遵义市地处云贵高原向湘西丘陵和四川盆地过度的斜坡地带，由于境内大娄山山脉沿构造线呈西南向，自然把遵义市分为南部低山丘陵宽谷盆地区（湄潭县、凤冈县、余庆县、红花岗区、汇川区、播州区及绥阳县南部）和北部山地峡谷区（务川县、正安县、道真县、桐梓县、仁怀市、赤水市、习水县、播州区及绥阳县北部）。南部低山丘陵宽谷盆地区地貌以低山丘陵和宽谷盆地为主，是贵州高原的主体部分。除个别山峰海拔高于 1 400m 外，一般海拔 800~1 000m，地表相对起伏不大，相对高差多在 100~200m 之间。丘陵分布较广，低山插花分布于丘陵、盆地之间，山形破碎，山势不高，地势较开阔平坦，耕地较为集中连片，田多土少，坝田坝土多，灌溉及耕作条件较好，耕地利用程度较高。北部山地峡谷区地势南高北低，大娄山脉从西南向东北方向延伸贯穿境内，山体巨大，河流侵蚀及地形切割强烈，山高、谷深、坡陡是该区地貌的共同特点。海拔除北部边缘河谷低于 500m，部分地区高于 1500m 外，大部分地区在 900~1 500m 之间，相对高差在 500~700m 之间。该区域耕地比较分散，坝田坝土很少，梯田坡土占该区域耕地面积的 70%以上。同时地下水位较高，冷浸水多，中低产田土面积占遵义市中低产田土面积的 85%。

总体上，遵义市耕地地貌类型复杂，按山地、丘陵、坝地三大类划分来看，山地占 78.63%，丘陵占 16.41%，坝地占 4.96%。由于山地丘陵多，坝地少，耕地多分布于丘

陵山地的斜坡上，坡度大，土层薄，耕作层浅，土壤的保水保肥能力低，抗旱能力差，耕作困难，耕地利用效率差。

（五）水资源缺乏，水利化程度低，基础设施条件差，抗御自然灾害能力不强

遵义市河流属长江流域水系，以大娄山脉为界，南北分属乌江和长江上游干流区两大水系。遵义市多年平均地表水资源量为 172.4 亿 m³，平均产水量 58.44 万 m³/km²，人均占有水量 2 283.7m³，只相当于世界人均水平的 1/4，居世界第 109 位，是世界上人均占有水资源最贫乏的 13 个国家之一；耕地平均占有水量 21 338.8m³/hm²。遵义市大多山塘水库和田间沟渠等基础设施建设滞后，抗旱能力不强，"有土没水"是遵义市大多地区的共性，尤其在仁怀市等降雨量较少区域表现更为明显。由于水资源匮乏，水利化程度低，耕地灌溉得不到有效保证，抗旱能力差，大多地方水田已水改旱。水利、田间道路等基础设施条件差，水改旱的大量出现，势必影响耕地的有效利用，对遵义市农业可持续发展将产生不良影响。

（六）耕作层土壤未充分剥离利用，耕地土壤质量持续下降

耕作层土壤是耕地精华，农业生产的物质基础，是粮食综合生产能力的根本保障。耕作层土壤剥离再利用是保护优质土壤资源、强化耕地保护的重要举措。长期以来，占用耕地后把耕作层土壤当土料使用甚至废弃。据遵义市土地利用变更调查资料统计，"十二五"期间遵义市非农建设占用耕地 8 565.17hm²，平均每年非农建设占用耕地 1 713.03hm²。按照《遵义市土地利用总体规划》，2020 年遵义市非农建设占用耕地规模达 15 100hm²，若对耕作层（0～20cm）土壤进行剥离，需剥离耕作层土壤 30 200 000m³，对剥离的耕作层土壤进行利用，相当于再造 17 448hm² 耕地。按每 hm² 耕地每年生产粮食 7 500kg 计算，每年可生产粮食 130 860 吨，可以弥补粮食缺口需要。

遵义市在耕作层土壤利用方面进行了一些探索，积累了一些经验。按照贵州省人民政府办公厅《贵州省非农业建设占用耕地耕作层剥离利用试点工作实施方案》（黔府办发【2012】22 号文）以及遵义市人民政府下发的《遵义市非农业建设占用耕地耕作层土壤剥离利用实施办法（试行）》（遵府办发【2013】6 号）文件要求，各市（州）人民政府 2012 年 6 月 30 日至 2014 年 6 月 30 日在本辖区范围内确定 1～3 个县（市、区、特区）开展耕地耕作层剥离利用包括剥离、存储管理和利用试点工作。遵义市选择播州区（原遵义县）、仁怀市、赤水市等开展相关工作。从近几年工作开展情况来看，非农建设用地在用地预审前基本编写了项目建设耕作层土壤剥离实施方案，但在实际工作中，建设用耕地耕作层土壤基本未剥离利用。耕作层、底土层被打乱，底土层土壤暴露土表，导致耕作层土壤肥力下降。目前，遵义市在耕作层土壤剥离中由于配套政策不完善；制度不保障；资金落实困难；剥离利用存在空间和时间上的差异；技术储备不足等问题，导致耕作层土壤谁来剥离（耕作层土壤剥离再利用工作的责任主体亦即实施单位是谁——建设用地单位）、钱从哪来（耕作层土壤剥离再利用工作资金来源——政府土地出让金、建设用地单位建设项目总投资、土地开发整理专项资金）、怎么剥离（剥离程序——建设项目占用耕地用地预审前要编制建设项目耕作层土壤剥离实施方案，然后按照方案实施）、如何利用（剥离土壤——

土地整治、耕地质量提升、土壤改良及其他城市景观绿化等）等问题还需进一步探究。为此，在下步工作中需要出台政策，强化行政保障；筹集资金，保证专项经费；科学规划，保障有序推进；健全措施，规范操作程序；完善技术标准、引入市场机制等，使耕地耕作层土壤得到充分剥离利用，耕地土壤质量得到提高，耕地利用得到加强。

（七）耕地被占用和非法占用耕地时有发生

近些年，由于城镇化、工业化等非农建设占用耕地面积的加大，许多良田好土被占用，致使耕地数量逐年减少的同时，耕地质量总体在降低。据统计，"十二五"期间遵义市非农建设占用耕地 8 565.17hm²，平均每年建设占用耕地 1 713.03hm²。同时由于管理等多方面原因，非法占用耕地、占而不用等现象也时有发生，导致耕地利用效率降低。

四、耕地利用与保养建议

（一）推行用养结合

一是增施有机肥，科学施肥，提高地力。有机肥既是提供作物营养、实现农业增产增收的需要，也是保护土壤肥力与农村环境、实现农业循环经济的需要。要广辟有机肥源，种植绿肥，实施秸秆还田，增施农家肥，商品有机肥等。同时要加大测土配方施肥成果推广应用，使有机肥、无机肥在施用量、施用时期、施用比例、施用方式等方面达到有机统一，提高科学施肥水平，从而提高土壤肥力，提高土地产出率。二是开展轮作休耕。耕地是最宝贵的资源，也是粮食生产的命根子。因此耕地轮作休耕是巩固提升粮食产能的关键。实行耕地轮作休耕，既有利于耕地休养生息和农业可持续发展，又有利于平衡粮食供求矛盾、稳定农民收入、减轻财政压力。通过耕地轮作休耕，能全面提升农业供给体系的质量和效率。2016 年全国开展轮作休耕试点，其中轮作面积 33.33 万 hm²；休耕 8.00 万 hm²，其中贵州省 0.27 万 hm²。2017 年农业部下达贵州省休耕计划指标为 20 万亩，每亩补助 500 元。遵义市凤冈县、习水县分别承担 4 万亩、1 万亩计划指标。休耕主要是选择 25°以下坡耕地和瘠薄地的两季作物区，通过调整种植结构，种植豆科作物，实施秸秆还田，增施有机肥等，通过改种防风固沙、涵养水分、保护耕作层的植物，同时减少农事活动，促进生态环境改善。

（二）调整种植结构

由于常规农业常规作物种植比较效益低下，农民种植积极性不高，导致耕地撂荒现象普遍存在，耕地利用效率低下。为此，需加大结构调整，种植附加值比较高的经济作物。从遵义市 2014 年农作物种植统计资料看，粮食作物：经济作物＝6∶4。要使粮食作物：经济作物＝4∶6，还需加大对蔬菜、辣椒、干鲜水果、油菜、烤烟、药材等经济作物的种植，并实行精耕细作，以最大限度增加种植效益。同时还应加大耕地的规模流转力度，强化规模种植效益，从而提高耕地利用效率。从目前遵义市统计资料看，遵义市耕地集中流传面积 126 666.67hm²，占遵义市耕地面积的 15.01%。遵义市在土地流转方面主要用于蔬菜、水果、烤烟、药材等作物种植。总体上看遵义市耕地流转面积还不大，结构调整力度还不够。

（三）加大高标准农田建设

为解决耕地破碎，强化农田基础设施建设，规范推进农村土地整治工作，大力加强旱涝保收、高产稳产高标准基本农田建设，促进耕地保护和节约集约利用，保障国家粮食安全，促进农业现代化发展和城乡统筹发展，国土资源部 2011 年 9 月印发了"《高标准基本农田建设规范（试行）》的通知（国土资发〔2011〕144 号）"，明确规定要加大田土块的平整度、田土块大小及田间道路、沟渠等基础设施建设，增强防御自然灾害能力建设，达到"旱能灌、涝能排、渠相通、路相通"，综合提升土壤产出能力，从而实现耕地持续及高标准利用。据资料，"十二五"期间遵义市高标准农田建成面积 68 520.00hm²，占遵义市耕地面积的 8.13%。"十三五"遵义市高标准农田规划面积 137 333.33hm²。

（四）严格依法保护耕地

耕地保护是我国的一项基本国策。根据《土地管理法》规定，国家保护耕地，严格控制耕地转为非耕地，国家实行占用耕地补偿制度。非农业建设经批准占用耕地的，按照"占多少，垦多少"的原则，由占用耕地的单位负责开垦与所占用耕地的数量和质量相当的耕地。

要采取多种途径保护耕地的数量和质量。一是保护基本农田。《基本农田保护条例》明确指出，县级和乡（镇）土地利用总体规划应当确定基本农田保护区，省、自治区、直辖市划定的基本农田应当占本行政区域内耕地总面积的 80% 以上，铁路、公路等交通沿线，城市和村庄、集镇建设用地区周边的耕地，应当优先划入基本农田保护区。禁止任何单位和个人在基本农田保护区内建窑、建房、建坟、挖沙、采石、采矿、取土、堆放固体废弃物或者进行其他破坏基本农田的活动。二是开发耕地后备资源。在保护和节约用地的同时，要与开发耕地后备资源有机结合。对非农建设占用耕地应按照"占补平衡"原则进行补偿，保持现有耕地面积长期稳定，总量平衡。三是遏制耕地撂荒。通过土地流转，加大财政补助投入，在种植大户、专业合作社等新型农业经营主体的带动下，实行规模化种植、标准化生产、市场化经营，强化种植比较效益，遏制耕地撂荒现象发生，提高耕地利用效率。四是清理占而未用的闲置耕地。耕地占而不用、低效利用等时有发生。一方面建设用地应尽量不占或少占用耕地，另一方面应清理非法占用耕地和占而不用的闲置耕地等，以最大限度提高耕地利用效率和耕地产出率。五是改造中低产田土。遵义市耕地中低产田土面积大，这是制约遵义市耕地利用及农作物单产水平提高的不利因素。为此，需对中低产田土进行水利、田间机耕道等生产条件进行全面改善，采取工程、农艺及生物措施，全面提高耕地质量及利用水平。

（五）要防治土壤污染退化

工业"三废"排放及农业废旧薄膜乱丢乱放、污水灌溉、农药和化肥的不合理施用等，是造成土壤污染退化的主要原因。为此，在农业生产中，要加强对农业灌溉水源的管理，严禁使用受污染的灌溉水源或直接使用工业污水灌溉农田；要加强肥料、农药市场质量监督和科学施用管理，防治假冒伪劣肥料和农药流入市场，同时对肥料和农药田间科学施用进行指导，防治盲目施用化肥和农药对土壤造成危害。为切实加强土壤污染防治，逐步改善土壤环境质量，减少农村面源污染，2016 年 5 月 28 日国务院出台并印发《土壤污染防治行动计划》（以下简称《计划》）。《计划》从开展土壤污染调查，掌握土壤环境质量状况；推进土壤污染防治立法，建立健全法规标准体系；实施农用地分类管理，保障农业生产环境安全；实施建设用地准入管理，防范人居环境风险；强化未污染土壤保护，严控新增土壤污染；加强污染源监管，做好土壤污染预防工作；开展污染治理与修复，改善区域土壤环境质量；加大科技研发力度，推动环境保护产业发展；发挥政府主导作用，构建土壤环境治理体系；加强目标考核，严格责任追究等十个方面提出了明确要求。《计划》明确提出，要合理使用化肥。鼓励农民增施有机肥，减少化肥使用量。加强农药包装废弃物回收处理，推行农业清洁生产，开展农业废弃物资源化利用试点，形成一批可复制、可推广的农业面源污染防治技术模式。严禁将城镇生活垃圾、污泥、工业废物直接用作肥料。到 2020 年，全国主要农作物化肥、农药使用量实现零增长，利用率提高到 40％以上，测土配方施肥技术推广覆盖率提高到 90％以上。加强废弃农膜回收利用。严厉打击违法生产和销售不合格农膜的行为。建立健全废弃农膜回收贮运和综合利用网络，开展废弃农膜回收利用试点。为有效循环回收利用废弃农用薄膜及农药包装物，遵义市政府于 2015 年在遵义县、正安县、绥阳县、习水县、湄潭县、凤冈县等 6 县开展试点，下达项目资金 300 万元，这为防治农业废旧农用薄膜及农药包装物乱丢乱放，避免和减轻土壤污染将起到很好的示范带动作用。

（六）加强耕地资源及信息系统建设，提高耕地保护水平

一是开展耕地资源可持续利用、耕地资源信息化、耕地资源科学管理等平台研发，利用科学技术手段，对耕地实现快速和准确的动态监测；二是开展遵义市耕地土壤资源管理与土壤墒情监测服务平台等建设，实现耕地资源数据的现代化管理。

遵义市耕地利用程度总体较高，垦殖率、复种指数、粮食单产、集约化程度近年来都有了大幅度的提高。但是由于环境条件，生产条件和经济水平的制约，耕地利用程度要进一步提高，还十分困难。合理利用每一寸土地，切实保护耕地资源，必须作为遵义市社会经济发展长期坚持的基本原则。"但留方寸土，留与子孙耕"，保护耕地需要全社会的共同参与。

第二节　耕地利用主要障碍因素与中低产耕地面积分布

一、耕地利用主要障碍因素

（一）基础设施薄弱，抗御自然灾害的能力不强

遵义市大部分山塘、水库、沟渠等基础设施都建于 20 世纪六七十年代，由于运行时间长，老化失修，灌不进、排不出的问题十分突出，导致"丰水时节留不住水，枯水时节没水用"，抗御自然灾害的能力不强。据统计，遵义市保灌耕地面积 29 257.34hm²，仅占

遵义市耕地面积的 3.46％；无灌溉能力的耕地面积为 575 839.85hm²，占遵义市耕地面积的 68.12％。近些年虽然通过高标准农田、千亿斤粮食生产能力、土地开发整治等项目实施，山塘水库、沟渠管网、生产便道等农田基础设施建设得到加强，但由于缺乏整体规划，建设的水利等设施效能发挥不高，同时田间生产及机耕等道路建设不配套，影响了农业生产和农业投入品、农产品的运输，增加了农业生产投入成本。

（二）地形复杂，坡耕地面积大

遵义市山地面积大，山地耕地面积 664 691.45hm²，占遵义市耕地面积的 78.63％。遵义市坡耕地面积大，≥15°的耕地面积为 483 317.14hm²，占遵义市耕地面积的 57.17％。其中 15°（含）～25°的耕地面积为 296 604.52hm²，占遵义市耕地面积的 35.08％；≥25°的耕地面积为 186 712.62hm²，占遵义市耕地面积的 21.09％。由于山地及坡耕地面积大，加之基础设施建设不配套，生产条件差，导致农业生产投入加大，经济效益降低，复种指数不高，耕地利用不好。

（三）酸（碱）、黏、瘦田土面积较大

据统计，遵义市耕地耕层土壤 pH<6.5 的面积 300 657.57hm²，占遵义市总耕地面积的 35.57％；耕层土壤 pH≥7.5 的面积 373 663.82hm²，占遵义市总耕地面积的 44.20％；pH 介于 6.5（含）～7.5 之间的中性耕地土壤面积 171 043.53hm²，占遵义市总耕地面积的 20.23％。说明遵义市耕地酸性和碱性土壤面积大，中性土壤面积小。势必对大多数作物生长要求的中性土壤环境带来不利影响。

遵义市耕层土壤质地为黏土的耕地面积 542 952.67hm²，占遵义市总耕地面积的 62.23％，其中轻黏土 310 189.75hm²，占遵义市总耕地面积的 36.69％，中黏土面积 216 319.54hm²，占遵义市总耕地面积的 25.59％，重黏土面积 16 443.38hm²，占遵义市总耕地面积的 1.94％。质地越黏，土壤较为板结，通透性不好，作物产量不高，导致耕地利用不好。

遵义市耕地土壤有机质<20g/kg 的耕地面积 107 477.22hm²，占遵义市耕地面积的 12.71％。其中，水田有机质含量<20g/kg 的面积为 31 579.39hm²，占遵义市水田面积的 12.16％，旱地有机质含量<20g/kg 的面积为 75 897.83hm²，占遵义市旱地面积的 12.96％。

（四）投入大，风险大，成本高，效益低

近年来，农业生产成本快速攀升，农资投入不断上扬，劳动力成本大幅增加，加之受国际大宗农产品市场价格的冲击，在成本"地板"和价格"天花板"的双重挤压下，农产品的价格没有市场优势，利润空间少，特别是农产品生产第一车间（田间）亏损现象严重，出现菜贱（肉贱）和粮油价格下跌伤农，农产品的比较经济效益较低，受市场、自然、病虫等多种因素影响，从事农业生产经营者的积极性不高，很大程度限制了耕地的生产利用。

二、中低产耕地面积分布

依据农业部 1997 年颁布的《全国耕地类型区、耕地地力等级划分》（NY/T 309—

1996）标准，综合第二次土壤普查及此次土壤养分检测等有关信息，利用"县域耕地资源管理信息系统"软件对遵义市耕地进行评价分类，结果见表7-3。

表7-3　遵义市中低产田土耕地面积分布情况统计

县 （区、市）	中产耕地		低产耕地		中低产耕地合计	
	面积 （hm²）	占该区域耕地面积比例（%）	面积 （hm2）	占该区域耕地面积比例（%）	面积 （hm²）	占该区域耕地面积比例（%）
红花岗区	21 364.90	47.31	11 485.63	25.43	32 850.53	72.74
汇川区	15 202.20	37.25	19 338.42	47.39	34 540.62	84.64
播州区	37 206.82	47.79	22 732.65	29.20	59 939.47	76.99
桐梓县	33 541.53	33.28	57 837.62	57.39	91 379.15	90.67
绥阳县	32 670.90	44.76	19 373.47	26.54	52 044.37	71.30
正安县	31 905.65	43.51	31 284.98	42.66	63 190.63	86.17
道真县	23 107.86	44.73	22 272.13	43.12	45 379.99	87.85
务川县	29 706.81	48.66	26 220.17	42.95	55 926.98	91.61
凤冈县	29 784.00	51.67	11 750.13	20.38	41 534.13	72.05
湄潭县	22 209.05	38.86	11 673.89	20.43	33 882.94	59.29
余庆县	20 452.65	43.85	13 502.99	28.95	33 955.64	72.80
习水县	31 309.64	38.24	45 531.51	55.61	76 841.15	93.85
赤水市	13 062.34	55.96	8 580.37	36.76	21 642.71	92.72
仁怀市	17 568.89	31.90	30 996.44	56.29	48 565.33	88.19
合计	359 093.24	42.48	332 580.40	39.34	691 673.64	81.82

　　遵义市现有中低产耕地 691 673.64hm²，占遵义市耕地面积的 81.82%。其中水田 187 922.13hm²，占遵义市耕地面积的 22.23%；旱地 503 751.51hm²，占遵义市耕地面积的 59.59%。习水县、赤水市、务川县、桐梓县中低产耕地占该县（市）耕地面积比例较大，分别为 93.85%、92.72%、91.61%、90.67%，绥阳县、湄潭县中低产耕地占该县耕地面积比例较小，分别为 71.30%、59.29%。

　　中产地多分布在中山、丘陵等地形部位，灌溉能力不强。土壤类型主要以石灰土、黄壤、水稻土等 3 个土类为主，土壤养分基本处于中等偏上水平，增产潜力较大。低产地多分布在丘陵坡腰、中山坡腰和低中山坡顶等部位，灌溉能力弱。土壤类型主要以石灰土、黄壤、水稻土等为主，土壤发育熟化程度不高，土壤养分含量较低。

第三节　中低产田土改良利用划分

一、划分依据

（一）划分原则

　　根据区域性耕地土壤资源和土壤类型、自然和社会经济条件、土壤利用现状和生产力水平、土壤肥力状况和限制农业生产的主要因子，为提高土壤肥力为重点，在保持一定区域耕地资源完整性的基础上，进行中低产田土耕地改良利用划分。目的是制定耕地土壤的合理利用、不良土壤环境和土壤性状的改良方案，达到充分利用和发挥耕地土壤资源的潜力，有效的改良中低产田土，提高耕地产出率。

（二）划分因子的确定

根据中低产田土耕地改良利用划分原则，遵循主要因素原则、差异性原则、稳定性原则、敏感性原则，进行限制主导因素的选取。考虑与耕地地力评价中评价因素的一致性、各土壤养分的丰缺状况及其相关要素的变异情况，选取耕地土壤有机质含量、质地作为耕地土壤理化养分状况的限制主导因子，选取地貌、地形坡度、灌溉能力、排水能力、土体厚度作为耕地自然环境状况的限制性主导因子。

（三）划分标准

根据农业部《全国中低产田类型划分与改良技术规范》《贵州省中低产田类型划分与改良技术规范》，针对影响遵义市耕地利用水平的主要因素，综合分析目前遵义市各耕地改良利用因素的现状水平，同时邀请相关专家进行分析，制定了中低产田土耕地改良利用主导因子的划分及改良利用类型的确定标准（表7-4）。

表7-4　遵义市中低产田土耕地改良利用主导因子划分标准

耕地改良划分	限制因子	划分标准
坡地梯改型	地面坡度（°）	6（含）~25
	地貌	山地
瘠薄培肥型	有机质（g/kg）	<20
	土体厚度（cm）	<60
干旱灌溉型	灌溉能力	无灌溉能力
渍潜排水型	排水能力	无排水能力

二、划分方法

以区域耕地利用方式、耕地主要障碍因素、生产条件、生产潜力、改良利用措施的相似性，参考气候条件、地貌组合类型来划分，并针对其存在的问题，分别提出相适应的改良利用意见和措施。

中低产田土耕地改良利用划分是在耕地地力评价结果的基础上，充分分析耕地地力评价各项资料，根据土壤的属性和组合特点及自然条件、地貌类型、改良措施和农业经济条件进行综合划分。

划分原则是根据地貌类型、土壤组合及土壤地力分布特征、利用方式、生产条件、主要农业生产问题、利用改良方向和措施的基本一致性。通过划分，综合反映主要土壤类型组合、自然条件对农业生产的适应性，并突出反映各类型主要限制因素和改良方向、措施等方面的差别。

三、划分结果

按照上述划分的依据和方法，将遵义市中低产田土耕地改良利用划分为 4 个类型：坡地梯改型、瘠薄培肥型、干旱灌溉型、渍潜排水型（稻田）。

（一）干旱灌溉型

干旱灌溉型主要是干旱缺水，无灌溉能力，降雨量不足或季节分配不合理，缺少必要的调蓄工程，水源得不到保证，在作物生长季节不能满足正常水分需求，但具备一定的水资源开发条件，可以通过发展灌溉加以改造的耕地，改良难易取决于水资源开发能力、开发工程量及现有田间灌溉工程水平。改良主攻方向是发展灌溉，开发水资源，修建田间水利工程设施。遵义市干旱灌溉型耕地面积为 607 915.61hm²，占遵义市耕地面积的 71.91％。面积较大的有 5 个县（区、市）：桐梓县、习水县、绥阳县、播州区、正安县，面 积 分 别 为：81 057.55 hm²、56 958.92 hm²、54 188.98 hm²、53 070.46 hm²、52 686.93hm²；分别占遵义市耕地面积的 9.59％、6.74％、6.41％、6.27％、6.23％。

（二）坡地梯改型

坡地梯改型是指耕地具有一定地面坡度［6°（含）～25°］的山地，容易造成水土流失，需要修筑梯坎、梯埂等田间水保工程进行治理改造的耕地。其主要障碍因素是地形、地面坡度大、水土流失严重。改良主攻方向是修筑石埂或土埂以及拦山沟、蓄水池等田间工程配套措施，平整土地，加厚土层，增加植被覆盖，减缓地面坡度，保持水土。遵义市坡地梯改型耕地面积为 477 127.85m²，占遵义市耕地面积的 56.44％。面积较大的有 10 个县（区、市）：桐梓县、习水县、播州区、务川县、正安县、道真县、绥阳县、凤冈县、仁 怀 市、红 花 岗 区，面 积 分 别 为 67 179.44 hm²、57 213.92 hm²、45 452.06 hm²、43 825.21 hm²、39 888.46 hm²、35 981.03 hm²、35 391.52 hm²、35 114.34 hm²、27 816.34hm²、26 217.67hm²，分别占遵义市耕地面积的 7.95％、6.77％、5.38％、5.18％、4.72％、4.26％、4.19％、4.15％、3.29％、3.10％。

（三）瘠薄培肥型

瘠薄培肥型是指由于受气候、地形、特定母质等的影响，培肥措施不合理，耕作粗放，长期浅耕，耕层浅薄，土壤结构不良，耕性差，土壤熟化度低，养分贫瘠，产量低，只有通过培肥改良，才能提高土地产出率。其主要障碍因素是土层浅薄，土壤结构差，熟化度低，养分贫瘠。改良的主攻方向是耕作制度改革与土壤培肥为主，辅之以适当的微工程措施。遵义市瘠薄培肥型耕地面积为 107 477.22hm²，占遵义市耕地面积的 12.71％。面积较大的有 8 个县（区、市）：习水县、赤水市、正安县、桐梓县、凤冈县、余庆县、绥 阳 县、务 川 县，面 积 分 别 为 26 443.46 hm²、17 128.65 hm²、12 596.55 hm²、10 656.57hm²、6 633.44hm²、5 814.42hm²、5 707.76hm²、5 134.47hm²，分别占遵义市耕地面积的 12.71％、3.13％、2.03％、1.49％、1.26％、0.78％、0.68％、0.67％、0.61％。

（四）渍潜排水型（稻田）

渍潜排水型（稻田）主要是指常年遭受季节性洪涝灾害，具有潜育层特征的水田。局部地形低洼而排水不良，土壤质地偏黏，耕作制度不当引起滞水潜育化，地下水位高或有地下水出露而排水不畅或长期人为泡冬形成次生潜育化，长期冷水、冷浸水灌溉。主要分布在地势低洼积水处、阴山峡谷坡脚、冷泉水灌溉、冷浸水出露等地段，各县（市、区）均有分布。主要障碍因素为洪涝、渍水、土壤潜育化。改良主攻方向是工程排水。据统计，遵义市渍潜排水型（稻田）面积 11 477.43hm²，占遵义市水田面积的 4.42％。

第四节　耕地质量分析及改良措施

一、耕地质量分析

根据分析汇总结果，遵义市耕地总面积 845 364.92hm²。其中，上等耕地面积 153 691.28hm²，占遵义市耕地总面积的 18.18％；中等耕地面积 359 093.24hm²，占遵义市耕地总面积的 42.48％；下等耕地面积 332 580.40hm²，占遵义市耕地总面积的 39.34％。通过对遵义市耕地质量调查和地力评价工作的开展，摸清了遵义市耕地质量状况。总体看，遵义市上等耕地面积比例小，中、下等耕地面积比例大。

二、综合改良措施

要提高中、上等耕地数量和质量，建设一批高产稳产农田，应因地制宜，采取工程、农艺和生物等措施相结合，推行耕地轮作、休耕或免耕，达到用地与养地相结合，山、水、田、林、路综合发展，综合建设耕地质量。

（一）工程措施

兴修山塘水库、积肥水坑、沟渠、田间机耕道和走道、坡改梯、深翻土壤等，增强耕地基础设施建设，提高耕地质量，最大限度提高耕地产出率。

（二）农艺措施

绿肥种植、秸秆还田、增施有机肥料、科学施肥、酸性土壤施用石灰等农艺措施是改良土壤、提高地力的有效措施，具有投入少、效果好、见效快的特点。

（三）生物措施

种植绿肥，实施秸秆覆盖，种植护埂植物，固土保水保肥。

（四）耕地轮作与休耕

1. 轮作

在同一块田地上，有顺序地在季节间或年度间轮换种植不同的作物。如绿肥∥玉米∥大豆、绿肥∥马铃薯∥玉米、绿肥∥水稻∥油菜轮作。合理的轮作能防治病、虫、草害，均衡利用土壤养分，调节土壤肥力，具有很高的生态效益和经济效益。

2. 休耕

休耕主要是减少农事活动，对耕地实行休耕。经过长期发展，我国耕地开发利用强度过大，一些地方地力严重透支，水土流失、地下水严重超采、土壤退化、面源污染加重已成为制约农业可持续发展的突出矛盾。探索耕地轮作休耕，既有利于农业可持续发展，又有利于平衡粮食供求矛盾、稳定农民收入、减轻财政压力。体现了藏粮于地、藏粮于技及用地与养地的重大战略。

3. 免耕（少耕）

不进行土壤耕作直接在耕地上播种，减少耕作机械多次作业而压实、破坏土壤结构，从而降低成本和能耗，防止水土流失和土壤风蚀，减轻环境污染，提高土地利用率。

三、中下等耕地具体改良措施

对遵义市中下等耕地中干旱灌溉型、坡地梯改型、瘠薄培肥型 3 个类型耕地土壤进行改良利用。

（一）干旱灌溉型

1. 主要生产问题

干旱灌溉型耕地面积为 607 915.61hm²，占遵义市耕地面积的 71.91%。干旱缺水是主要障碍因素。由于降雨量不足或季节分配不合理，缺少必要的调蓄工程等水利设施，水利工程设施标准和水源保证程度较低，在作物生长季节不能满足正常水分需要，影响农作物正常生长。

2. 改良措施

（1）工程措施

充分开发利用河流、地下水、天然降雨等水资源，修建完善的动力提灌、山塘水库等蓄水设施，配置完善的主、干、支、毛、农、斗渠等田间沟渠设施，充分利用水资源，提高水源灌溉保证率。

（2）农艺措施

实施秸秆还田、种植绿肥、施用农家肥、商品有机肥等增施有机肥，科学施肥；推广种植抗旱节水品种；推广薄膜覆盖；示范推广水肥一体化技术。防止并降低土壤水分蒸发，增强土壤保墒能力和农作物抗旱能力。

（二）坡地梯改型

1. 主要生产问题

坡地梯改型耕地面积为 587 569.73m²，占遵义市耕地面积的 69.50%。山势陡峭、坡度大，冲刷严重，耕性差，土壤熟化度低，土层薄，养分较贫瘠，不易耕作，农作物产量低。

2. 改良措施

（1）工程措施

修筑石埂或土埂的水平梯土，平整土地时不打乱土层，保护耕层；修建灌排水沟、拦山沟和田间便道；修建蓄水池、积肥水窖。

（2）农艺措施

实施秸秆还田、种植绿肥、施用农家肥、商品有机肥等增施有机肥，科学施肥；横坡聚土垄作；推广地膜覆盖。

（3）生物措施

在土埂上种草和护埂植物，固埂护埂防土；沿等高线种草或多年生植物，固土保水保肥。25°以上坡耕地应退耕还林。

（三）瘠薄培肥型

1. 主要生产问题

瘠薄培肥型耕地面积为 11 477.43hm²，占遵义市耕地面积的 4.42%。土层薄，肥力低，耕性差，土壤熟化度低，不易耕作，农作物产量低。

2. 改良措施

（1）工程措施

深翻土壤，增厚土层，熟化耕作层。深翻达到增厚土层的目的，还可采取客土填土、聚土改土、爆破改土等方式加深并熟化耕作层；修建沟渠及田间生产便道、蓄水池、积肥水窖等，加强田间基础设施建设。

（2）农艺措施

实施秸秆还田、种植绿肥、施用农家肥、商品有机肥等增施有机肥，科学施肥；采用分带轮作，种植豆科作物，实施用地与养地相结合。

（四）渍潜排水型（稻田）

1. 主要生产问题

渍潜排水型（稻田）面积 16 526.67hm²，占遵义市水田面积的 6.36%。由于其地处低洼及阴山夹沟等冷凉地带，土温低，通透性差，养分含量低，作物根系吸收养分能力弱，作物生长缓慢，产量低。

2. 改良措施

（1）工程措施

通过田间工程排水措施，增强提高排水能力。一是地面排水工程设计为二十年一遇，三日暴雨不淹田，二日内排除积水；二是三种功能的排水沟配套，即深度大于 100cm 的拦山沟和中心主排水沟，以及深度大于 60~80cm 的排渍支沟和中心主排水沟，都是石砌明沟、暗沟；三是配置完善的排灌沟渠，达到排灌相结合。

（2）农艺措施

翻耕晒田、水旱轮作、半旱式栽培、增施有机肥、科学施肥，改善水田水、肥、气、热条件。

第八章
耕地施肥管理

第一节　耕地施肥现状

一、国内施肥现状

制造、施用农家肥、土杂肥，改良土壤、培肥地力是我国传统农业的精华。1901年氮肥从日本输入我国台湾后，我国开始逐渐的施用化肥。20世纪四五十年代，农田养分投入以有机肥为主，1949年全国有机肥投入纯养分约4.8×10^6 t，占总肥料投入量99%，到20世纪90年代下降到50%左右。新中国成立以来，党和国家高度重视科学施肥工作，1950年，中央人民政府在北京召开了全国土壤肥料工作会议，商讨土壤肥料工作大计。会议提出了我国中低产田的分区与整治对策，对我国耕地后备资源进行了评估，将科学施肥作为发展粮食生产的重要措施之一，随后重点推广了氮肥，加强了有机肥料建设。1957年成立全国化肥试验网，开展了氮肥、磷肥肥效试验研究。1959—1962年组织开展了第一次全国土壤普查和第二次全国氮、磷、钾三要素肥效试验，在继续推广氮肥的同时，注重了磷肥的推广和绿肥生产，为促进粮食生产发展发挥了重要作用。1979年开展了第二次全国土壤普查，摸清了我国耕地基础信息，1981—1983年组织开展了第三次大规模的化肥肥效试验，对氮、磷、钾及中、微量元素肥料的协同效应进行了系统研究。随后，开展缺素补素、配方施肥和平衡施肥技术推广。到2003年，全国化肥施用量由1949年的1.3×10^4 t增加到4.412×10^7 t，测土配方施肥推广面积2.67×10^6 hm²；带动了我国农业生产得到持续快速发展，粮食产量达到4.31×10^8 t，棉花达到4.86×10^6 t，分别是1949年的3.8倍和10.9倍，经济作物和经济果林也得到了相应的发展，菜篮子产品丰富，瓜菜、水果产量也大幅度提高，更为重要的是，研究探索了配方施肥技术规范和工作方法，总结出了"测、配、产、供、施"一条龙的测土配方施肥技术服务模式，从2005年开始，在全国范围内让部分县区市实施农业部测土配方施肥补贴项目，到2009年全面普及实施该项目，通过大量的采集土壤样品检测、实施田间肥效试验，建立测土配方施肥项目数据库，初步建立了全国测土配方施肥技术体系。

二、贵州省施肥现状

据统计，贵州省2013年化肥生产量524.26万t（折纯，下同），农用化肥施用量99.54万t，平均亩耕地面积施用化肥22.78kg，比全国平均亩耕地施用21.9kg高出0.88kg。贵州省耕地中坡耕地面积大，中低产田土面积比例高，复种指数较高，耕地基础地力偏低。随着城镇化、工业化的发展，以及大量农村劳动力外出务工，农业机械利用综合指数的提高，以户为单位的个体养殖萎缩，农户有机肥施用量尤其是边远坡耕地的有机肥施用量急剧下降，为维持粮食和农产品产量，化肥施用量呈现逐年增加态势。当前全省化肥施用存在四个方面问题：一是施肥不均衡现象突出。中部地区和城市郊区施肥量偏高，边远山区和陡坡耕地化肥施用极低。蔬菜、果树等附加值较高的经济园艺作物过量施肥比较普遍。二是施肥结构不平衡。重化肥、轻有机肥，重大量元素肥料、轻中微量元素肥料，重氮肥、轻磷钾肥"三重三轻"问题突出。三是施用方法不科学。传统人工施肥方式仍然占主导地位，化肥撒施、表施现象比较普遍。四是忽视微肥施用。随着农作物产量的提高和化肥施用量增加，微量元素不足现象日趋严重。

三、遵义市施肥现状

遵义市 20 世纪五六十年代，农田养分投入以有机肥为主。20 世纪六十年代初遵义磷肥厂建成，开始行政干预推广磷肥施用。遵义氮肥厂建成投产，陆续以行政干预方式推广氮肥（碳酸氢铵）。贵州赤水天然气化肥厂始建于 1974 年 10 月，1978 年 10 月建成投产，由此遵义已经有推广氮肥和磷肥的历史，20 世纪七十年代末八十年代初贵州赤天化股份有限公司生产的尿素在遵义地区迅速推开，随着土地承包经营的起步，给遵义农业带来了翻天覆地的变化。八十年代中后期人们尝到了化肥带来的巨大增产效益，同时为了保障自己的耕地能够持续高产，有机肥和化肥投入也增加。随着改革开放的不断深入，以经济建设为中心，到九十年代中后期，农民工进城务工，农村经济收入增加，农村劳动力发生大量转移，土地耕种习惯也悄然发生了改变，由于农村青壮年劳动力的减少，养猪、养牛户迅速减少，有机肥投入逐渐减少，化肥成为肥料主要投入品。根据统计局数据，进入新世纪的 2001—2014 年的 14 年间，遵义市化肥用量（纯量）从 1.45×10^5 t 增加到 2.24×10^5 t，净增 7.89×10^4 t，增长 54.47%。随着改革开放的深入，城镇化建设步伐加快，高速铁路、高速公路等一批现代化设施建设，土地占用十分严重，尽管遵义市有 823 148.2hm² 耕地保有量红线，国土部门开展了用于占补平衡的土地开发，由于新开发土地都处于边缘地方，农民不愿耕种，原因是以前耕种过的熟化土壤都休闲撂荒或者退耕还林，耕种土地面积减少而化肥施用量增加，意味着单位面积化肥施用量增加更大。

四、耕地施肥存在问题及主要作物施肥现状

随着化肥用量的增加，有机肥的施用比例逐年下降，施肥目标也进行了 3 次大的调整。第一次是 20 世纪 80 年代中期，以单纯追求作物"高产"为目标，氮、磷、钾肥相继得到大面积的推广应用，施肥效益不断增长。第二次是 20 世纪 80 年代中期到 20 世纪末，以"两高一优"（高产、高效、优质）为目标，广泛开展复混肥示范推广，单质肥料由低浓度向高浓度方向发展，复混（合）肥料开始大面积推广应用，化肥施用总量迅速增加。但由于大部分地区忽视土壤测试和田间肥效试验，盲目施肥现象普遍，施肥效益开始下降。第三次是进入新世纪以后，以"优质、高产、高效、生态、安全"为目标，全面进入生产与生态并重的施肥阶段。通过作物田间肥效试验的不断探索，提出了不同作物

需肥配方，建立了作物智能化施肥系统。但受农村千家万户小规模生产的限制，施肥方式、施肥时期、施肥比例千差万别，重产出轻投入、重化肥轻有机肥、重大量元素轻中微量元素。根据作物施肥情况调查看（表 8-1），除果树外，钾肥的施用比例不足，很少甚至没有施用中微量元素肥料的习惯。可以看出在旧的工作机制不适应形式发展的需要，而新的工作机制又没有建立起来的情况下，由于投入严重不足，这些先进的施肥技术一直停留在小面积、小范围试验示范层面，习惯施肥甚至盲目施肥的现象仍十分普遍。

表 8-1 作物施肥情况调查表

作物	作物需肥比例	调查结果
水稻	N：P_2O_5：K_2O=1：0.5：1.2	N：P_2O_5：K_2O=1：0.42：0.75
玉米	N：P_2O_5：K_2O=1：0.35：0.85	N：P_2O_5：K_2O=1：0.44：0.43
油菜	N：P_2O_5：K_2O=1：0.45：0.75	N：P_2O_5：K_2O=1：0.8：0.52
薯类	N：P_2O_5：K_2O=1：0.4：1.8	N：P_2O_5：K_2O=1：0.72：0.53
蔬菜	N：P_2O_5：K_2O=1：0.5：1.1	N：P_2O_5：K_2O=1：0.45：0.71
果树	N：P_2O_5：K_2O=1：0.5：1.2	N：P_2O_5：K_2O=1：0.87：1.3

根据 2015 年施肥情况调查汇总，主要作物施肥现状如下：

根据养分归还学说，作物带走多少就需要补充多少，长期以来作物施肥主要以氮肥为主，重氮、轻磷、少钾、缺微现象普遍存在，按照作物籽粒养分含量和副产物茎叶养分含量进行累加计算，水稻单产一般在 7 500kg/hm² 左右，每公顷耕地稻谷需要带走 N 148.3kg、P_2O_5 32.1kg、K_2O 161.7kg，而目前的施肥状况是在部分施用有机肥情况下，一般施用纯 N 172.5kg/hm² 左右，P_2O_5 75kg/hm² 左右，K_2O 110kg/hm² 左右，施肥比例为 N：P_2O_5：K_2O=1：0.42：0.75，氮、磷肥过量，钾肥不足，应补充钾肥施用。玉米单产一般在 6 000kg/hm² 左右，每公顷耕地玉米需要带走 N 129.2kg、P_2O_5 41.8kg、K_2O 101.6kg，而目前玉米的施肥状况是：在施用一定有机肥（清粪水）情况下，一般施用纯 N 234.6kg/hm² 左右，P_2O_5 103.2kg/hm² 左右，K_2O 100.9kg/hm² 左右，氮、磷肥过量，钾肥基本充足。施肥比例为 N：P_2O_5：K_2O=1：0.44：0.43。油菜单产一般在 1 800kg/hm² 左右，每公顷油菜需要带走 N 116.0kg、P_2O_5 20.7kg、K_2O 108.2kg，而目前油菜的施肥状况是在施用一定有机肥（清粪水）情况下，一般施用纯 N 156kg/hm² 左右，P_2O_5 124.8kg/hm² 左右，K_2O 81.1kg/hm² 左右，施肥比例为 N：P_2O_5：K_2O=1：0.8：0.52。氮、磷肥过量，钾肥不足，应补充钾肥施用。薯类（马铃薯）单产一般在（5：1 折粮）220kg/hm² 左右，每公顷马铃薯需要带走 N 64.2kg、P_2O_5 8.2kg、K_2O 58.9kg，而目前马铃薯的施肥状况是在施用一定有机肥（清粪水）情况下，一般施用纯 N 169.5kg/hm² 左右，P_2O_5 122.1kg/hm² 左右，K_2O 89.8kg/hm² 左右，施肥比例为 N：P_2O_5：K_2O=1：0.72：0.53。氮、磷肥过量，钾肥基本充足。钾肥主要来源于施用的复合（混）肥，很少有单独补钾习惯。高粱单产一般在 4 500kg/hm² 左右，每公顷高粱需要带走 N 105.7kg、

K_2O 33.3kg、K_2O 96.2kg，高粱作物主要用于酿酒，提倡有机高粱，不宜施用化肥。如果年年都不施化肥，仅靠施用有机肥供应高粱作物生长需要，仅商品有机肥就需要 4.6t/hm²。目前有机肥施用量是不能满足土壤养分平衡供应的。蔬菜一般施用纯 N 190.5kg/hm² 左右，P_2O_5 85.7kg/hm² 左右，K_2O 135.3kg/hm² 左右，施肥比例为 N：P_2O_5：K_2O=1：0.45：0.71，钾肥主要来源于施用的复合（混）肥，单独补钾习惯一般为生产大户。果树视品种一般施用纯 N 138～276kg/hm²，P_2O_5 118.3～240.1kg/hm²，K_2O 179.4～358.8kg/hm²，施肥比例为 N：P_2O_5：K_2O=1：0.87：1.3，钾肥主要来源于施用的复合（混）肥中硫酸钾或氯化钾。

第二节 耕地施肥分区

一、分区原则与依据

（一）分区原则

一是化肥用量、施用比例和土壤类型及肥效的相对一致性；二是土壤地力分布和土壤速效养分含量的相对一致性；三是土地利用现状和种植业区划的相对一致性；四是行政区划的相对完整性。

（二）分区依据

一是农田养分平衡状况及土壤养分含量状况；二是作物种类及分布；三是土壤地理分布特点；四是化肥用量、肥效及特点；五是不同区域对化肥的需求量。

（三）命名方法

施肥分区反映不同地区化肥施用的现状和肥效特点，根据现状和今后农业发展方向，提出对化肥合理施用的要求。按地域＋化肥需求特点的命名方法而得名。根据农业生产指标，对今后氮、磷、钾肥的需求量，分为增量区（需较大幅度增加用量，增加量大于20%）、补量区（需少量增加用量，增加量小于20%）、稳量区（基本保持现有用量）。根据施肥分区标准和命名，将遵义市耕地划分为 4 个施肥分区（表 8-2），各区理化性状见表 8-3，各区耕地地力统计见表 8-4。

表 8-2 遵义市耕地施肥分区表

名　　称	县（区、市）	耕地面积（hm²）	比例（%）
中部控氮稳磷增钾区	汇川区、红花岗区、播州区、绥阳县、桐梓县	337 590.80	39.93
西部稳氮补磷增钾区	习水县、赤水市、仁怀市	160 290.57	18.96
东部稳氮稳磷增钾区	凤冈县、湄潭县、余庆县	161 444.07	19.10
北部稳氮增磷增钾区	正安县、道真县、务川县	186 039.48	22.01

表 8-3 遵义市各耕地施肥分区理化指标对照表

名称		土壤理化指标						
		pH	有机质(g/kg)	全氮(g/kg)	碱解氮(mg/kg)	有效磷(mg/kg)	缓效钾(mg/kg)	速效钾(mg/kg)
中部控氮稳磷增钾区	最高值	8.9	111.80	5.36	758.0	89.5	875.0	595.0
	最低值	4.3	1.30	0.27	11.5	0.1	22.0	10.0
	平均值	7.0	32.61	1.88	158.4	21.47	261.6	133.0
西部稳氮补磷增钾区	最高值	8.4	98.60	4.54	303.1	88.9	1 372.0	478.0
	最低值	4.2	2.00	0.08	16.4	0.1	10.0	20.0
	平均值	6.4	26.04	1.49	120.9	10.87	369.8	123.6
东部稳氮稳磷增钾区	最高值	8.6	75.5	4.90	532.2	89.8	1 845.0	537.0
	最低值	4.3	1.20	0.37	1.1	0.1	15.0	18.0
	平均值	7.0	29.87	1.90	162.2	20.84	276.9	125.6
北部稳氮增磷增钾区	最高值	8.4	89.20	5.42	496.0	89.9	1 503.0	482.0
	最低值	4.2	3.80	0.05	29.0	0.1	3.0	12.0
	平均值	6.7	27.32	1.65	135.9	13.7	376.0	141.0

二、施肥分区概述及施肥建议

(一)中部控氮稳磷增钾区

1. 范围与概况

中部控氮稳磷增钾区位于遵义市中部中心城区,包括汇川区、红花岗区、播州区、绥阳县、桐梓县。本区耕地面积 337 590.80hm²,占遵义市耕地面积的 39.93%。其中,水田面积 93 774.02hm²,占本区耕地总面积的 27.78%;旱地面积243 816.78hm²,本区耕地总面积的 72.22%,旱地多、水田少。其中上等水田面积33 238.41hm²,占本区水田面积的 35.45%;中等水田面积 43 543.31hm²,占本区水田面积的 46.43%,中上等水田占80.88%;下等水田面积 16 992.30hm²,占本区水田面积的 18.12%。上等旱地面积33 598.25hm²,占本区旱地面积的 13.78%;中等旱地面积96 443.04hm²,占本区旱地面积的 39.56%,中上等旱地占 53.34%;下等旱地面积113 775.49hm²,占本区旱地面积的46.66%。

本区是遵义市政治、经济和文化的中心,也是遵义市粮、油、果、蔬生产中心。地域广、地势差异大,地貌类型复杂,垂直气候较为明显。耕地海拔高度 380~1 687m 之间,相对高差 1 307m,平均海拔992m。年平均积温 4 448℃左右,年平均降水量 1 060mm。

2. 土壤养分状况

(1)有机质含量状况

根据中部控氮稳磷增钾区耕地土壤实测养分数据,参考第二次全国土壤普查土壤养分分级标准,本区耕地土壤有机质含量水平分为丰富、中量和低量三个等级(表 8-5)。本区耕地土壤有机质含量在 30g/kg 以上的面积为 203 893.68hm²,占本区耕地总面积的 60.4%;

表8-4 遵义市各施肥分区不同耕地地力面积统计表

施肥分区	行政区划	上等地				中等地				下等地				合计	
		水田面积(hm²)	占本区耕地比例(%)	旱地面积(hm²)	占本区耕地比例(%)	水田面积(hm²)	占本区耕地比例(%)	旱地面积(hm²)	占本区耕地比例(%)	水田面积(hm²)	占本区耕地比例(%)	旱地面积(hm²)	占本区耕地比例(%)	水田占本区耕地比例(%)	旱地占本区耕地比例(%)
中部控氮稳磷增钾区	红花岗区	6 068.09	18.26	6 244.69	18.59	9 555.03	21.94	11 809.87	12.25	1 361.22	8.01	10 124.41	8.90	5.03	8.35
	汇川区	4 546.39	13.68	1 724.17	5.13	4 907.34	11.27	10 294.86	10.67	1 524.09	8.97	17 814.33	15.66	3.25	8.84
	播州区	10 469.73	31.50	7 447.95	22.17	13 288.36	30.52	23 918.46	24.80	2 272.63	13.37	20 460.02	17.98	7.71	15.35
	桐梓县	3 097.32	9.32	6 297.62	18.74	8 122.35	18.65	25 419.18	26.36	9 564.26	56.29	48 273.36	42.43	6.16	23.69
	绥阳县	9 056.88	27.25	11 883.82	35.37	7 670.23	17.62	25 000.67	25.92	2 270.10	13.36	17 103.37	15.03	5.63	15.99
	合计	33 238.41	100.00	33 598.25	100.00	43 543.31	100.00	96 443.04	100.00	16 992.30	100.00	113 775.49	100.00	27.78	72.22
北部稳氮增磷增钾区	正安县	4 207.48	48.79	5 938.56	45.97	10 573.26	41.43	21 332.39	36.03	6 166.54	39.50	25 118.44	39.15	11.26	28.16
	道真县	1 300.85	15.09	4 976.57	38.52	5 204.52	20.40	17 903.34	30.24	5 086.18	32.58	17 185.95	26.78	6.23	21.54
	务川县	3 114.88	36.12	2 003.54	15.51	9 739.95	38.17	19 966.86	33.73	4 358.99	27.92	21 861.18	34.07	9.25	23.56
	合计	8 623.21	100.00	12 918.67	100.00	25 517.73	100.00	59 202.59	100.00	15 611.71	100.00	64 165.57	100.00	26.74	73.26
东部稳氮稳磷增钾区	凤冈县	7 791.34	33.54	8 319.98	28.84	15 922.04	50.43	13 861.96	33.92	4 031.04	49.52	7 719.09	26.81	17.19	18.52
	湄潭县	10 409.09	44.82	12 860.81	44.59	7 691.66	24.36	14 517.39	35.52	1 577.20	19.38	10 096.69	35.07	12.19	23.21
	余庆县	5 026.27	21.64	7 663.87	26.57	7 961.97	25.22	12 490.68	30.56	2 531.46	31.10	10 971.53	38.11	9.61	19.28
	合计	23 226.70	100.00	28 844.66	100.00	31 575.67	100.00	40 870.03	100.00	8 139.70	100.00	28 787.31	100.00	38.99	61.01
西部稳氮朴磷增钾区	习水县	2 020.95	30.57	3 018.28	45.53	12 503.75	47.61	18 805.89	52.71	12 713.33	62.70	32 818.18	50.62	16.99	34.09
	赤水市	711.60	10.76	988.32	14.91	8 610.67	32.79	4 451.67	12.48	5 762.48	28.42	2 817.89	4.35	9.41	5.15
	仁怀市	3 879.25	58.67	2 622.98	39.56	5 149.55	19.61	12 419.34	34.81	1 801.93	8.89	29 194.51	45.03	6.76	27.60
	合计	6 611.80	100.00	6 629.58	100.00	26 263.97	100.00	35 676.90	100.00	20 277.74	100.00	64 830.58	100.00	33.16	66.84

含量在 20（含）～30g/kg 之间的面积为 108 473.66hm²，占本区耕地总面积的 32.13％；含量在 20g/kg 以下的面积为 25 223.46hm²，占本区耕地总面积的 7.47％。本区耕地土壤有机质含量最高值为 111.80g/kg，最低值为 1.30g/kg，平均值为 32.61g/kg。

表 8-5　中部控氮稳磷增钾区耕地土壤有机质含量及面积统计表

有机质			面积（hm²）	比例（%）
含量等级	耕地分级	含量范围（g/kg）		
丰富	1	≥40	68 956.35	60.40
	2	30（含）～40	134 937.33	
中量	3	20（含）～30	108 473.66	32.13
低量	4	10（含）～20	23 097.19	7.47
	5	6（含）～10	1 638.12	
	6	<6	488.15	

（2）全氮含量状况

根据中部控氮稳磷增钾区耕地土壤实测养分数据，参考第二次全国土壤普查土壤养分分级标准，本区耕地土壤全氮含量水平分为丰富、中量和低量三个等级，见表 8-6。其中，本区耕地土壤全氮含量丰富的面积为 283 244.19hm²，占本区耕地面积的 83.90％；含量在 1（含）～1.5g/kg 之间中含量面积为 48 836.52hm²，占本区耕地面积的 14.47％；含量在 1g/kg 以下的低含量面积为 5 510.1hm²，占耕地总面积的 1.63％。本区耕地土壤全氮含量最高值为 5.36g/kg，最低值为 0.27g/kg，本区平均值为 1.88g/kg。

表 8-6　中部控氮稳磷增钾区耕地土壤全氮含量及面积统计表

全氮			面积（hm²）	比例（%）
含量等级	分级	含量范围（g/kg）		
丰富	1	≥2	123 842.65	83.90
	2	1.5（含）～2	159 401.54	
中量	3	1（含）～1.5	48 836.52	14.47
低量	4	0.75（含）～1	4 207.90	1.63
	5	0.5（含）～0.75	1 151.96	
	6	<0.5	150.24	

（3）有效磷含量状况

根据中部控氮稳磷增钾区耕地土壤实测养分数据，参考第二次全国土壤普查土壤养分分级标准，本区耕地土壤有效磷含量水平分为丰富、中量和低量三个等级，见表 8-7。本区耕地土壤有效磷含量在 20mg/kg 以上的面积为 158 691.91hm²，占本区耕地总面积的 47.01％；含量在 10（含）～20mg/kg 之间的面积为 132 479.09hm²，占本区耕地总面积的 39.24％；含量在 10mg/kg 以下的面积为 46 419.81hm²，占本区耕地总面积的 13.75％；本区耕地土壤有效磷含量最高值为 89.5mg/kg，最低值为 0.1mg/kg，本区平均值为 21.47mg/kg。

表 8-7 中部控氮稳磷增钾区耕地土壤有效磷含量及面积统计表

有效磷			面积（hm²）	比例（%）
含量等级	分级	含量范围（mg/kg）		
丰富	1	≥40	15 234.62	47.01
	2	20（含）～40	143 457.28	
中量	3	10（含）～20	132 479.09	39.24
低量	4	5（含）～10	38 602.96	13.75
	5	3（含）～5	5 641.26	
	6	＜3	2 175.58	

（4）速效钾含量状况

根据中部控氮稳磷增钾区耕地土壤实测养分数据，参考第二次全国土壤普查土壤养分分级标准，本区耕地土壤速效钾含量水平分为丰富、中量和低量三个等级，见表8-8。本区耕地土壤速效钾含量在 150mg/kg 以上的面积为 102 297.76hm²，占本区耕地总面积的30.3%；含量在 100（含）～150mg/kg 之间的面积为 160 533.38hm²，占本区耕地总面积的47.55%；含量在 100mg/kg 以下的面积为 74 759.66hm²，占本区耕地总面积的22.15%；大部分区域速效钾含量主要在 150mg/kg 以下。本区耕地土壤速效钾含量最高值为595mg/kg，最低值为 10mg/kg，本区平均值为 133mg/kg。

表 8-8 中部控氮稳磷增钾区耕地土壤速效钾含量及面积统计表

速效钾			面积（hm²）	比例（%）
含量等级	耕地分级	含量范围（mg/kg）		
丰富	1	≥200	34 489.21	30.30
	2	150（含）～200	67 808.56	
中量	3	100（含）～150	160 533.38	47.55
低量	4	50（含）～100	69 796.16	22.15
	5	30（含）～50	4 598.07	
	6	＜30	365.43	

（5）pH 状况

根据中部控氮稳磷增钾区耕地土壤实测 pH 数据，参考第二次全国土壤普查土壤 pH 分级标准，本区耕地土壤分为强碱性、碱性、中性、弱酸性、酸性、强酸性六个土壤等级，见表8-9。

表 8-9 中部控氮稳磷增钾区耕地土壤 pH 及面积统计表

土壤性质	pH	面积（hm²）	比例（%）
	pH 范围		
强碱性	≥8.5	1 235.84	0.37
碱性	7.5（含）～8.5	176 415.45	52.26
中性	6.5（含）～7.5	62 018.95	18.37
弱酸	5.5（含）～6.5	74 569.38	22.09
酸性	4.5（含）～5.5	23 211.73	6.88
强酸性	<4.5	139.45	0.04

耕地土壤 pH 最高值为 8.9，最低值为 4.3，平均值 7.01，99% 以上区域的土壤 pH 主要在 4.5（含）～8.5 之间。耕地有小部分强碱性土壤，pH≥8.5，面积 1 235.84hm²，占本区耕地面积的 0.37%。pH 在 7.5（含）～8.5 之间的土壤面积为 176 415.45hm²，占本区耕地总面积的 52.26%；pH 在 6.5（含）～7.5 之间的中性土壤面积为 62 018.95hm²，占本区耕地总面积的 18.37%；pH 在 5.5（含）～6.5 之间的弱酸性土壤面积为 74 569.38hm²，占本区耕地总面积的 22.09%；pH 在 4.5（含）～5.5 之间的酸性土壤面积为 23 211.73hm²，占本区耕地总面积的 6.88%；pH≤4.5 的强酸性土壤面积为 139.45hm²，占本区耕地总面积的 0.04%；本区极端土壤（强酸、强碱）面积比例不足 0.5%。

3. 施肥建议

中部控氮稳磷增钾区耕地土壤中有机质和全氮含量处于较高水平，有效磷含量处于中等水平，速效钾含量相对较低。有机质含量在 30g/kg 以上达到丰富水平的耕地占本区耕地面积的 60.40%，中量水平以上面积占 92.53%。全氮含量丰富水平面积占 83.90%，中量以上水平的耕地占本区耕地面积的 98.37%。有效磷含量在丰富以上的耕地占本区耕地面积的 47.01%，中量以上水平占本区耕地面积的 86.25%。速效钾含量丰富的耕地占本区耕地面积的 30.30%，中量以上水平占本区耕地面积的 77.85%。本区土壤酸碱度属于中性偏碱，碱性土壤面积大，占本区面积的 52.63%，酸性土壤占本区面积的 29.01%。本区土壤综合肥力较高，在施肥时应当控制氮肥的用量，稳定磷肥用量，增加钾肥用量。增施有机肥，合理分配氮、磷、钾肥的施用比例，提高有机肥在土壤中的转换，提高化肥利用率，中耕松土。秸秆还田（土），注意酸性土壤和碱性土壤的改良，保土护埂，防止水土流失。

根据本区种植业区划布局、产量水平、肥料利用率、农户施肥调查、田间肥效试验结果等，本区主要种植水稻、玉米、油菜、蔬菜、辣椒、马铃薯、果树等作物，在遵循有机与无机相结合、用地养地相结合、大量元素与微量元素相结合的原则下，不同作物按照表 8-10 施肥量参考施用。

表 8 - 10　中部控氮稳磷增钾区不同作物施肥参考表

作物	用量（kg/hm²）						
	商品有机肥	N	P₂O₅	K₂O	锌肥	硼肥	硅钙肥
水稻	1 500	90～180	60～120	105～180	15.0	7.5	450
玉米	1 800	210～300	75～120	180～225	22.5	15.0	300
油菜	750	120～180	60～90	120～150	30.0	22.5	选择施用
蔬菜	3 000	150～300	90～180	150～300	30.0	15.0	选择施用
辣椒	1 500	210～270	105～135	210～270	15.0	22.5	选择施用
果树	3 000	180～300	75～150	210～300	30.0	7.5	选择施用
马铃薯	1 500	180～270	75～105	270～300	15.0	7.5	选择施用

（二）西部稳氮补磷增钾区

1. 范围与概况

西部稳氮补磷增钾区位于遵义市西部，区内包括仁怀市、习水县、赤水市。本区耕地面积 160 290.57hm²，占遵义市耕地面积的 18.96％。其中，水田面积 53 153.51hm²，占本区总面积的 33.16％；旱地面积 107 137.06hm²，占本区总面积的 66.84％。其中上等水田面积 6 611.80hm²，占本区水田面积的 12.44％，中等地水田面积 26 263.97hm²，占本区水田面积的 49.41％，中上等水田占 61.85％；下等水田面积 20 277.74hm²，占本区水田面积的 38.15％。上等旱地面积 6 629.58hm²，占本区旱地面积的 6.19％，中等地旱地面积 35 676.90hm²，占本区旱地面积的 33.3％，中上等旱地占 39.49％；下等旱地面积 64 830.58hm²，占本区旱地面积的 60.51％。

本区是遵义市主要旅游景区和酒文化发展的中心，地势差异大，地貌类型复杂，垂直气候较为明显，耕地海拔高度 260～1 493.2m，相对高差 1 233.2m，平均海拔 874.5m。年平均积温 4 642℃左右，年平均降水量 1 032mm。

2. 土壤养分状况

（1）有机质含量状况

根据西部稳氮补磷增钾区耕地土壤实测养分数据，参考第二次全国土壤普查土壤养分分级标准，本区耕地土壤有机质含量水平分为丰富、中量和低量三个等级，见表 8 - 11。本区耕地土壤有机质含量≥30g/kg 的面积为 63 763.26hm²，占本区耕地总面积的 39.78％；含量在 20（含）～30g/kg 之间的面积为 49 177.10hm²，占本区耕地总面积的 30.68％；含量在 20g/kg 以下的面积为 47 350.22hm²，占本区耕地总面积的 29.54％。本区耕地土壤有机质含量最高值为 98.6g/kg，最低值为 2.0g/kg，平均值为 26.04g/kg。

（2）全氮含量状况

根据西部稳氮补磷增钾区耕地土壤实测养分数据，参考第二次全国土壤普查土壤养分分

表8-11 西部稳氮补磷增钾区耕地土壤有机质含量及面积统计表

有机质			面积（hm²）	比例（%）
含量等级	分级	含量范围（g/kg）		
丰富	1	≥40	23 966.84	39.78
	2	30（含）~40	39 796.42	
中量	3	20（含）~30	49 177.10	30.68
低量	4	10（含）~20	45 156.29	29.54
	5	6（含）~10	1 983.51	
	6	<6	210.42	

级标准，本区耕地土壤全氮含量水平分为丰富、中量和低量三个等级，见表8-12。其中，本区耕地土壤全氮含量丰富的面积为85 460.51hm²，占本区耕地面积的53.32%；含量在1（含）~1.5g/kg之间中含量面积为51 598.20hm²，占本区耕地面积的32.19%；含量在1g/kg以下的低含量面积为23 231.85hm²，占耕地总面积的14.49%。本区耕地土壤全氮含量最高值为4.54g/kg，最低值为0.08g/kg，本区全氮平均值为1.49g/kg，处于中等水平。

表8-12 西部稳氮补磷增钾区耕地土壤全氮含量及面积统计表

全氮			面积（hm²）	比例（%）
含量等级	分级	含量范围（g/kg）		
丰富	1	≥2	32 627.62	53.32
	2	1.5（含）~2	52 832.89	
中量	3	1（含）~1.5	51 598.20	32.19
低量	4	0.75（含）~1	17 666.70	14.49
	5	0.5（含）~0.75	5 072.91	
	6	<0.5	492.24	

（3）有效磷含量状况

根据西部稳氮补磷增钾区耕地土壤实测养分数据，参考第二次全国土壤普查土壤养分分级标准，本区耕地土壤有效磷含量水平分为丰富、中量和低量三个等级，见表8-13。本区耕地土壤有效磷含量≥20mg/kg的面积为12 589.39hm²，占本区耕地总面积的7.85%；含量在10（含）~20mg/kg之间的面积为54 018.20hm²，占本区耕地总面积的33.70%；含量在10mg/kg以下的面积为93 682.981hm²，占本区耕地总面积的58.45%；本区耕地土壤有效磷含量最高值为88.9mg/kg，最低值为0.1mg/kg，平均值为10.87mg/kg，有效磷含量处于低量水平。

表 8 - 13 西部稳氮补磷增钾区耕地土壤有效磷含量及面积统计表

有效磷			面积（hm²）	比例（%）
含量等级	分级	含量范围（mg/kg）		
丰富	1	≥40	1 769.02	7.85
	2	20（含）～40	10 820.37	
中量	3	10（含）～20	54 018.20	33.70
低量	4	5（含）～10	62 082.55	58.45
	5	3（含）～5	20 500.49	
	6	<3	11 099.94	

（4）速效钾含量状况

根据西部稳氮补磷增钾区耕地土壤实测养分数据，参考第二次全国土壤普查土壤养分分级标准，本区耕地土壤速效钾含量水平分为丰富、中量和低量三个等级，见表 8 - 14。本区耕地土壤速效钾含量≥150mg/kg 的面积为 30 966.58hm²，占本区耕地总面积的 19.32%；含量在 100（含）～150mg/kg 之间的面积为 76 495.22hm²，占本区耕地总面积的 47.72%；含量在 100mg/kg 以下的面积为 52 828.78hm²，占本区耕地总面积的 32.96%；大部分区域速效钾含量主要在 150mg/kg 以下。本区耕地土壤速效钾含量最高值为 478mg/kg，最低值为 20mg/kg，本区速效钾平均值为 123.62mg/kg，处于低量水平。

表 8 - 14 西部稳氮补磷增钾区耕地土壤速效钾含量及面积统计表

速效钾			面积（hm²）	比例（%）
含量等级	分级	含量范围（mg/kg）		
丰富	1	≥200	6 769.90	19.32
	2	150（含）～200	24 196.68	
中量	3	100（含）～150	76 495.22	47.72
低量	4	50（含）～100	50 585.95	32.96
	5	30（含）～50	2 072.85	
	6	<30	169.98	

（5）pH 状况

根据西部稳氮补磷增钾区耕地土壤实测 pH 数据，参考第二次全国土壤普查土壤 pH 分级标准，本区耕地土壤分为强碱性、碱性、中性、弱酸性、酸性、强酸性六个土壤等级，见表 8 - 15。本区耕地无强碱性土壤。pH 在 7.5（含）～8.5 之间的碱性土壤面积为 47 573.5hm²，占本区耕地总面积的 29.68%；pH 在 6.5（含）～7.5 之间的中性土壤面积为 41 216.10hm²，占本区耕地总面积的 25.71%；pH 在 5.5（含）～6.5 之间的弱酸性土壤面积为 46 602.68hm²，占本区耕地总面积的 29.07%；pH 在 4.5（含）～5.5 之间的酸性土壤面积为 23 981.22hm²，占本区耕地总面积的 14.96%；pH≤4.5 的强酸性土壤面积为 917.06hm²，占本区耕地总面积的 0.57%；本区极端土壤（强酸、强碱）面积比例超过 0.5%，本区耕地土壤 pH 最高值为 8.4，最低值为 4.2，平均值 6.4，本区土壤表现为弱酸性土壤。

表 8 - 15　西部稳氮补磷增钾区耕地土壤 pH 及面积统计表

pH		面积（hm²）	比例（%）
土壤性质	pH 范围		
强碱性	≥8.5	0	0
碱性	7.5（含）～8.5	47 573.50	29.68
中性	6.5（含）～7.5	41 216.10	25.71
弱酸	5.5（含）～6.5	46 602.68	29.07
酸性	4.5（含）～5.5	23 981.22	14.96
强酸性	<4.5	917.06	0.57

3. 施肥建议

西部稳氮补磷增钾区耕地土壤中有机质含量、全氮含量处于中等水平，有效磷含量、速效钾含量相对较低，整体土壤表现为弱酸性。有机质含量在 30g/kg 以上达到丰富水平的耕地仅占本区耕地面积的 39.78%，中量（含中量）水平以上面积占 70.46%，中量（含中量）以下水平面积占 70.22%。全氮含量丰富水平面积占 53.32%，中量以上水平的耕地占本区耕地面积的 85.51%；有效磷含量在丰富以上的耕地占本区耕地面积的 7.85%，中量以上水平占本区耕地面积的 41.55%，中量（含中量）以下水平面积占 92.15%。速效钾含量丰富的耕地占本区耕地面积的 19.32%，中量以上水平占本区耕地面积的 67.04%；中量（含中量）以下水平面积占 90.68%。本区土壤酸碱度属于中性偏酸，酸性土壤面积大，占本区面积的 45.63%，碱性土壤占本区面积的 29.68%。本区土壤综合肥力中等，在施肥时应当稳定氮肥的用量，补充磷肥用量，增加钾肥用量，增施有机肥，中耕松土，秸秆还田（土），注意酸性土壤和碱性土壤的改良，保土护埂，防止水土流失，提高有机肥在土壤中的转换，提高化肥利用率。合理分配氮、磷、钾肥的施用比例，达到肥料的最大利用率。

根据本区种植业区划布局、产量水平、肥料利用率、农户施肥调查、田间肥效试验结果等，本区主要种植水稻、玉米、高粱、蔬菜、辣椒、马铃薯、果树等作物，在遵循有机与无机相结合、用地养地相结合、大量元素与微量元素相结合的原则下，不同作物不同区域按照表 8 - 16 施肥量参考施用。

表 8 - 16　西部稳氮补磷增钾区不同作物施肥参考量表

作物	用量（kg/hm²）						
	商品有机肥	N	P₂O₅	K₂O	锌肥	硼肥	硅钙肥
水稻	1 500	90～180	60～120	105～180	15.0	7.5	450
玉米	1 800	210～300	75～120	180～225	22.5	15.0	300
高粱	3 000	150～180	75～90	75～90	30.0	22.5	选择施用
蔬菜	3 000	150～300	90～180	150～300	30.0	15.0	选择施用
辣椒	1 500	210～270	105～135	210～270	15.0	22.5	选择施用
果树	3 000	180～300	75～150	210～300	30.0	7.5	选择施用
马铃薯	1 500	180～270	75～105	270～300	15.0	7.5	选择施用

（三）东部稳氮稳磷增钾区

1. 概况与范围

东部稳氮稳磷增钾区位于遵义市东部，区内包括湄潭县、凤冈县、余庆县。本区耕地161 444.07hm²，占遵义市耕地面积的19.10%。其中，水田面积62 942.07hm²，占本区耕地总面积的38.99%；旱地面积98 502.00hm²，占本区耕地总面积的61.01%。其中上等水田面积23 226.70hm²，占本区水田面积的36.90%，中等水田面积31 575.67hm²，占本区水田面积的50.17%，中上等水田占87.07%；下等水田面积8 139.70hm²，占本区水田面积的12.93%。本区上等旱地面积28 844.66hm²，占本区旱地面积的29.28%；中等地旱地面积40 870.03hm²，占本区旱地面积的41.49%；中上等旱地占70.77%；下等地旱地面积28 787.31hm²，占本区旱地面积的29.23%。

本区是遵义市重要旅游景区和茶文化发展的中心，地势差异大，地貌类型复杂，垂直气候较为明显，耕地海拔高度410～1 418m之间，相对高差1 008m，平均海拔884m。年平均积温4 267℃左右，年平均降水量1 169mm。

2. 土壤养分状况

（1）有机质含量状况

根据东部稳氮稳磷增钾区耕地土壤实测养分数据，参考第二次全国土壤普查土壤养分分级标准，本区耕地土壤有机质含量水平分为丰富、中量和低量三个等级，见表8-17。本区耕地土壤有机质含量≥30g/kg的面积为75 648.32hm²，占本区耕地总面积的46.86%；含量在20（含）～30g/kg之间的面积为72 934.62hm²，占本区耕地总面积的45.18%；含量在20g/kg以下的面积为12 861.12hm²，占本区耕地总面积的7.97%。本区耕地土壤有机质含量最高值为75.50g/kg，最低值为1.2g/kg，平均值为29.87g/kg。耕地整体有机质含量处于中量水平。

表8-17　东部稳氮稳磷增钾区耕地土壤有机质含量及面积统计表

有机质			面积（hm²）	比例（%）
含量等级	分级	含量范围（g/kg）		
丰富	1	≥40	14 230.39	46.86
	2	30（含）～40	61 417.93	
中量	3	20（含）～30	72 934.62	45.18
低量	4	10（含）～20	12 497.27	7.97
	5	6（含）～10	324.11	
	6	<6	39.74	

（2）全氮含量状况

根据东部稳氮稳磷增钾区耕地土壤实测养分数据，参考第二次全国土壤普查土壤养分分级标准，本区耕地土壤全氮含量水平分为丰富、中量和低量三个等级，见表8-18。其中，本区耕地土壤全氮含量丰富的面积为132 327.70hm²，占本区耕地面积的81.97%；含量在1（含）～1.5g/kg之间中含量面积为27 236.45hm²，占本区耕地面积的16.87%；

含量在1g/kg以下的低含量面积为1 879.92hm²，占耕地总面积的1.16%。本区耕地土壤全氮含量最高值为4.9g/kg，最低值为0.37g/kg，本区平均值为1.9g/kg。整体耕地全氮含量处于丰富水平。

表8-18 东部稳氮稳磷增钾区耕地土壤全氮含量及面积统计表

全氮			面积（hm²）	比例（%）
含量等级	分级	含量范围（g/kg）		
丰富	1	≥2	60 598.48	81.97
	2	1.5（含）～2	71 729.22	
中量	3	1（含）～1.5	27 236.45	16.87
低量	4	0.75（含）～1	1 631.40	1.16
	5	0.5（含）～0.75	220.12	
	6	<0.5	28.40	

（3）有效磷含量状况

根据东部稳氮稳磷增钾区耕地土壤实测养分数据，参考第二次全国土壤普查土壤养分分级标准，本区耕地土壤有效磷含量水平分为丰富、中量和低量三个等级，见表8-19。本区耕地土壤有效磷含量≥20mg/kg的面积为72 405.03hm²，占本区耕地总面积的44.85%；含量在10（含）～20mg/kg之间的面积为65 104.48hm²，占本区耕地总面积的40.33%；含量在10mg/kg以下的面积为23 934.56hm²，占本区耕地总面积的14.83%；本区耕地土壤有效磷含量最高值为89.8mg/kg，最低值为0.1mg/kg，本区平均值为20.8mg/kg。

表8-19 东部稳氮稳磷增钾区耕地土壤有效磷含量及面积统计表

有效磷			面积（hm²）	比例（%）
含量等级	分级	含量范围（mg/kg）		
丰富	1	≥40	6 828.96	44.85
	2	20（含）～40	65 576.07	
中量	3	10（含）～20	65 104.48	40.33
低量	4	5（含）～10	18 656.28	14.83
	5	3（含）～5	3 220.02	
	6	<3	2 058.26	

（4）速效钾含量状况

根据东部稳氮稳磷增钾区耕地土壤实测养分数据，参考第二次全国土壤普查土壤养分分级标准，本区耕地土壤速效钾含量水平分为丰富、中量和低量三个等级，见表8-20。本区耕地土壤速效钾含量≥150mg/kg的面积为34 980.41hm²，占本区耕地总面积的21.67%；含量在100（含）～150mg/kg之间的面积为78 176.67hm²，占本区耕地总面积的48.42%；含量在100mg/kg以下的面积为48 286.99hm²，占本区耕地总面积的29.91%；大部分区域速效钾含量主要在150mg/kg以下。本区耕地土壤速效钾含量最高值为 537mg/kg，最低值为 18mg/kg，本区平均值为 125.6mg/kg。

表 8-20 东部稳氮稳磷增钾区耕地土壤速效钾含量及面积统计表

速效钾			面积（hm²）	比例（%）
含量等级	分级	含量范围（mg/kg）		
丰富	1	≥200	13 821.00	21.67
	2	150（含）～200	21 159.41	
中量	3	100（含）～150	78 176.67	48.42
低量	4	50（含）～100	46 053.69	29.91
	5	30（含）～50	2 170.66	
	6	＜30	62.64	

（5）pH 状况

根据东部稳氮稳磷增钾区耕地土壤实测 pH 数据，参考第二次全国土壤普查土壤 pH 分级标准，本区耕地土壤分为强碱性、碱性、中性、弱酸性、酸性、强酸性六个土壤等级，见表 8-21。本区耕地有小部分强碱性土壤，pH≥8.5，面积 151.03hm²，占本区耕地面积的 0.09%。pH 在 7.5（含）～8.5 之间的碱性土壤面积为 79 426.47hm²，占本区耕地总面积的 49.2%；pH 在 6.5（含）～7.5 之间的中性土壤面积为 29 065.71hm²，占本区耕地总面积的 18%；pH 在 5.5（含）～6.5 之间的弱酸性土壤面积为 46269.93hm²，占本区耕地总面积的 28.66%；pH 在 4.5（含）～5.5 之间的酸性土壤面积为 6 486.57hm²，占本区耕地总面积的 4.02%；pH≤4.5 的强酸性土壤面积为 44.36hm²，占本区耕地总面积的 0.03%；本区极端土壤（强酸、强碱）面积比例不足 0.5%，仅达到 0.12%，本区耕地土壤 pH 最高值为 8.6，最低值为 4.3，平均值 7.0，99.8% 以上区域的土壤 pH 主要在 4.5～8.5 之间。

表 8-21 东部稳氮稳磷增钾区耕地土壤 pH 及面积统计表

pH		面积（hm²）	比例（%）
土壤性质	pH 范围		
强碱性	≥8.5	151.03	0.09
碱性	7.5（含）～8.5	79 426.47	49.20
中性	6.5（含）～7.5	29 065.71	18.00
弱酸	5.5（含）～6.5	46 269.93	28.66
酸性	4.5（含）～5.5	6 486.57	4.02
强酸性	＜4.5	44.36	0.03

3. 施肥建议

本区耕地土壤中有机质含量处于中等水平，全氮含量、有效磷含量处于丰富水平，速效钾含量相对较低，土壤 pH 中性。有机质含量在 30g/kg 以上达到丰富水平的耕地仅占本区耕地面积的 46.86%，中量（含中量）水平以上面积占 92.04%，中量（含中量）以下水平面积占 53.15%。全氮含量丰富水平面积占 81.97%，中量以上水平的耕地占本区耕地面积的 98.84％；有效磷含量在丰富以上的耕地占本区耕地面积的 44.85％，中量以上水平占本区耕地面积的 85.18％，中量（含中量）以下水平面积占 55.16％。速效钾含量丰富的耕地占本区耕地面积的 21.67％，中量（含中量）以上水平占本区耕地面积的 70.09％；中量（含中量）以下水平面积占 78.33％。本区土壤平均酸碱度属于中性，碱性土壤面积大，占本区面积的 49.29％，酸性土壤占本区面积的 32.71％。本区土壤综合肥力较高，在施肥时应当稳定氮肥、磷肥用量，增加钾肥用量，合理分配氮、磷、钾肥的施用比例。增施有机肥，提高有机肥在土壤中的转换，提高肥料利用率。中耕松土，开展秸秆还田（土），注意酸性土壤和碱性土壤的改良，保土护埂，防止水土流失。

根据本区种植业区划布局、产量水平、肥料利用率、农户施肥调查、田间肥效试验结果等，本区主要种植水稻、玉米、茶叶、蔬菜、辣椒、马铃薯、果树等作物，在遵循有机与无机相结合、用地养地相结合、大量元素与微量元素相结合的原则下，不同作物按照表 8 - 22 施肥量参考施用。

表 8 - 22　东部稳氮稳磷增钾区不同作物施肥量参考表

作物	用量（kg/hm²）						
	商品有机肥	N	P_2O_5	K_2O	锌肥	硼肥	硅钙肥
水稻	1 500	90～180	60～120	105～180	15.0	7.5	450
玉米	1 800	210～300	75～120	180～225	22.5	15.0	300
茶叶	4 500	210～330	120～180	120～180	30.0	0	选择施用
蔬菜	3 000	150～300	90～180	150～300	30.0	15.0	选择施用
辣椒	1 500	210～270	105～135	210～270	15.0	22.5	选择施用
果树	3 000	180～300	75～150	210～300	30.0	7.5	选择施用
马铃薯	1 500	180～270	75～105	270～300	15.0	7.5	选择施用

（四）北部稳氮增磷增钾区

1. 范围与概况

北部稳氮增磷增钾区位于遵义市北部，区内包括务川县、道真县、正安县。本区耕地面积 186 039.48hm²，占遵义市耕地面积的 22.01％。其中，水田面积 49 752.65hm²，占本区总面积的 26.74％；旱地面积 136 286.83hm²，占本区总面积的 73.26％。其中上等水田面积 8 623.21hm²，占本区水田面积的 17.33％；中等地水田面积 25 517.73hm²，占本区水田面积的 51.29％；中上等水田占 68.62％；下等地水田面积 15 611.71hm²，占本区水田面积的 31.38％。本区上等旱地面积 12 918.67hm²，占本区旱地面积的 9.48％；中等旱地面积 59 202.59hm²，占本区旱地面积的 43.44％；中上等旱地占 52.92％；下等旱地面积 64 165.57hm²，占本区旱地面积的 47.08％。

北部稳氮增磷增钾区是遵义市重要的少数民族聚集区，地势差异大，地貌类型特别复杂，垂直气候最为明显，耕地海拔高度 340～1 721m，相对高差 1 381m，平均海拔 930m。年平均积温 4 709℃左右，年平均降水量 1 161mm。

2. 土壤养分状况

（1）有机质含量状况

根据北部稳氮增磷增钾区耕地土壤实测养分数据，参考第二次全国土壤普查土壤养分分级标准，本区耕地土壤有机质含量水平分为丰富、中量和低量三个等级，见表 8 - 23。本区耕地土壤有机质含量≥30g/kg 的面积为 50 417.81hm²，占本区耕地总面积的 27.1%；含量在 20（含）～30g/kg 之间的面积为 113 579.26hm²，占本区耕地总面积的 61.05%；含量在 20g/kg 以下的面积为 22 042.41hm²，占本区耕地总面积的 11.85%。本区耕地土壤有机质含量最高值为 89.2g/kg，最低值为 3.8g/kg，平均值为 27.32g/kg。耕地有机质整体处于中量水平。

表 8 - 23　北部稳氮增磷增钾区耕地土壤有机质含量及面积统计表

有机质			面积（hm²）	比例（%）
含量等级	分级	含量范围（g/kg）		
丰富	1	≥40	10 447.95	27.1
	2	30（含）～40	39 969.86	
中量	3	20（含）～30	113 579.26	61.05
低量	4	10（含）～20	21 707.57	11.85
	5	6（含）～10	291.83	
	6	<6	43.01	

（2）全氮含量状况

根据北部稳氮增磷增钾区耕地土壤实测养分数据，参考第二次全国土壤普查土壤养分分级标准，本区耕地土壤全氮含量水平分为丰富、中量和低量三个等级，见表 8 - 24。其中，本区耕地土壤全氮含量丰富的面积为 117 039.66hm²，占本区耕地面积的 62.91%；含量在 1（含）～1.5g/kg 之间中含量面积为 65 116.27hm²，占本区耕地面积的 35%；含量在 1g/kg 以下的低含量面积为 3 883.54hm²，占耕地总面积的 2.09%。本区耕地土壤全氮含量最高值为 5.42g/kg，最低值为 0.054g/kg，本区全氮平均值为 1.65g/kg，整体处于丰富水平。

表 8 - 24　北部稳氮增磷增钾区耕地土壤全氮含量及面积统计表

全氮			面积（hm²）	比例（%）
含量等级	分级	含量范围（g/kg）		
丰富	1	≥2	38 357.68	62.91
	2	1.5（含）～2	78 681.98	
中量	3	1（含）～1.5	65 116.27	35.00
低量	4	0.75（含）～1	3 195.58	2.09
	5	0.5（含）～0.75	580.96	
	6	<0.5	107.00	

（3）有效磷含量状况

根据北部稳氮增磷增钾区耕地土壤实测养分数据，参考第二次全国土壤普查土壤养分分级标准，本区耕地土壤有效磷含量水平分为丰富、中量和低量三个等级，见表 8 - 25。本区耕地土壤有效磷含量≥20mg/kg 的面积为 26 161.66hm²，占本区耕地总面积的14.06%；含量在 10（含）～20mg/kg 的面积为 98 105.10hm²，占本区耕地总面积的52.73%；含量在 10mg/kg 以下的面积为 61 772.72hm²，占本区耕地总面积的 33.2%；本区耕地土壤有效磷含量最高值为 89.9mg/kg，最低值为 0.1mg/kg，本区平均值为13.7mg/kg，整体处于中量水平。

表 8 - 25　北部稳氮增磷增钾区耕地土壤有效磷含量及面积统计表

有效磷			面积（hm²）	比例（%）
含量等级	分级	含量范围（mg/kg）		
丰富	1	≥40	3 359.44	14.06
	2	20（含）～40	22 802.22	
中量	3	10（含）～20	98 105.1	52.73
低量	4	5（含）～10	50 172.42	33.2
	5	3（含）～5	7 145	
	6	<3	4455.3	

（4）速效钾含量状况

根据北部稳氮增磷增钾区耕地土壤实测养分数据，参考第二次全国土壤普查土壤养分分级标准，本区耕地土壤速效钾含量水平分为丰富、中量和低量三个等级，见表 8 - 26。本区耕地土壤速效钾含量≥150mg/kg 的面积为 74 828.21hm²，占本区耕地总面积的 40.22%；含量在 100（含）～150mg/kg 之间的面积为 67 999.93hm²，占本区耕地总面积的 36.55%；含量在 100mg/kg 以下的面积为 43 211.33hm²，占本区耕地总面积的 23.23%；大部分区域速效钾含量主要在 150mg/kg 以下。本区耕地土壤速效钾含量最高值为 482.0mg/kg，最低值为 12.0mg/kg，本区平均值为 141.0mg/kg，速效钾分布极不均匀，整体处于中量水平。

表 8 - 26　北部稳氮增磷增钾区耕地土壤速效钾含量及面积统计表

速效钾			面积（hm²）	比例（%）
含量等级	分级	含量范围（mg/kg）		
丰富	1	≥200	26 144.84	40.22
	2	150（含）～200	48 683.37	
中量	3	100（含）～150	67 999.93	36.55
低量	4	50（含）～100	42 760.77	23.23
	5	30（含）～50	349.89	
	6	<30	100.67	

（5）pH 状况

根据北部稳氮增磷增钾区耕地土壤实测 pH 数据，参考第二次全国土壤普查土壤 pH

分级标准，本区耕地土壤分为强碱性、碱性、中性、弱酸性、酸性、强酸性六个土壤等级，见表 8-27。本区耕地有无强碱性土壤，pH 在 7.5（含）～8.5 之间的碱性土壤面积为 68 861.54hm²，占本区耕地总面积的 37.01％；pH 在 6.5（含）～7.5 之间的中性土壤面积为 38 742.77hm²，占本区耕地总面积的 20.83％；pH 在 5.5（含）～6.5 之间的弱酸性土壤面积为 61 425.53hm²，占本区耕地总面积的 33.02％；pH 在 4.5（含）～5.5 之间的酸性土壤面积为 16 883.8hm²，占本区耕地总面积的 9.08％；pH≤4.5 的强酸性土壤面积为 125.84hm²，占本区耕地总面积的 0.07％；本区极端土壤（强酸、强碱）面积比例最小，仅 0.07％；本区耕地土壤 pH 最高值为 8.4，最低值为 4.2，平均值 6.7，土壤pH 主要在 4.5～8.5 之间。

表 8-27 北部稳氮增磷增钾区耕地土壤 pH 及面积统计表

pH		面积（hm²）	比例（％）
土壤性质	pH 范围		
强碱性	≥8.5	0	0
碱性	7.5（含）～8.5	68 861.54	37.01
中性	6.5（含）～7.5	38 742.77	20.83
弱酸	5.5（含）～6.5	61 425.53	33.02
酸性	4.5（含）～5.5	16 883.8	9.08
强酸性	<4.5	125.84	0.07

3. 施肥建议

北部稳氮增磷增钾区耕地土壤中有机质含量、有效磷含量、速效钾含量处于中等水平，全氮含量处于丰富水平，整体土壤表现为中性。有机质含量在 30g/kg 以上达到丰富水平的耕地仅占本区耕地面积的 27.1％，中量以上水平（含中量）面积占 88.15％，中量以下水平（含中量）面积占 72.9％。全氮含量丰富水平面积占 62.91％，中量以上水平的耕地占本区耕地面积的 98.84％。有效磷含量在丰富以上的耕地占本区耕地面积的 44.85％，中量以上水平（含中量）占本区耕地面积的 97.91％，中量以下水平（含中量）面积占 37.09％。速效钾含量丰富的耕地占本区耕地面积的 40.22％，中量以上水平（含中量）占本区耕地面积的 76.77％，中量以下水平（含中量）面积占 59.78％。本区土壤平均酸碱度属于中性，酸性土壤面积大于碱性土壤，酸性土壤占本区面积的 42.17％，碱性土壤占本区面积的 37.01％。本区土壤综合肥力处于中等水平，在施肥时应当稳定氮肥的用量，适当增加磷肥用量，补充钾肥用量，增施有机肥，合理分配氮、磷、钾肥的施用比例。提倡大力推广绿肥种植和推广秸秆还田技术，不断地增加土壤有机质的含量和改良土壤理化性质。注意酸性土壤和碱性土壤的改良，保土护埂，防止水土流失。

根据本区种植业区划布局、产量水平、肥料利用率、农户施肥调查、田间试验结果，本区主要种植水稻、玉米、茶叶、中药材、马铃薯、果树等作物，在遵循有机与无机相结合、用地养地相结合、大量元素与微量元素相结合的原则下，不同作物按照表 8-28 施肥量参考施用。

表 8-28　北部稳氮增磷增钾区不同作物施肥量参考表

作物	用量（kg/hm²）						
	商品有机肥	N	P₂O₅	K₂O	锌肥	硼肥	硅钙肥
水稻	1 500	90～180	60～120	105～180	15	7.5	450
玉米	1 800	210～300	75～120	180～225	22.5	15	300
茶叶	4 500	210～330	120～180	120～180	30	0	选择施用
中药材	3 000	120～270	60～135	90～225	选择施用	选择施用	选择施用
果树	3 000	180～300	75～150	210～300	30	7.5	选择施用
马铃薯	1 500	180～270	75～105	270～300	15	7.5	选择施用

第三节　主要作物施肥技术

一、作物施肥量的计算方法

运用养分平衡法，根据作物目标产量与土壤供肥量之差估算目标产量的施肥量，通过施肥补足土壤供应不足的那部分养分。施肥量的计算公式：

施肥量＝（目标产量所需养分总量－土壤供肥量）/（肥料中养分含量×肥料利用率）

养分平衡法涉及目标产量、基础产量、单位经济产量养分吸收量、土壤养分校正系数、肥料利用率、肥料中有效养分含量等参数。

目标产量确定后，因土壤供肥量的确定方法不同，形成了地力差减法和土壤有效养分校正系数法两种。

地力差减法是根据作物目标产量与基础产量之差来计算施肥量的一种方法，其计算公示为：

施肥量＝（目标产量－基础产量）×单位经济产量养分吸收量/（肥料中养分含量×肥料利用率）

土壤有效养分校正系数法是通过测定土壤有效养分含量来计算施肥量，其计算公式为：

施肥量＝（单位经济产量养分吸收量×目标产量－土壤测定值×0.15×有效养分校正系数）/（肥料中养分含量×肥料利用率）

二、主要农作物施肥技术参数的确定

（一）目标产量

目标产量即计划产量，是决定肥料需要量的原始依据。目标产量可采用平均单产法来确定。平均单产法是利用施肥区前三年平均单产和年递增率为基础确定目标产量，其计算公式是：

目标产量（kg/hm²）＝（1＋递增率）×前 3 年平均单产（kg/hm²）

一般粮食作物递增率为 10%～15%，蔬菜 20%～30%。

（二）基础产量

基础产量，即空白产量，为不施肥料时作物的产量。空白产量能很好反映耕地地力水平及作物产量高低。

（三）单位经济产量养分吸收量

单位量养分吸收量是指每生产一个单位经济产量时，作物地上部分养分吸收总量，通过对正常成熟的全株农作物全氮、全磷、全钾等养分的检测来计算。也可参考附录6取值。单位经济产量养分吸收量计算公式如下：

单位产量养分吸收量＝作物地上部分养分吸收总量×应用单位/作物经济产量。

单位产量氮吸收量＝（籽粒全氮含量×籽粒产量＋茎叶全氮含量×茎叶产量）/单位产量

单位产量磷吸收量＝（籽粒全磷含量×籽粒产量＋茎叶全磷含量×茎叶产量）×2.29/单位产量

单位产量钾吸收量＝（籽粒全钾含量×籽粒产量＋茎叶全钾含量×茎叶产量）×1.205/单位产量

（四）土壤养分校正系数

由于土壤养分的测定值是一个相对值而非绝对含量，计算公式为：

土壤养分校正系数＝空白区产量×作物单位产量养分吸收量/土壤速效测试值/0.15

（五）肥料利用率

肥料当季利用率是指当季作物从所施肥料中吸收利用的养分数量占肥料中该养分总量的百分数。一般氮肥利用率35％左右，磷肥20％左右，钾肥40％左右。

$$肥料利用率（\%）=\frac{全素区作物吸收该养分量－不施该养分区作物吸收该养分量}{肥料施用量×肥料中有效养分含量}×100$$

（六）肥料中纯养分含量

根据肥料各品种及其含纯 N、P_2O_5、K_2O 标量确定。一般尿素含 N 46％，磷肥（普钙）含 P_2O_5 12％～18％，钾肥含 K_2O 50％～60％。

三、主要农作物施肥技术

（一）水稻施肥技术

按照每形成100kg稻谷籽粒需要吸收纯氮（N）2.25kg、纯磷（P_2O_5）1.1Kg、纯钾（K_2O）2.7kg，若目标产量取 7 500kg/hm^2，基础产量 4 500kg/hm^2，在施用商品有机肥（有机质≥45％，无机养分≥5％）1 500kg/hm^2或农家肥 22 500kg/hm^2基础上，氮肥施用尿素（含 N 46％）、磷肥用普钙（含 P_2O_5 16％）、钾肥用氯化钾（含 K_2O

60％)，氮肥、磷肥、钾肥利用率分别为 35％、20％、40％，依据施肥量＝$\frac{（目标产量－基础产量）\times 单位经济产量养分吸收量}{肥料中养分含量\times 肥料利用率}$ 计算，则氮肥（N）施用量 192.9～385.7kg/hm²、磷肥（P_2O_5）施用量 165.0～330.0kg/hm²、钾肥（K_2O）施用量202.5～405.0kg/hm²、微量元素肥锌肥（7 水硫酸锌）22.5～30.0kg/hm²。有机肥、磷肥全部，氮肥 30％、钾肥 70％作为底肥，氮肥 50％作为分蘖肥，氮肥 20％、钾肥 30％作为穗粒肥。要施足底肥、早施蘖肥、巧施穗肥、酌情施粒肥。

(二)玉米施肥技术

按每形成 100kg 玉米籽粒需要吸收纯氮（N）2.57kg、纯磷（P_2O_5）0.86kg、纯钾（K_2O）2.14kg，若玉米目标产量取 6 750kg/hm²，基础产量 3 750kg/hm²，在施用商品有机肥（有机质≥45％，无机养分≥5％）1 500kg/hm²或农家肥 22 500kg/hm²，氮肥施用尿素（含 N 46％）、磷肥用普钙（含 $P_2O_5$16％）、钾肥用氯化钾（含 K_2O 60％），氮肥、磷肥、钾肥利用率分别为 35％、20％、40％，依据施肥量＝$\frac{（目标产量－基础产量）\times 单位经济产量养分吸收量}{肥料中养分含量\times 肥料利用率}$ 计算，则氮肥（N）施用量 220.3～440.6kg/hm²、磷肥（P_2O_5）施用量 129.0～258.0kg/hm²、钾肥（K_2O）施用量160.5～321.0kg/hm²、微量元素肥锌肥（七水硫酸锌）22.5～30.0kg/hm²，微量元素硼（农用硼砂）7.5kg/hm²左右喷施。有机肥、磷肥全部，氮肥 20％、钾肥 60％作为底肥（基肥），氮肥 20％作为苗肥，氮肥 50％、钾肥 40％作为穗肥（大喇叭口期施用），氮肥 10％作为粒肥。

(三)油菜施肥技术

按照每形成 100kg 油菜籽粒需要吸收纯氮（N）5.8kg、纯磷（P_2O_5）2.5kg、纯钾（K_2O）4.3kg，若油菜目标产量取 2 250kg/hm²，基础产量 1 200kg/hm²，在施用商品有机肥（有机质≥45％，无机养分≥5％）1 500kg/hm²或农家肥 22 500kg/hm²，氮肥施用尿素（含 N 46％）、磷肥用普钙（含 $P_2O_5$16％）、钾肥用氯化钾（含 K_2O 60％），氮肥、磷肥、钾肥利用率分别为 35％、20％、40％，依据施肥量＝$\frac{（目标产量－基础产量）\times 单位经济产量养分吸收量}{肥料中养分含量\times 肥料利用率}$ 计算，则氮肥（N）用量 174.0～298.3kg/hm²、磷肥（P_2O_5）131.3～225.0kg/hm²、钾肥（K_2O）112.9～193.5kg/hm²、微量元素肥硼（农用硼砂）7.5kg/hm²左右喷施。有机肥、磷肥全部，氮肥 20％、钾肥 60％作为底肥，氮肥 30％作为分苗肥，氮肥 50％、钾肥 40％作为蕾苔肥，初花期喷施硼肥 1～2 次。

(四)薯类施肥技术

1.马铃薯施肥技术

按每形成 100kg 马铃薯需要吸收纯氮（N）0.5kg、纯磷（P_2O_5）0.2kg、纯钾（K_2O）1.06kg，若马铃薯目标产量取 22 500kg/hm²，基础产量 13 500kg/hm²，在施用

商品有机肥（有机质≥45％，无机养分≥5％）1 500kg/hm² 或农家肥 22 500kg/hm²，氮肥施用尿素（含 N 46％）、磷肥用普钙（含 P_2O_5 16％）、钾肥用氯化钾（含 K_2O 60％），氮 肥、磷 肥、钾 肥 利 用 率 分 别 为 35％、20％、40％，依据 施肥量 ＝ $\dfrac{（目标产量－基础产量）\times 单位经济产量养分吸收量}{肥料中养分含量\times 肥料利用率}$ 计算，则氮肥（N）施用量 128.6～235.7kg/hm²、磷肥（P_2O_5）施用量 90.0～165.0kg/hm²、钾肥（K_2O）施用量 238.5～437.2kg/hm²、微量元素肥锌肥（七水硫酸锌）22.5～30.0kg/hm²。在施肥技术上掌握"前促、中控、后保"的施肥原则，实行有机肥、无机肥配合施用。注意肥、种（苗）用土相隔，防止烧种（苗）。有机肥、磷肥全部，氮肥 30％、钾肥 40％ 作为底肥，氮肥 30％ 作为苗肥，氮肥 40％、钾肥 60％ 作为薯块膨大期追肥。

2. 红薯（甘薯）施肥技术

按照每形成 100kg 红薯需要吸收纯氮（N）0.35kg、纯磷（P_2O_5）0.18kg、纯钾（K_2O）0.55kg，若红薯（甘薯）目标产量取 30 000kg/hm²，基础产量 18 000kg/hm²，在施用商品有机肥（有机质≥45％，无机养分≥5％）1 500kg/hm² 或农家肥 22 500kg/hm²，氮肥施用尿素（含 N 46％）、磷肥用普钙（含 P_2O_5 16％）、钾肥用氯化钾（含 K_2O 60％），氮 肥、磷 肥、钾 肥 利 用 率 分 别 为 35％、20％、40％，依据 施肥量 ＝ $\dfrac{（目标产量－基础产量）\times 单位经济产量养分吸收量}{肥料中养分含量\times 肥料利用率}$ 计算，则氮肥（N）用量 90.0～165.0kg/hm²、磷肥（P_2O_5）80.0～148.5kg/hm²、钾肥（K_2O）123.8～226.9kg/hm²、微量元素肥锌肥（七水硫酸锌）22.5～30.0kg/hm²。注意种（苗）、肥与土相隔，防止烧种（苗）。有机肥、磷肥全部，氮肥 30％、钾肥 40％ 作为底肥，氮肥 30％ 作为苗肥，氮肥 40％、钾肥 60％ 作为薯块膨大期追肥。

（五）蔬菜施肥技术

1. 叶菜类蔬菜

按照每形成 100kg 需要吸收纯氮（N）0.41kg、纯磷（P_2O_5）0.05Kg、纯钾（K_2O）0.38kg，若目标产量取 37 500kg/hm²，基础产量 22 500kg/hm²，在施用商品有机肥（有机质≥45％，无机养分≥5％）1 500kg/hm² 或农家肥 22 500kg/hm²，氮肥施用尿素（含 N 46％）、磷肥用普钙（含 P_2O_5 16％）、钾肥用氯化钾（含 K_2O 60％），氮 肥、磷 肥、钾 肥 利 用 率 分 别 为 35％、20％、40％，依据 施肥量 ＝ $\dfrac{（目标产量－基础产量）\times 单位经济产量养分吸收量}{肥料中养分含量\times 肥料利用率}$ 计算，则氮肥（N）用量 140.6～316.3kg/hm²、磷肥（P_2O_5）30.0～67.5kg/hm²、钾肥（K_2O）114.0～256.5kg/hm²、微量元素肥锌肥（七水硫酸锌）22.5～30.0kg/hm²。有机肥、磷肥全部、氮肥 60％、钾肥 60％ 作为底肥，氮肥 40％、钾肥 40％ 作为苗肥。

2. 茄果类蔬菜

按照每形成 100kg 需要吸收纯氮（N）0.45kg、纯磷（P_2O_5）0.5Kg、纯钾（K_2O）0.5kg，若目标产量取 52 500kg/hm²，基础产量 30 000kg/hm²，在施用商品

有机肥（有机质≥45％，无机养分≥5％）15 00kg/hm² 或农家肥 22 500kg/hm²，氮肥施用尿素（含 N 46％）、磷肥用普钙（含 P_2O_5 16％）、钾肥用氯化钾（含 K_2O 60％），氮肥、磷肥、钾肥利用率分别为 35％、20％、40％，依据施肥量 $=\dfrac{（目标产量－基础产量）\times 单位经济产量养分吸收量}{肥料中养分含量\times 肥料利用率}$ 计算，则氮肥（N）用量 289.3～482.1kg/hm²、磷肥（P_2O_5）562.5～937.5kg/hm²、钾肥（K_2O）281.3～468.8kg/hm²、微量元素肥锌肥（七水硫酸锌）22.5～30.0kg/hm²。微量元素肥硼（农用硼砂）7.5kg/hm² 左右喷施。有机肥、锌肥、磷肥全部，氮肥 20％、钾肥 60％ 作为底肥，氮肥 20％ 作为苗肥，氮肥 30％、钾肥 40％ 作为穗肥（初果期施用）。同时喷施肥硼，氮肥 30％ 在采收中期施用。

3. 根茎类蔬菜

按照每形成 100kg 需要吸收纯氮（N）0.60kg、纯磷（P_2O_5）0.31Kg、纯钾（K_2O）0.50kg，若目标产量取 37 500kg/hm²，基础产量 22 500kg/hm²，在施用商品有机肥（有机质≥45％，无机养分≥5％）1 500kg/hm² 或农家肥 22 500kg/hm²，氮肥施用尿素（含 N 46％）、磷肥用普钙（含 P_2O_5 16％）、钾肥用氯化钾（含 K_2O 60％），氮肥、磷肥、钾肥利用率分别为 35％、20％、40％，依据施肥量 $=\dfrac{（目标产量－基础产量）\times 单位经济产量养分吸收量}{肥料中养分含量\times 肥料利用率}$ 计算，则氮肥（N）用量 205.7～462.9kg/hm²、磷肥（P_2O_5）186.0～418.5kg/hm²、钾肥（K_2O）150.0～337.5kg/hm²。另微量元素肥锌肥（七水硫酸锌）22.5～30.0kg/hm²、微量元素肥硼（农用硼砂）7.5kg/hm² 左右喷施。有机肥、锌肥、磷肥全部、氮肥 20％、钾肥 60％ 作为底肥，氮肥 40％ 作为苗肥，氮肥 40％、钾肥 40％ 在根茎膨大期施用。

第九章
耕地资源管理信息技术开发与应用

第一节　触摸屏信息服务系统

触摸屏是目前最简单、方便且又适用于农户使用的信息查询输入设备，采用耕地施肥分区将各个地区进行划分，系统安装在触摸屏一体机上，能够放在公众场合使用，让农民及时方便地浏览、查看、打印所需的信息。

一、系统推广应用情况

根据遵义市各个县的立体生态特点，以触摸屏为载体，采用专家系统技术结合GIS技术，依托贵州省农业科技信息研究所，开发功能实用的耕地测土配方施肥触摸屏信息服务系统，其中县级系统已经分别在播州区、桐梓县、绥阳县、正安县、道真县、务川县、凤冈县、湄潭县、余庆县、习水县、赤水市、仁怀市共计个12个县（区、市）安装使用，共计14台。乡镇级系统分别在播州区的三合镇、尚嵇镇、石板镇、鸭溪镇、龙坪镇、茅栗镇、新民镇、三岔镇，桐梓县的娄山关镇、花秋镇、高桥镇、九坝镇、茅石乡、尧龙山镇、狮溪镇、水坝塘镇、小水乡、松坎镇、新站镇、官仓镇，绥阳县的洋川镇、郑场镇、旺草镇、风华镇、蒲场镇、温泉镇，正安县的安场镇、瑞溪镇、杨兴乡，务川县的丰乐镇，凤冈县的进化镇、琊川镇，余庆县的敖溪镇、松烟镇、龙溪镇，习水县的东皇镇、土城镇、良村镇、回龙镇、醒民镇、同民镇、程寨乡、仙源镇、永安镇进行安装使用，共计44台。

此外，遵义市土肥站利用农业部种植业管理司和全国农业技术推广服务中心开发的县域测土配方施肥专家系统V2.0版本对红花岗区、汇川区2个区进行了测土配方施肥技术的推广应用。镇级系统安装在红花岗区的金鼎镇和汇川区的泗渡镇，系统相关界面图见图9-1～图9-4。

目前遵义市14个县（区、市）已经达到测土配方施肥触摸屏查询信息系统全覆盖。

二、系统功能与结构

由贵州省农业科技信息研究所开发的触摸屏版耕地测土配方施肥信息服务系统分为县级和乡镇级两个级别，县级和乡镇级系统主界面均包括6个按钮，表示组成系统的6大模块，分别是"本县概况"或"本乡、镇概况""地图推荐施肥""样点推荐施肥""测土配方施肥知识""作物栽培管理知识""农业技术影像课件"（图9-5、图9-6）。

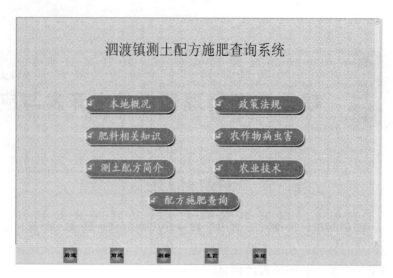

图 9-1　系统登录界面

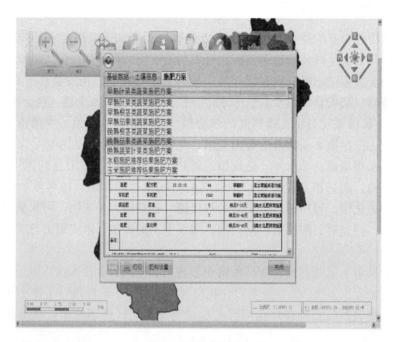

图 9-2　不同作物施肥方案

（一）地图推荐施肥

地图推荐施肥是以土壤测试和肥料田间试验为基础，根据作物需肥规律、土壤供肥性能和肥料效应，在合理施用有机肥的基础上，对具体田块的目标产量需肥量和最佳经济效益施肥量计算，提出氮、磷、钾及中微量元素等肥料的施用数量、施肥时期和施肥办法。地图推荐施肥技术的核心是调节和解决作物需肥与土壤供肥之间的矛盾。

在系统主界面点击"地图推荐施肥"按钮打开地图推荐施肥界面，如图 9-7 所示。

图 9-3　土壤信息查询

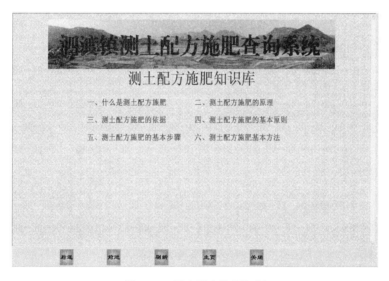

图 9-4　测土配方施肥知识

界面下方的一排按钮提供了基本的地图导航功能（包括放大、缩小、全图和漫游等）。界面左侧是图层树状表，包括样点、县界、乡镇界、村界、公路、水库（河流）、城镇、居民地、施肥单元等图层，用户可以通过勾选图层名选择需要加载的图层，界面右侧是图层显示窗口。

在进行"推荐施肥"计算之前，首先要加载施肥单元图层，用户可以在界面左侧的图层树状表中勾选施肥单元图层，实现施肥单元图层的加载。施肥单元包括旱地、水田，分别用浅绿色、浅红色表示。用户可通过"放大""漫游"来寻找地块，再对耕地单元进行"推荐施肥"计算。

系统在进行施肥决策时，所有"条件"在一个界面完成选择输入（图 9-8），在"条

图 9-5　系统登录界面

图 9-6　系统主界面

件"方面系统调用前期采集的信息数据库中的数据（如土种类型、质地、土壤养分测试值等），以简化咨询流程。农户根据所在区域的特点及自身经验对界面中参数进行一定程度的调整，调整后点击"计算施肥量"按钮进行施肥量计算，系统自动打印施肥推荐卡。施肥推荐卡上包括该单元地理位置、土种名称、土壤养分测试值，施肥纯量、总肥料用量、各期追肥用量等内容，更加直观地为农民提供土壤资源情况和安全施肥信息。

（二）样点推荐施肥

样点推荐施肥与地图推荐施肥不同的是可以通过村名、农户、地块名称的选择确定需要查看的地块，为不熟悉地图方位的用户提供了便利。对采样地块的科学推荐施肥是本模块的核心功能。在获得采样地块的详细信息的基础上，选择现有的模型，根据所在区域的

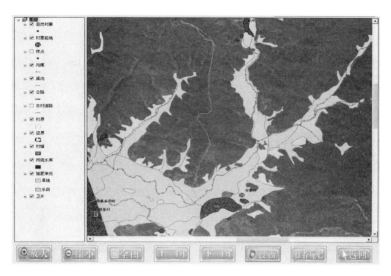

图 9-7　地图推荐施肥界面

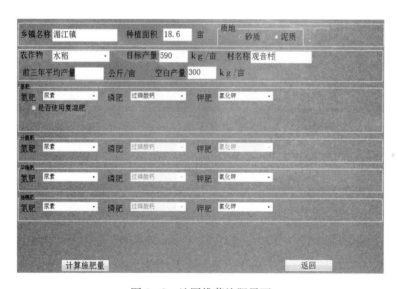

图 9-8　地图推荐施肥界面

土壤条件推理出推荐施肥结果，用户根据所在区域的特点及自身经验进行一定程度的调整，最终形成推荐施肥结果—系统推荐施肥建议卡。

打开样点推荐施肥界面（图 9-9），用户可以通过下拉框选择乡镇名称、村名称、农户名称、地块名称及统一编号等指定具体的地块。系统自动导入该田块面积、土种名称、土壤采样时间及养分测试值等，然后点击左下方的"计算施肥量"按钮进行施肥量的推荐（图 9-10）。

（三）耕地测土配方施肥知识

测土配方施肥知识模块由缺素症状、测土配方施肥知识和肥料知识 3 部分内容组成

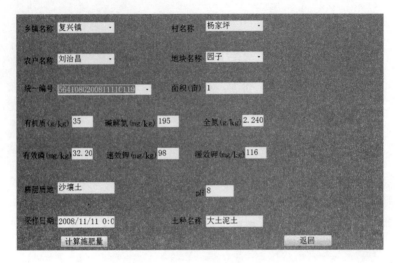

图 9 - 9　样点推荐施肥界面

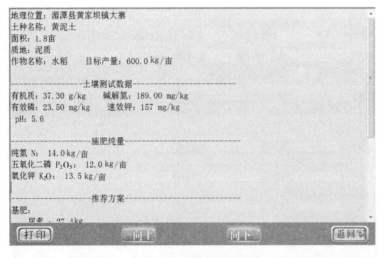

图 9 - 10　推荐施肥结果界面

（图 9 - 11），主要介绍常见作物缺素症状以及肥料施用常识等。

　　作物在生长过程中常由于缺乏氮、磷、钾或中微量元素发生生长异常，"缺素症状"收集了水稻、玉米、油菜和马铃薯等常见作物的缺素症状，辅以大量田间照片，图文并茂，形象生动。"测土配方施肥知识"部分主要介绍测土配方施肥的相关知识，指导用户科学施用配方肥。肥料知识部分主要介绍常见肥料的品种特性、施用方法及注意事项等。

（四）作物栽培管理知识

　　作物栽培管理知识模块主要介绍了水稻、玉米、油菜、马铃薯、烤烟、蔬菜、柑橘等常见作物的优良品种、栽培技术、管理技术以及病虫害防治技术等（图 9 - 12）。为用户掌握先进的作物栽培管理技术提供了参考。

图 9-11　测土配方施肥知识界面

图 9-12　作物栽培管理知识界面

（五）农业技术影像课件

农业技术影像课件模块主要播放主要作物的栽培、病虫防治等与农业生产密切相关的视频，形象直观地展示农业常识和农业技术（图 9-13）。播放窗口有视频播放控制控件，可以播放、暂停和停止视频播放，拖动声音控制滑块调节声音的大小，拖动播放进度块可以实现视频任意点播放。通过界面下方的"上一个"和"下一个"的按钮，实现视频的顺序播放。

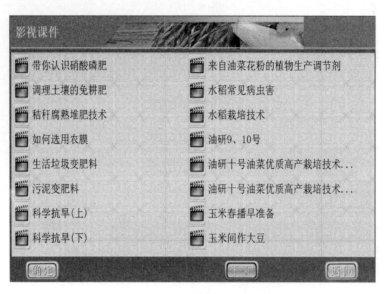

图 9-13　农业技术影像课件界面

三、系统后台管理

后台管理主要用于维护和更新技术资料数据库。后台管理分为栏目管理、内容管理、视频管理和施肥参数 4 部分组成，管理员可以在后台对数据进行增加、更改或删除操作，系统界面见图 9-14。

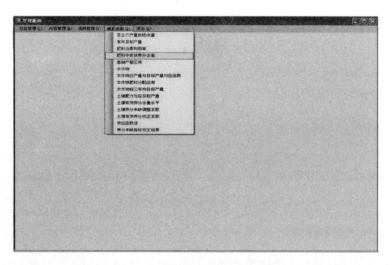

图 9-14　施肥参数下拉菜单界面

"栏目管理"和"内容管理""视频管理"允许用户对各级标题及内容进行增加、修改和删除操作。系统还提供了数据查询和数据导出功能。

"施肥参数"模块提供了查询、修改和导出现有配方施肥参数的功能。施肥参数较多，包括作物百千克产量养分吸收量、常年目标产量、肥料当季利用率、农作物空白产量与目标产量对应函数、农作物肥料分配运筹、农作物前三年平均产量与目标产量增产率、土壤养分丰缺调整系数、土壤养分丰缺指标、土壤有效养分校正系数、效应函数法推荐施肥等。用户可以根据施肥试验结果对施肥参数进行修改调整。

第二节　手机信息查询系统

一、系统推广应用情况

针对农技人员与农民对施肥信息的需求，结合遵义市生态特点，集成农业专家系统技术、嵌入式系统技术、GIS 技术，设计开发基于智能手机平台的 Android 操作系统下的县级耕地测土配方施肥手机查询信息系统。该系统所需硬件投入低，并具有嵌入式移动 GIS 所具有的高集成和便携使用的优势，能弥补因大部分基层农技推广部门和农民的计算机软硬件设施力量有限，网络建设力量薄弱等所导致耕地测土配方施肥触摸屏查询系统使用的局限性，非常适合农村基层使用。目前县级耕地测土配方施肥手机查询信息系统已经在习水县和汇川区进行了安装使用，共计 24 台。

二、系统结构与功能

系统由首页、施肥、技术、视频、查询、维护部分组成。系统可对田间耕地的任何位点进行定位，根据地块土壤养分等各方面自然原因，按照具有科学规定的配方施肥计算公式，对水稻、玉米、油菜、马铃薯 4 种农作物施肥中氮、磷、钾肥的使用量、施用时期分配进行推荐。同时，在本系统中提供各种农业相关的技术知识以及视频等，更好地为作物种植提供有效有力的帮助。

（一）用户与权限

用户在注册成功后，登录系统，能够根据用户归属地进行归属地的测土配方施肥查询（图 9-15），同时，能够浏览和观看农业技术知识和视频。用户未登录进入系统，直接跳转到登录页面，提示登录才能访问系统其他功能。

（二）首页

首页展示登录用户归属地的简介，包括地理环境、人文风俗、特色特产，地力等级等相关介绍见图 9-16。

（三）施肥

施肥模块是本系统的核心部分，具有推荐施肥与施肥相关知识两大类内容，其中推荐施肥又分为地图推荐施肥、样点推荐施肥，施肥相关知识包括施肥知识、肥料知识、缺素症状等技术资料见图 9-17～图 9-19。

在推荐施肥量时有目标产量的三种获取方法选择推荐模型。在用户能提供空白产量的情况下采用地力差减法计算，其中目标产量由用户指定的空白产量通过"农作物空白产量与目标产量对应函数"生成；当用户提供不了空白产量而提供前三年平均产量时，采用土

图 9-15　系统登录界面图

图 9-16　系统首页界面图

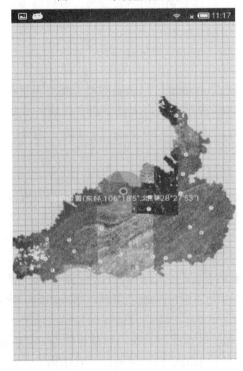

图 9-17　地图推荐施肥界面图

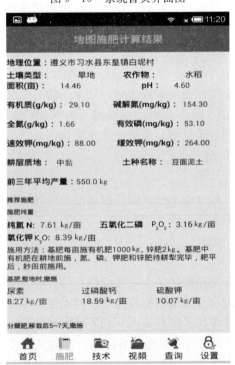

图 9-18　地块推荐施肥计算

壤养分校正系数进行计算，目标产量由用户指定的农作物前三年平均产量通过"农作物前三年均目标产量"中的"增幅"生成。当用户无法确定农作物前三年平均产量和空白产量时，可以通过直接输入"目标产量"，采用肥料效应函数法计算出的区域施肥量进行推荐。计算出的施肥量经过土壤养分丰缺程度进行施肥策略较正。

（四）技术

技术菜单中，主要是对水稻、玉米、油菜、马铃薯农业相关技术知识的介绍与学习，存在多级菜单，当点击子菜单下还存在菜单，展示菜单列表，若点击菜单下不存在菜单，展示文章列表，见图9-20。

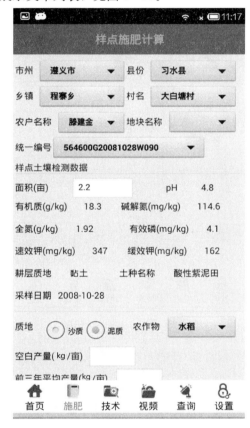

图 9-19　样点推荐施肥界面图

图 9-20　系统技术界面图

（五）视频

视频，可以下载农业技术知识视频到手机上，进行离线观看。若点击的观看的视频没有下载，则提示进行下载后观看，已经下载了的视频，直接进入播放页面。观看中的视频可以进行快进、快退或暂停（图9-21）。

（六）查询

查询功能主要分为土壤属性查询和采样点查询两类。土壤属性查询可以根据行政区划进行查询，用户通过选择县（区、市）名称、乡镇名称、村名称对不同级别行政区耕地土壤属性进行查询。采样点查询则是需要用户输入具体测土配方施肥项目采样点统一编号来进行查询，见图9-22。

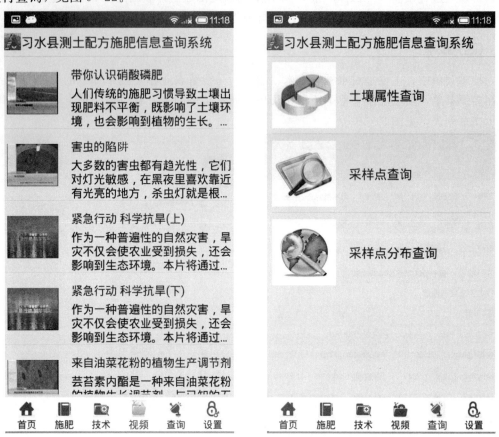

图9-21　系统视频界面图　　　　　　　图9-22　系统查询界面图

（七）设置

设置页面可以进行用户登录、退出、信息查看、日志查看、下载数据等操作。在登录时，可以设置默认登录，设置后再次进入应用，不需要进行登录，系统给予默认登录。其他操作必须在用户登录的前提下才能够进行访问。

第三节　桌面信息服务系统

一、系统推广应用情况

遵义市耕地测土配方施肥桌面信息服务系统是以县为单位，集成农业专家系统技术、嵌入式系统技术、GIS技术开发的。目前已运用到凤冈县、习水县和仁怀市，共计3个县、市。系统安装在县农牧局的土肥站、农技中心，乡镇农技站等部门办公电脑上，为基层农技人员提供技术服务。同时，结合贵州省近年推进实施"小康讯"计划、精准扶贫建档立卡配置计算机、村村通宽带等项目的实施，将单机桌面版系统全部安装到这些县的全部行政村村委会，系统推广成本大大地降低，推广应用成效显著提高。

二、系统结构与功能

系统总体上包括地图操作、配方施肥、技术资料、系统设置与维护等功能模块，系统主界面图见图9-23～图9-25。

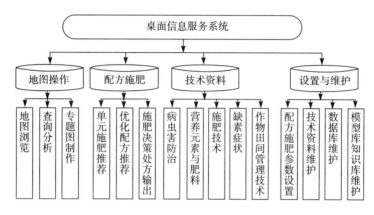

图9-23 系统模块组成

图9-24 习水县桌面系统主界面图

（一）地图操作

在涉及地图操作的时候，用户可通过各种地图工具进行放大、缩小、漫游、长度面积量测等基本操作，图层的增加与修改，对系统图层的颜色、样式、标注方式等属性进行修改，可实现地图的输出与打印（图9-26）。

提供对地块信息查询、相关图层信息查询。支持字段查询、SQL表达式查询等属性

图 9 - 25　仁怀市桌面系统主界面图

数据查询，支持点位查询、空间关系查询、相邻要素查询等多种空间方式的查询，并支持空间-属性数据关联查询。系统可根据图形查询属性和根据属性条件查询相应的图形。

良好的专题图能十分直观地表示当前一种或几种自然或社会经济现象的地理分布，或强调表示这些现象的某一方面特征，系统中应用专题地图来表现配方施肥相关的专题信息。

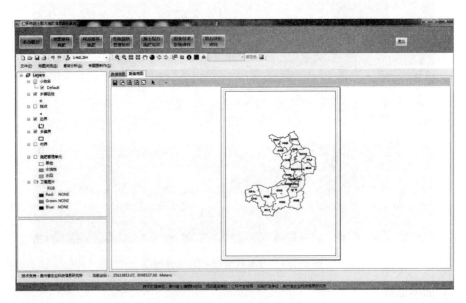

图 9 - 26　地图操作面图

（二）配方施肥

配方施肥包括优化配方推荐、推荐结果查询和样点推荐。对采样地块的推荐施肥是本系统的核心功能。在获得采样地块的详细信息的基础上，选择现有的模型，根据所在的区域推理出推荐施肥结果，用户根据所在区域的特点及自身经验进行一定程度的调整，最终形成配方施肥结果（配方施肥建议卡）。进行施肥决策时，所有"条件"在一个界面完成选择输入，在"条件"方面应尽可能应用空间数据、属性数据和评价成果得到数据，以简化咨询或选择流程（图 9 - 27）。

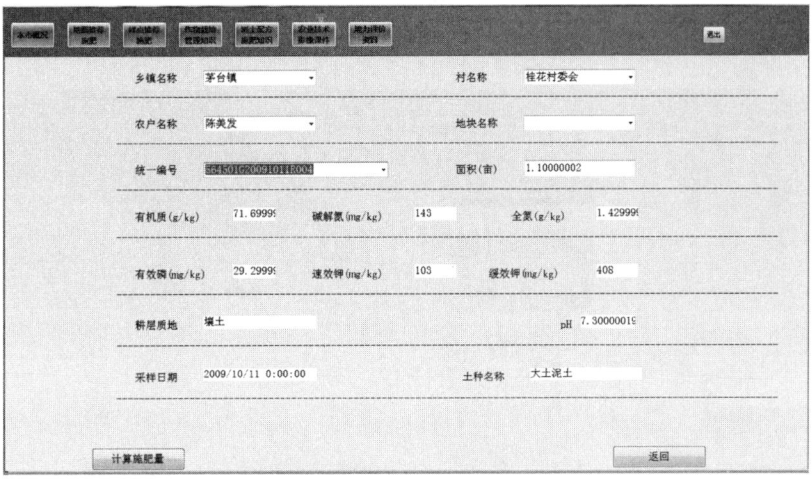

图 9 - 27　样点施肥推荐查询界面

用户在获得推荐结果后可以将结果存贮在系统中供以后查阅，用户在打印预览步骤中可以通过设置打印机直接打印配方施肥建议卡，也可将配方施肥建议卡以文本或专题图等格式导出到电脑上以备后用。配方施肥建议卡中包括选定地块的土壤养分含量及丰缺度、选定作物目标产量下的肥料施用量和作物施肥指导，如选择了复合肥，同时显示复混肥的使用量和配比（图 9 - 28）。

图 9 - 28　施肥推荐方案界面

（三）技术资料

包括与测土配方施肥、作物栽培管理相关的文本、影像等数据资源文件。其中作物栽培管理（图9-29）包括：农药知识、果园杂草、作物栽培管理技术、农产品加工技术、农业机械、畜禽养殖技术、沼气生产。测土配方施肥知识包括：作物营养失调、肥料知识、施肥知识、测土配方施肥项目资料、耕地地力评价、专题报告。

图9-29 作物栽培管理界面

三、系统维护

系统维护主要面向有一定专业知识的系统管理人员，通过导入系统数据功能可对数据库文件进行批量导入，用户可通过多种方式下载最新系统数据，对系统数据库的数据进行更新；通过备份系统数据库功能可对系统数据进行备份和保存；通过对技术资料内容进行修改和更新，利于农事操作新技术、新方法的推广；通过对系统参数等的修改，使生成的配方肥推荐结果更加适合当地的实际情况。

附　录

附录一　土壤剖面挖掘及形态观察鉴定

土壤剖面，是土壤在自然状态下的垂直切面（纵切面）。土壤剖面中常显现出一定的层次性，这层次称之土壤发生层次。发生层次在土壤剖面上的排列情况，称之为土壤剖面构造。

土壤剖面构造在一定程度上反映了土壤形成过程中的生物学和物理化学综合作用的实质。因此，为了判断土壤类别、土壤性状、肥力特性和土壤障碍因子等，都必须在实地观察和鉴定土壤剖面的形态特征。

在进行土壤剖面观察时，虽可利用自然剖面（如因土壤自然崩塌或开路挖渠等而露出的土壤剖面）或借助于土钻钻取各层土壤进行观察。但这些方法都存在着代表性不强和可能造成土壤变形等的缺点，因此只能作为一种辅助的方法。若要详细地和具有代表性观察鉴定土壤剖面，就必须选择具有代表性的地点挖掘土坑，进行土壤剖面的观察。

（一）剖面的挖掘与整修

当选择好具有代表性的地点（应包括土壤类型、分布面积等方面的代表性）后，即在那里挖一个长约 2m、宽约 1m、深约 1m（视要求而定）的土坑。在挖土坑时应注意：

1. 选择土坑向阳的一壁作为观察面，另一面作成阶梯，便于下坑观察。

2. 挖坑时应注意将表土堆在一侧，下层的土堆在另一侧，以便观察完毕后，土填回去时不打乱原土层。在作为观察面的一端不能堆土也不能践踏。

当土坑挖好后，要对观察面进行整修。方法是先将观察面用小土铲从上向下铲平，然后用剖面刀（或电工刀）自上而下轻轻拨落表面上的土块，以便露出其自然剖面。有时为了便于分清土壤剖面上各层次的界线，在整修剖面时也可保留一部分已铲平的壁面。

（二）剖面观察与分层

在观察剖面时，一般要先离远一些看，这对全剖面的土层组合情况易于看清楚，然后再走进仔细观察，在观察中可根据土壤的形态特征（如颜色、质地、结构、紧实度、新生体等），再参考环境因素，推断土壤发育过程和具体划分出土壤的各个发生层次，再量出每个层次的厚度。

农业土壤一般可划为表土层（耕层）、心土层和底土层。

在丘陵山区如有半风化母质或母岩出现时，可再划一个母质层。

水稻土发生层次形态各异，有耕作层（Aa）、犁底层（Ap）、渗育层（P）、潴育层（W）、潜育层（G）、淀积层（B）、漂洗层（E）、母质层（C）等。

旱作土可划分为耕作层（A）、犁底层（Ap）、淀积层或心土层（B）、母质层（C）、母岩层（R）。

不同类型土壤，在层次组合上差异很大，有些土壤有完整的上述各层次，有些土壤只出现上述层次中的某几个。常由于层次的组合不同，其肥力水平也不相同。

土壤剖面中有时会出现一些特殊层次，如白土层、泥炭层、铁盘（或铁锰结核）层等。对这些层次要作详细观察和记录。

（三）剖面记载

在剖面观察和分层的基础上，要对土壤剖面上各发生层次进行逐层的详细观察和做一些简单理化性质的现场速测，并对结果做必要的描述和记录。需要做观察记录的主要项目有：

1. 环境条件

环境条件包括地形、母质、植被等。

2. 土壤颜色

对土色的描述一般是用肉眼观察其颜色，在命名时一般是将主色放在后面，副色放在前面。如黄棕色，表示以棕色为主带有黄色。另由于土壤颜色常会因受到光线和土壤水分含量等的影响而有所变化，故在对土色描述时应注意这方面的问题。

3. 土壤湿度

一般在描述时将其分成干、润、潮、湿4级。

干：手摸无湿的感觉，土色比潮、湿时浅得多。

润：手摸有潮润感，但不会在手上留下湿的痕迹而有阴凉感觉。

潮：用手挤不出水来，但手上会有湿的痕迹。

湿：用手可挤出水来。

另如有地下水、侧流水等应作详细记录。

4. 土壤质地

详见附录三　土壤质地野外鉴别方法。

5. 松紧度（坚实度）

一般是指土壤对进入土层的工具之抵抗能力的大小，在野外可用小刀（或铅笔）来测试。一般分为：

极坚实：小刀几乎不能插入土中。

坚实：用力后可插入。

较坚实：用力不大即能插入土内2～3cm。

疏松：稍用一点力，便可较深地插入土内。

松散：不需用力即可插入土内很深。

这种测定方法，由于人为误差很大。现在也有使用"土壤坚实度计"来测定。它是根据一个圆柱形或圆锥形探头压入土壤时，所受到的阻力大小来表示土壤的坚实度，单位是kg/m^2（或kg/cm^2）。

6. 土壤结构

按土壤结构之大小、形状不同将其分为粒状、核状、团块状、块状、柱状、棱柱状、片状等。

7. 新生体

新生体是指在土壤形成过程中所产生的各种结核（如铁锰结核、石灰结核等）、斑纹（如铁锰锈斑、绣纹等）、硬盘以及各种胶膜等。

8. 侵入体

侵入体是指混入土壤中的外来物如砖块、煤屑等。

9. 根系分布及动物穴情况

根系分布及动物穴情况是指各层次中根系分布情况和动物穴大小、数量等。

10. 土壤酸碱度、石灰反应（即盐酸反应）和土壤速效性养分状况。

土壤剖面的观察记录项目，可按研究目的不同，有所增减。

（四）剖面样品的采集

在逐层观察记载剖面形态后，即可进行剖面样品及土样的采集。土壤剖面样品根据研究目的和要求方法不同，可有以下两种采集方式：

1. 纸盒标本

纸盒标本又叫比样标本，它主要用做室内土壤评比、分类和陈列之用。采集方法是，在每个土层的中心部位，切取一块土壤，其大小以纸盒（或塑料盒）的分格大小为准。各层土样要尽力保持原状，采集时要按从下向上反顺序采集，装盒时要按从上向下依次排列。采好后应用铅笔在采样盒上写明采样地点、经纬度、土壤名称、剖面编号、各层次厚度、采集时间、采集人等。

2. 土壤剖面整段标本

主要用做教学、陈列和较详细的室内观察之用。它是在野外直接采取处于自然状态下的土壤剖面整体。一般是先定制一个 $100\,cm \times 25\,cm \times 8\,cm$ 左右的木箱（或铝制盒），将土壤剖面在原地修复成一个与木箱（或铝制盒）大小相似的凸面后将木箱（或铝制盒）套入，再用土铲将整个剖面切下，经修复后运回室内。这种整段标本很重，运输不方便。现在改用高分子黏合剂，先在土壤剖面上反复涂刷数次，再将布或者薄木板粘在土壤剖面的凸面上，待稍干后用土铲小心地铲下，这样也可得到一个粘在布上（或薄木板上）的薄层整段剖面标本，便于运输。

（五）工具

土铲、锄头、钢卷尺、剖面刀、环刀、GPS、相机、土壤剖面观察记载表、剖面盒、土样带等。

附录二　土壤剖面层次及代码

A——旱地耕作层，Aa——水稻土耕作层，B——淀积层，C——母质层，Ap——犁底层，W——潴育层，P——渗育层，E——漂洗层，G——潜育层，R——母岩，M——腐泥层。

两个大写字母连在一起的表示两种主要发生层特性的土层，第一个字母表示这个过渡层的性状更详尽的那个主要发生层。

在大写字母的左下角附加下标小写字母是对主要发生层的修饰，进一步说明土层的特性，表示同一土层出现两个性质。

附录三　土壤质地野外鉴别方法

在田间快速并粗略地鉴定土壤质地，可用肉眼或放大镜观察土壤颗粒，用手指对干土或湿土的感觉，判断它的粗细，凭土壤在一定水分条件下成型性的表现，再根据附表3-1中所列的田间鉴别土壤质地的指标，从而粗略估测土壤质地。

附表 3-1　田间鉴定土壤质地的指标

质地名称	土壤干时在手指尖研磨时的感觉和听到的声音	在湿润状态下用手指搓捏成型性的表现	用放大镜或直接用肉眼观察形状
松沙土	几乎全是沙粒，极粗糙，有沙沙声	不成细条也不成粒	主要为沙粒
沙壤土	沙粒占优势，有少许黏粒，很粗糙有响声	成型性差，能做成球但不能成条	沙粒为主，伴有黏粒
轻壤土	粗细不一的粉末，粗的较多，有粗糙感	略有可塑性，可搓成小土条，但拿起易断裂	主要为粉粒
中壤土	粗细不一的粉末，稍有粗糙感	有可塑性，可成土条，但弯曲成小圈时容易断裂	主要为粉粒
重壤土	粗细不一的粉末，细的较多，略有粗糙感	可塑性明显，可成土条，并能弯成小圈不断裂，压扁时有裂缝	主要为粉粒，伴有沙粒
黏土	细而均一的粉末，有滑感	可塑性较强，胶黏性也强。可成土条能弯成小圈，压扁时无裂缝	主要为黏粒

附录四　主要作物单位产量养分吸收量

主要作物单位产量养分吸收量见附表4-1。

附表 4-1　主要作物单位产量养分吸收量

单位：kg

作物	收获物	形成 100kg 经济产量所吸收的养分量		
		氮（N）	五氧化二磷（P$_2$O$_5$）	氧化钾（K$_2$O）
水稻	籽粒	2.25	1.10	2.70
冬小麦	籽粒	3.00	1.25	2.50
玉米	籽粒	2.57	0.86	2.14
高粱	籽粒	2.60	1.30	1.30
甘薯	鲜块根	0.35	0.18	0.55
马铃薯	鲜块根	0.50	0.20	1.06
大豆	豆粒	7.20	1.80	4.00
豌豆	豆粒	3.09	0.86	2.86

（续）

作物	收获物	形成100kg经济产量所吸收的养分量		
		氮（N）	五氧化二磷（P_2O_5）	氧化钾（K_2O）
花生	荚果	6.80	1.30	3.80
油菜	菜籽	5.80	2.50	4.30
芝麻	籽粒	8.23	2.07	4.41
烟草	鲜叶	4.10	0.70	1.10
黄瓜	果实	0.40	0.35	0.55
茄子	果实	0.30	0.10	0.40
番茄	果实	0.45	0.50	0.50
胡萝卜	块根	0.31	0.10	0.50
萝卜	块根	0.60	0.31	0.50
卷心菜	叶球	0.41	0.05	0.38
洋葱	葱头	0.27	0.12	0.23
芹菜	全株	0.16	0.08	0.42
菠菜	全株	0.36	0.18	0.52
大葱	全株	0.30	0.12	0.40
柑橘	果实	0.60	0.11	0.40
苹果	果实	0.30	0.08	0.32
梨	果实	0.47	0.23	0.48
柿	果实	0.59	0.14	0.54
葡萄	果实	0.60	0.30	0.72
桃	果实	0.48	0.20	0.76

附录五　主要作物养分含量

主要作物养分含量见附表5-1。

附表5-1　主要作物养分含量

单位：%

作物名称	果实			茎叶		
	N	P	K	N	P	K
水稻	1.212	0.300	0.370	0.773	0.130	1.804
玉米	1.465	0.317	0.528	0.748	0.412	1.266
小麦	2.160	0.370	0.425	0.565	0.067	1.280
油菜	3.966	0.679	1.236	0.782	0.149	1.506
大豆	6.272	0.636	1.713	1.289	0.173	1.287
花生	4.182	0.305	0.723	1.343	0.127	0.841
豌豆	4.377	0.410	1.100	1.400	0.153	0.415
高粱	1.326	0.385	0.397	0.436	0.170	1.206
荞麦	1.100	0.180	0.230	0.850	0.310	1.810
蚕豆	3.959	0.534	1.100	4.160	0.100	1.102
甘薯	0.671	0.264	0.596	1.453	0.296	1.333
马铃薯	1.167	0.181	1.259	0.987	0.086	0.668
芝麻	3.028	0.668	0.502	0.386	0.107	2.107
烤烟	2.634	0.184	1.849	1.626	0.286	2.714
甘蔗	0.221	0.048	0.295	0.061	0.081	0.470

附录六 土

土种性状见附表 6-1。

附表 6-1

土类	亚类	土属	土种	剖面构型	土体厚度(cm)	成土母质	抗旱能力(d)	耕地坡度级(级)		海拔(m)		有效积温(℃)		年降水量(mm)		耕层质地
								范围	平均值	范围	平均值	范围	平均值	范围	平均值	
水稻土	淹育型水稻土	浅黄泥田	黄泡沙田	Aa-Ap-C	70	砂页岩坡残积物	18	1~5	3.54	405~1 406	960	3 600~5 500	4 400	873~1 336	1 089	沙壤~中黏
			黄沙田	Aa-Ap-C	40	砂岩坡残积物	12	1~5	3.43	300~1 440	934	3 550~6 000	4 598	850~1 160	994	松沙~中黏
		浅鳝泥田	扁沙田	Aa-Ap-C	50	灰绿色/青灰色页岩坡残积物	17	1~5	3.61	340~1 472	853	3 500~6 000	5 268	950~1 400	1 103	松沙~中黏
			死黄泥田	Aa-Ap-C	80	页岩坡残积物	22	1~5	3.3	678~1 400	838	3 600~4 800	4 181	1 000~1 300	1 185	中壤~中黏
			豆瓣田	Aa-Ap-C	80	页岩坡残积物	22	1~5	3.31	340~1568	935	3533~6000	4634	850~1332	1091	轻壤~中黏
			豆面黄泥田	Aa-Ap-C	80	页岩坡残积物	22	1~5	3.48	340~1 500	898	3 847~5 500	4 397	850~1 300	1 147	轻黏~中黏
		浅灰泥田	灰沙田	Aa-Ap-C	60	白云质灰岩/燧石灰岩坡残积物	18	1~5	3.21	419~1 467	928	3 500~6 000	4 398	950~1 400	1 091	沙壤~中黏
			大土黄泥田	Aa-Ap-C	70	石灰岩坡残积物	20	1~5	2.68	680~1 112	869	3 900~4 600	4 392	1 052~1 300	1 148	轻壤~中黏
			死胶泥田	Aa-Ap-C	60	泥灰岩坡残积物	17	1~5	3.18	792~1 062	910	4 173~4 200	4 199	1 056~1 209	1 123	重壤、中黏
		浅紫泥田	浅紫泥田	Aa-Ap-C	40	中性/钙质紫色砂页岩残积物	12	1~5	3.64	500~1 335	802	4 000~5 500	4 793	950~1 250	1 021	轻黏、中黏
			浅紫沙田	Aa-Ap-C	60	紫红色砂岩坡残积物	17	1~5	3.81	380~1 302	710	4 000~5 500	5 156	800~1 161	957	中壤~中黏
			浅紫血泥田	Aa-Ap-C	80	酸性紫色页岩坡残积物	26	1~5	3.18	443~1 388	841	4 000~5 500	4 718	821~1 200	1 040	重壤~中黏
			幼紫胶泥田	Aa-Ap-C	70	紫色泥砾岩坡残积物	19	2~5	3.2	874~1 100	956	4 583~4 600	4 599	1 136~1 157	1 146	轻黏
	渗育型水稻土	渗潮砂泥田	潮砂泥田	Aa-Ap-P-C	90	溪/河流冲积物	26	1~5	3.4	446~1 130	873	4 000~5 209	4 351	850~1 300	1 026	沙壤~中黏
			黄潮泥田	Aa-Ap-P-C	90	溪/河流冲积物	26	1~5	3.21	300~1 285	798	3 879~6 000	4 450	850~1 300	1 143	沙壤~重黏
			砂底潮泥田	Aa-Ap-P-C	40	溪/河流冲积物	13	1~5	2.79	558~998	811	3 500~5 973	4 792	950~1 333	1 109	松沙~中黏
		渗灰泥田	黄胶泥田	Aa-Ap-P-C	60	泥灰岩坡残积物	18	1~5	2.97	342~1 534	876	3 500~6 000	4 517	800~1 396	1 071	重壤~重黏
			大土泥田	Aa-Ap-P-C	70	石灰岩坡残积物	20	1~5	3.27	341~1 591	895	3 500~6 000	4 460	847~1 400	1 130	轻壤~中黏
			灰小土黄泥田	Aa-Ap-P-C	70	石灰岩坡残积物	20	1~5	3.14	440~1 298	877	3 500~5 500	4 403	888~1 400	1 155	重壤~中黏
			灰砂泥田	Aa-Ap-P-C	60	白云灰岩/白云岩坡残积物	17	1~5	3.15	331~1 591	929	3 500~5 500	4 394	850~1 400	1 131	松沙~轻壤
		渗马肝泥田	黄泥田	Aa-Ap-P-C	90	老风化壳/黏土岩/泥页岩/板岩坡残积物	24	1~5	3.25	402~1 540	912	3 500~5 500	4 377	900~1 400	1 159	沙壤~重黏
		渗砂泥田	黄砂泥田	Aa-Ap-P-C	90	砂岩坡残积物	26	1~5	3.33	404~1 577	907	3 500~5 500	4 543	900~1 331	1 063	轻壤~重黏
			黄泡砂泥田	Aa-Ap-P-C	90	砂页岩坡残积物	26	1~5	3.33	400~1 444	978	3 718~5 500	4 384	900~1 253	1 092	中壤~重黏

种性状

土种性状

耕层厚度(cm)		pH		有机质(g/kg)		全氮(g/kg)		碱解氮(mg/kg)		有效磷(mg/kg)		缓效钾(mg/kg)		速效钾(mg/kg)		面积
范围	平均值	范围	平均值	范围	平均值	范围	平均值	范围	平均值	范围	平均值	范围	平均值	范围	平均值	(hm²)
13~30	20.61	4.4~7.58	6.24	5.2~86.2	32.65	0.70~4.74	1.95	50~374	168.5	1~75	22.8	22~953	200.2	25~421	120	3 690.9
15~30	20.04	4.5~7.4	5.77	4.8~81.78	27	0.7~3.63	1.59	38~278.8	134.7	0.1~66.8	8.76	16~1 002	312.6	24~312	101.11	3 978.93
13~30	19.17	4.53~7.50	5.92	9.2~106.4	27.14	0.61~3.59	1.49	31~301.6	123.6	0.9~72.4	12.7	122~1 458	335.3	12~412	111.5	5 877.72
17~30	21.1	4.3~7.57	6.18	11.73~63.85	34.13	0.93~4.9	2.21	65~385	206.5	2.1~67.7	26.88	60~673	180.39	46.5~283.34	120.4	5 862.3
15~26	19.51	4.8~7.4	5.99	12.3~81.2	32.51	0.13~4.54	1.9	38~281	141.92	0.1~72	11.97	41~1 061	375.28	34~347	116.88	4 626.29
20~30	20.18	4.3~7.57	5.96	9.7~76.9	29.66	0.45~4.54	1.85	48~282	137.2	0.1~67.5	12.91	21~900	348.94	22~457.39	142.13	3 607.9
13~30	20.18	7.5~8.1	7.73	4.7~107.5	33.64	0.52~4.12	2.03	34~536	177.5	2.5~79	24.1	24~739	207.5	33~512	125.4	3 919.24
19~30	21.49	7.5~8.04	7.75	12.6~57.7	35.37	1.03~3.75	2.11	80~315	174.4	5.4~72.7	25.6	62~689	251.6	38~319	122.8	666.93
20~25	20.15	7.5~7.94	7.69	22~49.4	35.48	1.43~3.16	2.27	128~278	199.8	9.7~39.6	21.34	109~312	166.5	72~174.7	115.4	72.12
19~30	23.25	6.53~8.00	6.98	6.10~105.20	25.65	0.59~2.96	1.48	50~259	131.8	0.5~50.5	11	142~565	379.2	62~242	116.3	284.73
10~30	20.48	4.50~8.00	6.46	5.30~55.60	29.42	0.46~2.75	1.5	33~229.5	107.58	0.60~47	8.2	84~576.5	253.6	41~350	104.25	1 714.13
17~30	21.66	4.5~7.45	6.52	10.7~72	34.24	0.83~4.9	1.96	54.4~248	132.8	1.70~76.4	19.3	77~940	249.3	28~310	105.4	824.78
20~30	21.52	4.8~6.3	5.5	16.3~37.9	24.41	1.0~2	1.4	73.1~153.35	109.5	5~26.6	17.24	120~425	199.2	61~221	117.5	63.75
19~30	21.44	5~7.55	6.02	8~64.70	29.37	0.71~3.44	1.78	50.8~251	146.23	2~57.3	13.73	115~669	344.18	54~341	129.56	724.16
15~30	20.5	4.6~7.55	6.36	11.7~57.66	30.74	0.82~3.19	1.95	29~321	167.28	0.5~75.9	21.94	51~1 138	269.35	38~482	125.43	2 647.79
12~30	20.13	5.2~7.53	5.92	10.6~86.9	30.29	0.62~3.68	1.7	49~292	166.7	2.5~34.6	16.6	104~466	239	50~495	134	227.61
15~30	20.1	7.5~8.2	7.78	5.8~101	34.9	0.56~4.28	2	24~424	156.1	1.5~74.4	20.7	23~1 420	270.9	21~477	131.9	11 903.76
10~30	20.4	7.5~8.4	7.78	2.9~105.2	33.13	0.34~4.87	1.96	7.6~623	158.54	0.1~88	17.55	24~1 759	298.33	11~532	132.79	44 660.48
12~30	20.92	7.5~8.2	7.8	9.6~62.42	32.08	0.69~3.8	1.93	52~338.7	149.75	1.1~77.3	17.87	76~813	326.38	41~295	123.07	673.56
13~30	20.05	7.5~8.2	7.79	3.9~96.1	33.58	0.19~4.83	1.96	20~488	160.1	0.1~79.5	18.46	23~1 255	263.9	25~595	123	30 668.96
13~30	20.47	4.4~7.55	6.2	2.8~72	34.09	0.6~4.9	2.01	25.7~487	168.05	0.8~86.4	20.18	22~1 482	297.12	10~479	134.54	8 630.52
14~30	20.87	5~7.5	6.15	8.7~64.2	29.05	0.46~3.5	1.82	43~367	151.26	1~57.4	19.13	42~659	215.06	23~481	130.3	2 195.16
13~30	20.62	4.5~7.5	6.04	8.2~79.3	29.6	0.69~4.08	1.82	51~458	157.96	0.1~76	19.51	36~1 040	286.6	24~380	126.33	3 734.98

土类	亚类	土属	土种	剖面构型	土体厚度(cm)	成土母质	抗旱能力(d)	耕地坡度级(级) 范围	平均值	海拔(m) 范围	平均值	有效积温(℃) 范围	平均值	年降水量(mm) 范围	平均值	耕层质地
水稻土	渗育型水稻土	渗砂泥田	扁砂泥田	Aa-Ap-P-C	60	灰绿色/青灰色页岩坡残积物	18	1~5	3.46	301~1490	907	3500~5500	4379	833~1300	1108	沙壤~重黏
			煤沙田	Aa-Ap-P-C	50	碳质页岩坡残积物	16	1~5	3.5	681~1452	953	3500~4500	4304	982~1070	1017	轻黏
		渗鳝田	煤泥田	Aa-Ap-P-C	50	碳质页岩坡残积物	16	1~5	3.3	371~1389	934	3783~5500	4452	850~1300	1033	轻壤~重黏
			灰豆面黄泥田	Aa-Ap-P-C	90	老风化壳/黏土岩/泥页岩/板岩坡残积物	26	1~5	3.25	384~1577	928	3500~5500	4369	800~1400	1133	轻壤~重黏
			豆瓣黄泥田	Aa-Ap-P-C	90	老风化壳/黏土岩/泥页岩/板岩坡残积物	26	1~5	3.26	340~1449	890	3500~5500	4459	900~1279	1063	轻壤~重黏
		渗紫泥田	紫泥田	Aa-Ap-P-C	70	中性/钙质紫色砂页岩坡积物	20	1~5	3.19	280~1387	844	3501~6000	4580	850~1349	1040	轻壤~重黏
			紫胶泥田	Aa-Ap-P-C	80	紫色泥页岩坡残积物	22	1~5	3.31	260~1435	696	3500~6000	4876	810~1400	1044	轻壤~重黏
			血泥田	Aa-Ap-P-C	80	酸性紫色页岩坡残积物	23	1~5	3.23	509~1306	879	3780~4800	4513	1000~1329	1100	轻壤~重黏
			红砂泥田	Aa-Ap-P-C	70	紫红色砂页岩坡残积物	20	1~5	3.3	260~1377	753	3500~5500	4477	800~1400	1175	轻黏,中黏
			紫砂泥田	Aa-Ap-P-C	70	紫红色砂页岩坡残积物	20	1~5	3.31	260~1573	705	3500~5500	4782	800~1400	1077	重壤~中黏
	潴育型水稻土	油潮泥田	黑潮泥田	Aa-Ap-W-C/Aa-Ap-W-G	100	河流沉积物	30	1~4	1.97	580~1000	800	4000~5000	4413	966~1300	1122	沙壤~中黏
		油潮砂泥田	油潮砂泥田	Aa-Ap-W-C	100	河流沉积物	30	1~5	2.24	580~1029	842	4000~6000	4609	950~1189	1100	沙壤~中黏
		黄泥田	暗豆面黄泥田	Aa-Ap-W-C	90	老风化壳/页岩/泥页岩坡残积物	28	1~5	3.52	348~1498	946	3500~5500	4360	900~1292	1103	松沙~中黏
			暗黄泡沙泥田	Aa-Ap-W-C	90	砂页岩坡残积物	28	2~5	3.16	860~1227	921	3812~4600	4393	900~1189	1021	中壤~中黏
			扁油泥田	Aa-Ap-W-C	80	灰绿色/青灰色页岩坡残积物	26	1~5	3.54	400~1339	863	3504~6000	4360	934~1346	1187	轻壤~中黏
			黄油沙泥田	Aa-Ap-W-C	100	砂页岩坡残积物	30	1~5	3.69	400~1480	950	3917~6000	4483	950~1334	1094	重壤~中黏
			小黄泥田	Aa-Ap-W-C	100	老风化壳/页岩/泥页岩坡残积物	30	1~5	3.33	340~1492	94.8	3600~6000	4992	900~1276	1060	轻壤~重黏
		灰泥田	大眼泥田	Aa-Ap-W-C	100	泥质白云岩/石灰岩坡残积物	30	1~5	3.43	368~1820	933	3600~6000	4568	800~1276	1039	轻壤~中黏
			龙凤大眼泥田	Aa-Ap-W-C	100	泥质白云岩/石灰岩坡残积物	30	1~5	2.53	447~1103	868	4066~5128	4540	865~1300	1061	中壤~中黏
			灰油沙泥田	Aa-Ap-W-C	100	白云岩/白云岩坡残积物	30	1~5	2.98	408~1267	902	3600~5500	4230	833~1300	1082	中壤~中黏
		紫泥田	紫油胶泥田	Aa-Ap-W-C	100	紫色泥页岩坡残积物	30	1~5	3.51	300~1460	953	4000~5500	4471	850~1156	1005	轻黏,中黏
			血油泥田	Aa-Ap-W-C	100	酸性紫色页岩坡残积物	30	1~5	2.89	580~1163	823	3800~4800	4506	1000~1250	1119	中壤~重黏

（续）

耕层厚度(cm)		pH		有机质(g/kg)		全氮(g/kg)		碱解氮(mg/kg)		有效磷(mg/kg)		缓效钾(mg/kg)		速效钾(mg/kg)		面积(hm²)
范围	平均值	范围	平均值	范围	平均值	范围	平均值	范围	平均值	范围	平均值	范围	平均值	范围	平均值	
15~30	20.32	4.5~7.85	6.16	3.8~99.8	30.95	0.39~4.38	1.88	17.2~416.1	148.9	0.1~88.2	16.2	30~1459	339.4	23~456.5	129.4	17 701.95
20~25	21.54	5.33~7.33	6.53	18.99~40.65	27.48	1.59~3.01	1.99	97.86~211.5	132.88	3.05~21.63	12.22	265~731	506.25	96~260	163.75	70.84
14~30	20.14	4.94~7.18	6.11	12.32~84.6	36.56	1.15~2.92	2.13	75~243.9	150.2	1.4~27	14.92	66~478	210.16	44~436	126.62	182.56
12~30	20.63	4.6~7.56	6.15	3.7~97.9	32.82	0.49~5.42	1.97	18.9~465.4	162.31	1~89.4	19.31	35~1 373	324.1	12~495	131.65	14 010.54
10~30	21.48	4.48~7.5	6.25	4.5~84.1	29.23	0.67~3.89	1.82	29~441	135.49	0.1~80.4	16.2	31~1 212	387.28	12~489	134.95	6 025.94
12~30	20.57	4.3~8.4	6.44	2.3~99.3	31.72	0.46~4.92	1.87	42~471	159.4	0.2~75.9	18.4	24~870	293.4	33~460	130.7	8 071.2
10~30	21.73	4.5~8.1	5.95	4~53.5	21.5	0.31~5.16	1.33	18.7~326	123	0.1~83.4	9.59	10~1 367	422.6	22~432	128	7 396.7
15~30	20.08	4.4~8.1	6.45	3.5~72.4	33.58	0.4~3.86	1.96	28.7~444.5	156.5	1.5~77.3	19.8	55~1299	305.6	39~592	144.7	2 069.03
15~30	24.95	5~6.90	5.69	2.4~48	19.69	0.27~2.34	1.08	32~211	119.18	0.6~88.7	18.24	10~1 179	318.89	22~473	134.83	2 080.13
15~30	22.26	5~7	5.88	2.9~60.2	19.02	0.11~3.44	1.14	18.7~300.7	117.3	0.1~87.2	11.44	10~1 303	423.03	22~478	129.89	15 373.03
18~30	21.23	4.8~7.5	6.59	9.3~54.63	32.33	0.69~3.38	2	47~532.2	181.08	4.9~83.5	24.6	85~758	279.3	40~252.5	107.8	327.58
18~30	23.18	4.8~7.4	5.98	9.2~53.9	27.86	0.59~3.42	1.8	74~400	154.1	2.6~48.5	18.4	107~402	236.9	47~495	168.8	258.46
14~30	20.94	4.6~7.53	6.37	5~89.2	30.12	0.45~4.35	1.88	9.8~456	150.9	0.1~89.1	17.7	31~1 845	348.7	16~537	135.2	6 928.01
16~30	20.97	4.8~7.3	6.45	25.6~41.75	34.01	1.71~2.76	2.27	83~242	176	0.8~54.6	23.9	126~622	206.8	41~140	100.3	67.67
16~30	20.15	4.4~7.5	6.4	4.2~57.5	30.45	0.36~3.49	1.93	6.8~530.3	161.5	0.7~87.2	18.1	40~1 562	408.8	21~482	124.2	2 346
15~30	22.81	4.5~7.5	5.97	1.8~63.6	28.71	0.66~3.56	1.83	37~380	135.1	2.5~69.1	17.2	81~758.5	315.9	42~488	141.9	1 219.56
13~30	19.59	4.6~7.53	6.19	3.8~84.2	29.16	0.55~4.82	1.62	31.6~315	137.2	0.2~79.7	17.9	27~1 303	260.9	38~445	118.9	5 381.09
10~30	21.61	7.5~8.3	7.79	7.1~109	36.26	0.6~3.9	2	32-~526.9	149.5	0.7~85.5	15.2	54~823	276.7	30~410	122.1	5 736.4
15~30	20.76	7.5~8.1	7.79	12.6~81.4	36.84	0.72~3.21	2.03	34~496	150.6	2.3~57.2	21.3	79~950	230.8	28~431	139.1	1 046.67
15~30	21.19	7.5~8.1	7.72	11.9~61.1	34.05	0.72~3.91	2.14	58~318	190.9	1.3~64.2	25.8	63~872	187.4	29~310	116.4	2 043.87
20~30	20.25	5~7.42	5.74	8.9~89.5	26.01	0.68~3.67	1.51	44~219.9	131.8	0.6~31.5	7.1	108~868	359.6	32~332	106.7	1 163.53
18~23	20.44	5.6~7.41	6.66	7.4~47.9	28.62	0.79~3.7	1.79	56.2~473.1	149.1	5.4~79.8	19.9	56~962	301.5	36~410	147.8	270.95

土类	亚类	土属	土种	剖面构型	土体厚度(cm)	成土母质	抗旱能力(d)	耕地坡度级(级) 范围	平均值	海拔(m) 范围	平均值	有效积温(℃) 范围	平均值	年降水量(mm) 范围	平均值	耕层质地
水稻土	潜育型水稻土	紫泥田	紫油沙泥田	Aa-Ap-W-C	90	紫色砂页岩坡残积物	28	1~5	3.57	321~1 337	819	4 000~5 500	4 700	850~1 150	982	松沙、沙壤、轻壤
			紫油泥田	Aa-Ap-W-C	100	中性/钙质紫色页岩坡残积物	30	1~5	3.18	464~1 450	895	3 500~5 500	4 478	900~1 281	1 063	轻壤~重黏
		烂泥田	深脚烂泥田	M-G	100	湖沼沉积物	30	1~5	2.68	860~1 100	936	4 000~4 521	4 429	1 001~1 112	1 049	中黏、重黏
			浅脚烂泥田	M-G-Wg-C	80	湖沼沉积物	30	1~5	3.01	484~1 409	872	3 600~5 500	4 345	850~1 300	1 139	中黏、重黏
		冷浸田	冷水田	Aa-Ap-W-C	60	白云岩/石灰岩/砂岩/砂页岩/板岩坡残积物	18	1~5	3.51	417~1 305	784	4 000~6 000	5 543	850~1 300	1 070	轻壤~中黏
			冷沙田	Aa-G-Pw	60	泥岩/页岩坡残积物	30	1~5	3.63	408~1 534	969	3 500~5 500	4 500	900~1 300	1 058	中壤~重黏
			冷浸田	Aa-G-Pw	60	泥岩/页岩坡残积物	30	1~5	3.62	340~1 417	886	3 756~5 500	4 605	832~1 295	1 037	中壤~重黏
			冷粉沙田	Aa-G-Pw	60	泥岩/页岩坡残积物	30	1~5	3.38	398~1 340	810	3 500~6 000	5 064	900~1 298	1 080	轻壤~重黏
			冷灰沙田	Aa-G-Pw	60	泥岩/页岩坡残积物	30	1~5	3.07	460~1 358	1 016	3 981~5 500	4 416	850~1 262	1 055	轻壤~重黏
		青潮泥田	重青潮泥田	Aa-Ap-G	70	溪/河流冲积物	30	1~5	3.42	580~1 331	749	4 255~5 000	4 654	950~1 269	1 047	轻壤、轻黏、中黏
			青潮泥田	Aa-Ap-G	70	溪/河流冲积物	30	1~5	2.79	580~1 208	797	4 000~5 500	4 471	1 026~1 300	1 092	中壤、轻黏、中黏
	潜育型水稻土	青灰泥田	湿鸭屎泥田	Aag-Apg-G/Aa-Ap-G	50	石灰岩坡残积物	28	2~5	3.49	387~1 344	844	4 000~6 000	5 050	849~1 267	1 017	轻壤~重黏
			干鸭屎泥田	Aa-Ap-G	60	石灰岩坡残积物	30	1~5	3.33	340~1 415	903	3 500~6 000	4 692	850~1 300	1 032	沙壤~重黏
			熟鸭屎泥田	Aa-Ap-G	60	石灰岩坡残积物	30	1~5	3.13	467~1 286	888	3 500~5 872	4 359	850~1 300	1 130	沙壤~重黏
		青紫泥田	重青紫胶泥田	Aa-Apg-G/Aa-Ap-G-C	40	紫色泥岩/紫色页岩坡残积物	26	1~5	3.46	260~1 107	504	3 750~5 500	5 108	800~1 400	1 197	重壤~重黏
			重青紫泥田	Aag-Apg-G-C	70	紫色泥岩/页岩残积物	30	1~5	3.22	380~1 312	769	4 000~6 000	5 583	850~1 098	1 026	轻壤~重黏
			青紫泥田	Aag-Apg-G-C	70	紫色泥岩/页岩残积物	30	1~5	3.32	260~1 420	689	3 500~5 917	4 686	800~1 400	1 157	轻壤~重黏
			青紫砂泥田	Aag-Apg-G-C	70	紫色泥岩/页岩坡残积物	30	1~5	2.97	590~1 160	991	4 250~5 453	4 517	850~981	952	中黏、重黏
		锈水田	煤锈田	M-G	60	湖沼沉积物	30	1~5	3.18	729~1 099	873	4 000~4 590	4 395	1 000~1 204	1 122	中壤~重黏
		漂黄泥田	熟灰胶泥田	Aa-Ap-E	100	老风化壳/黏土岩/泥页岩/板岩坡残积物	30	2~4	3.04	680~1 054	853	4 202~4 587	4 497	1 000~1 100	1 054	中黏
			灰胶泥田	Aa-Ap-E	60	老风化壳坡残积物	20	3	3	920~940	929	4 568~4 575	4 571	1 100	1 100	中黏、轻黏
			白胶泥田	Aa-Ap-E	60	老风化壳、泥页岩坡残积物	20	1~5	3.8	860~1 367	1 172	3 936~4 500	4 249	947~1 213	1 068	中黏、轻黏
			红白泥田	Aa-Ap-E	60	老风化壳/黏土岩/泥页岩/板岩坡残积物	20	1~5	2.68	582~1 000	865	4 149~4 800	4 249	1 100~1 200	1 190	中黏、轻黏

（续）

耕层厚度(cm)		pH		有机质(g/kg)		全氮(g/kg)		碱解氮(mg/kg)		有效磷(mg/kg)		缓效钾(mg/kg)		速效钾(mg/kg)		面积
范围	平均值	范围	平均值	范围	平均值	范围	平均值	范围	平均值	范围	平均值	范围	平均值	范围	平均值	(hm²)
16~30	20.06	5.1~7.7	6.15	10.73~65.4	36.92	0.81~3.24	1.98	24.9~214.2	141.5	0.6~50	11.3	73~844	355.6	60~244	115	583.46
15~30	20.69	4.3~8.2	6.89	6.8~92.3	32.88	0.47~5.36	1.86	33~400	151.6	0.8~86.5	22.4	50~1 347	272.2	22~508	129.7	2 576.17
18~30	19.57	4.7~7.6	6.13	6.9~46.05	28.8	0.41~3.7	1.66	58~254	160.2	6~58	24.3	76~513	240.1	29~172	114.7	183.51
16~28	20.43	4.9~7.5	6.37	14.75~87.6	36.79	0.94~3.98	2.24	60~380	181.3	2.5~71.5	20.3	66~1 477	319.4	30~370	136.6	910.07
14~25	19.4	5~6.96	5.85	19.2~52.6	29.19	0.86~2.54	1.54	35.7~227.8	118.5	2.7~67.7	14.5	114~769	330	39~302	111.8	302.11
16~30	21.71	4.73~8	6.17	9.67~59.90	31.77	0.89~2.94	1.81	58.8~273	138.52	0.2~51.9	16.6	100~450	261.04	58~481	136.63	1 040.65
17~30	21.68	4.6~8	6.22	6.73~82.15	30.3	0.87~5.36	1.89	63~317	135.61	0.5~88.6	14.74	87~705	315.78	39~508	133.28	1 430.75
14~28	19.88	4.6~8.2	6.02	13.2~59.8	28.27	0.71~3.81	1.68	42~330	155.84	1.6~58.4	17.21	75~1246	288.92	42~247.75	100.55	927.81
18~30	20.94	5.03~8.1	6.53	16.5~75.2	40.22	0.88~3.54	2.23	60~275	152.01	0.5~53.4	14.14	65~700	276.67	52~316.5	120.78	607.8
18~23	20.16	5.65~6.9	6.38	11.3~41.53	26.62	0.8~2.135	1.65	45~156.2	101.48	3.5~24.49	13.04	218~557	333.97	50~199	126.37	98.78
18~25	21.33	5.23~7.5	6.61	16.3~80.8	32.92	1.14~3.22	2	69.5~359	169.92	3.9~57.13	16.64	106~622	331.37	51~298	141.38	357.9
16~30	21.24	7.5~8.07	7.78	9.10~59	30.07	0.9~3.06	1.69	59~270	138.6	2.5~40.7	11.7	100~598	263.6	53~299	113.5	583.78
16~30	21.68	7.5~8.08	7.79	1.8~96.1	36.25	0.75~3.52	2.01	56~332	158.37	0.9~68.4	12.53	100~927	307.76	42~325	113.98	2 025.47
15~30	21.2	7.5~8.2	7.82	9.8~82.4	34.81	0.76~4.24	2.14	45.7~320.5	179.74	1.6~83.25	18.97	62~1 525	268.07	46~344	128.45	1 337.87
15~30	24.45	7.5~7.99	7.76	2~36.75	16.81	0.3~2.61	1.02	28~191	100.8	1.1~76.7	10.8	140~1 197	540.5	62~366	133.9	517.62
16~30	19.76	5.1~8	6.68	6.8~52.3	28.12	0.76~2.49	1.5	47~360	129.66	1.5~50	11.24	124~580	341.08	60~189	105.95	317.62
15~30	22.85	5.6~8.23	7.72	5.6~61.1	24.29	0.47~3.25	1.45	49~326	131.04	1.2~69.4	14.95	86~1 461	476.04	50~474	137.09	760.8
20	20	7.8~8.2	7.86	17.7~36.37	19.37	0.92~1.85	1.1	73.2~127.53	101.79	3.6~11.82	5.82	87~250	223.75	125.51~198	185	37.32
18~20	18.67	5.99~7.05	6.72	24.8~38.5	30.99	1.2~2.39	1.73	113.4~179.9	153.9	2.4~61.2	24.3	133~700.8	271.1	45~230.5	135.7	37.57
20~21	20.43	5.27~6.60	6.07	21.10~36.05	27.09	1.2~1.87	1.5	69~150	109.7	9.9~59.3	39.8	210~834	526.1	111~137	117.1	62.53
19~23	22.33	6.5	6.5	32	32	1.2	1.2	150	150	24	24	210	210	120	120	3.83
18~25	19.65	5.1~7.34	5.52	18.3~45.6	33.42	1.27~2.71	2.06	63~222.7	164.9	7.7~77.2	29.24	166.5~560	412.84	74~280	147.72	74.47
18~21	19.6	5.6~7.48	7.01	20.22~50.6	31.57	1.37~2.91	1.92	102.8~206.4	137.12	8.5~52.9	16.98	109~659	467.69	78.3~330.4	172.43	111.88

土类	亚类	土属	土种	剖面构型	土体厚度(cm)	成土母质	抗旱能力(d)	耕地坡度级(级) 范围	耕地坡度级(级) 平均值	海拔(m) 范围	海拔(m) 平均值	有效积温(℃) 范围	有效积温(℃) 平均值	年降水量(mm) 范围	年降水量(mm) 平均值	耕层质地
水稻土	潜育型水稻土	漂鳝泥田	熟白鳝泥田	Aa-Ap-PE	100	砂页岩坡残积物	30	1～5	3.43	563～1 422	928	3 600～5 500	4 326	900～1 300	1 104	中壤～中黏
			黄白泥田	Aa-Ap-PE/Ae-Ape-E	100	砂页岩坡残积物	23	1～5	3.75	602～1 316	1 019	3 500～4 500	4 040	920～1 200	1 055	重壤～中黏
			熟紫白泥田	Aa-Ap-PE	100	砂页岩坡残积物	30	1～5	3.64	747～1 197	1 011	3 600～4 600	4 086	1 000～1 196	1 045	重壤～中黏
			白鳝泥田	Aa-Ap-P-E	60	砂页岩坡残积物	20	1～5	2.85	580～1 179	809	3 563～4 800	4 325	1 029～1 330	1 209	中壤～中黏
			紫白泥田	Ae-APe-E	60	砂页岩坡残积物	20	1～5	3.45	680～1 188	837	3 803～4 562	4 340	1 050～1 250	1 139	轻黏、中黏
			漂灰泥田	Ae-APe-E	60	砂页岩坡残积物	20	1～5	3.47	580～1 437	958	3 500～5 399	4 465	950～1 242	1 077	重壤～中黏
		浅砂泥田	熟白砂泥田	Aa-Ap-E	40	砂岩坡积物	13	1～5	3.3	895～1 160	988	3 800～4 600	4 341	1 117～1 250	1 178	沙壤、轻壤
			白砂泥田	Aa-Ap-E	40	砂岩坡残积物	13	1～5	3.34	380～1 371	911	3 600～5 500	4 474	843～1 367	1 042	沙壤～中壤
黄壤	典型黄壤	硅质黄壤	黄油砂土	A-B-C	90	变余砂岩/砂岩/石英砂岩等风化残积物	25	1～5	4	448～1 752	1 048	3 907～5 500	4 447	905～1 200	1 047	轻壤、沙壤、松沙
			黄砂泥土	A-B-C	50	变余砂岩/砂岩/石英砂岩等风化残积物	13	1～5	4	300～2 100	962	3 500～6 000	4 522	850～1 331	1 040	松沙～重壤
		灰泥质黄壤	小粉黄泥土	A-B-C	58	石灰岩/白云岩坡残积物	17	1～5	3.92	580～1 524	994	3 500～5 185	4 485	941～1 343	1 049	沙壤～重黏
			灰砂黄泥土	A-B-C/A-BC-C	57	石灰岩/白云岩坡残积物	16	1～5	3.91	340～1 642	1 023	3 500～5 500	4 371	800～1 383	1 088	中壤～重黏
			黄胶泥土	A-B-C/A-BC-C	60	石灰岩/白云岩残坡积物	17	1～5	3.91	383～1 821	1 067	3 500～5 500	4 249	850～1 400	1 176	轻壤～中黏
			大眼黄泥土	A-P-B-C/A-B-C	100	石灰岩/白云岩残积物	29	1～5	3.85	345～1 638	1 001	3 500～6 000	5 520	930～1 200	1 055	轻壤～中黏
		泥质黄壤	次生豆面泥土	A-B-C	90	老风化壳/页岩坡残积物	25	2～5	3.75	816～1 572	1 205	3 500～6 000	4 285	1 035～1 250	1 116	中壤～中黏
			小土泥土	A-B-C	100	老风化壳	27	1～5	3.56	598～1 414	896	3 711～4 733	1 146	1 000～1 300	1 147	轻黏、中黏
			豆面泥土	A-B-C	80	泥岩/页岩/板岩等坡残积物	23	1～5	3.96	380～1 902	973	3 500～5 500	4 319	849～1 345	1 132	轻壤～重黏
			黄泥土	A-B-C	100	老风化壳/泥页岩坡残积	28	1～5	3.87	340～1 682	932	3 567～6 000	4 361	850～1 337	1 127	轻壤～重黏
			豆面黄泥土	A-BC-C	60	泥岩/页岩/板岩等坡残积物	16	1～5	3.89	764～1 424	1 009	4 200～4 745	4 460	1 000～1 200	1 079	轻壤～重黏
			死黄泥土	A-BC-C	60	老风化壳	16	1～5	3.67	500～1 568	964	3 800～5 500	4 452	850～1 250	1 117	中壤～重黏
			黄油泥土	A-P-B-C	100	泥岩/页岩/板岩等坡残积物	28	1～5	3.92	381～1 884	1 088	3 500～5 500	4 296	850～1 250	1 055	沙壤～重黏
			小黄泥土	A-P-B-C	100	老风化壳	27	1～5	3.02	593～1 327	905	3 948～4 741	4 421	1 000～1 282	1 130	轻壤～重黏
		砂泥质黄壤	次生扁砂泥土	A-B-C	100	砂页岩风化坡残积物	27	1～5	3.9	669～1 460	1 125	3 500～5 500	4 271	950～1 236	1 104	沙壤～中黏
			黄泡泥土	A-B-C	80	砂页岩风化坡残积物	21	1～5	4.08	407～1 600	952	3 587～5 500	4 287	900～1 336	1 135	松沙～中黏

（续）

耕层厚度(cm)		pH		有机质(g/kg)		全氮(g/kg)		碱解氮(mg/kg)		有效磷(mg/kg)		缓效钾(mg/kg)		速效钾(mg/kg)		面积(hm²)
范围	平均值	范围	平均值	范围	平均值	范围	平均值	范围	平均值	范围	平均值	范围	平均值	范围	平均值	
18~30	21.25	4.5~7.5	6.28	13.9~62.6	31.79	0.83~3.53	2.03	68.8~332	181.26	3.9~64.1	20.4	86.5~924	266.71	39~241	118.94	705.94
19~25	20.18	5.3~7.5	6.45	16.65~44.4	31	1.32~2.9	2.06	80~262	185.31	3.2~43.1	27.9	82~1026	235.24	74~216	123.5	181.46
18~28	20.16	5.8~7.5	6.54	17.7~53	34.33	1.26~2.63	2.11	104~321	197.42	8.63~50.3	29.77	73~302	176.66	39~176	100.15	88.13
18~21	20	5.1~7.5	6.19	14.2~61.35	28.7	0.83~4.02	1.93	82~281.14	160.25	4.1~77.2	21.17	85~754	326.37	30.5~238.75	119.6	314.72
20~30	24.61	4.9~7.2	6.39	9.2~37	21.75	0.7~2.38	1.46	52~263.5	126.05	9.5~62.5	19.69	122~533	303.36	51~177	119.31	63.2
13~30	19.98	5~7.5	6.33	12.2~60.65	32.22	1.03~3.2	1.85	38~367	160.79	3.5~81.26	22.44	25~535	237.19	31~532	122.36	1 086.17
21~30	21.57	5.2~7.3	6.45	23.3~60.56	36.14	1.26~3.09	2.04	88.4~226.09	147.42	6.05~43.9	21.15	169~434	301.69	52~325	127.37	46.19
16~30	20.69	4.8~7.55	6.62	10.7~75.75	33.47	0.97~3.3	1.93	46~274	155.72	1.1~70.1	17.46	48~970	303.5	20~496	123.8	1 218.27
15~30	24	4.80~7.50	6.33	2.40~97.90	28.19	0.41~2.30	1.65	45~492.5	143	0.70~42.5	12.34	111~769	392	46~368	145.63	4 764.81
14~30	20	4.4~7.5	6.04	3.80~64.20	25.43	0.49~4.31	1.59	34.4~405	141.69	0.1~89	14.97	49~1 051	290.96	23~481	127.34	12 105.22
12~30	19.68	4.4~7.51	6.15	5.3~81.4	31.82	0.62~4.8	1.83	27~486	154.84	0.7~78.5	25.16	22~1 103	216.68	27~511	126.61	14 665.5
12~30	20.6	4.57~7.6	6.71	4.5~85.5	30.59	0.49~4.9	1.77	29~467	132.74	0.2~89.9	16.12	15~1 124	324.88	12~530	130.78	25 299.19
13~30	20.55	5~7.5	6.71	6.7~84.5	31.05	0.41~4.9	1.87	28.2~693	156.21	0.15~89.1	16.89	17~1 083	325.89	16~456	157.27	15 255.79
13~25	19.08	4.8~7.58	6.21	8.4~52.9	25.16	0.31~3.19	1.31	30.4~456	117.36	0.8~89.4	11.7	143~863	290.26	40~406	103.22	16 413.96
15~30	23.5	6.5~7.9	6.95	7.9~79.3	35.63	0.76~3.30	1.89	42~478.5	159	2.9~46.9	13.9	183~406.5	260.3	54~436	138.5	586.6
14.7~30	21.3	6.5~7.52	7.04	12.3~55.8	30.68	0.99~3.63	1.89	58.9~315	169.8	0.9~85.9	28.2	62~878	254.9	37~295	116.9	1 076.41
12~30	20.59	4.3~7.5	6.1	1.9~100.5	29.43	0.08~4.01	1.82	1.1~660	151.2	0.1~89.4	18.5	26.3~1 489	331.6	22~537	138.3	52 026.81
13~30	20.68	4.4~7.5	6.13	3.7~77.3	30.26	0.44~3.77	1.79	19.7~435	159	0.2~89.4	22.23	32~1 551	285.65	25~420	125.17	10 890.18
13~30	19.87	4.6~7.4	5.56	12.2~64.2	33.99	1.01~3.41	2.07	61.5~277.2	166.9	8.5~72.6	23.6	56~684	197.8	27~336	120.3	728.15
15~30	20.6	4.4~7.3	6.29	11.8~73.4	27.26	0.66~3.05	1.59	62.3~230	132.9	2~60.4	16.1	32~1 542	301.2	18~420	141.5	737.32
15~30	21.04	4.5~7.5	6.19	7.5~76.3	29.45	0.59~3.48	1.79	32~311.8	137.7	0.30~83	12.4	50~1 061	343.2	41~445	140.3	3 899.13
18~30	21.34	4.4~7.4	6.19	10.1~53.6	30.38	0.84~3.32	1.18	33.3~248	143.7	5~69.5	24.3	61~1 577	269.3	33~334.5	115.1	459.13
18~30	25.31	6.5~7.5	6.89	11.1~97.9	35.33	0.81~2.90	1.85	76~623	172.7	2.55~55.5	15.1	198~410	331.9	62~481	185	533.58
13~30	20.67	4.3~7.5	6.18	1.2~70.3	28.84	0.38~4.57	1.81	26.7~382	162.6	0.8~83	23.2	43~1 813	283	29~488	122.8	14 180.11

土类	亚类	土属	土种	剖面构型	土体厚度(cm)	成土母质	抗旱能力(d)	耕地坡度级(级)		海拔(m)		有效积温(℃)		年降水量(mm)		耕层质地
								范围	平均值	范围	平均值	范围	平均值	范围	平均值	
黄壤	典型黄壤	紫土质黄壤	紫黄泥土	A-B-C	90	红砂岩/紫色砂页岩坡残积物	26	1~5	3.94	500~1 585	1 059	3 500~5 250	4 298	850~1 370	991	沙壤~中黏
			紫黄砂土	A-B-C	90	红砂岩/紫色砂页岩坡残积物	26	1~5	3.83	260~1 494	865	3 500~5 474	4 237	800~1 400	1 139	松沙~中黏
		硅质黄壤性土	黄砂土	A-BC-C	40	砂岩坡残积物	11	1~5	4.05	432~1 354	895	4 000~5 500	4 747	850~1 254	1 024	松沙、沙壤、轻壤
	黄壤性土	泥质黄壤性土	豆瓣泥土	A-BC-C	60	页岩/板岩坡残积物	18	1~5	4	334~1600	899	3 500~6 000	4 551	850~1 400	1 114	松沙~重黏
			煤泥土	A-BC-C	40	碳质页岩坡残积物	11	1~5	3.94	462~1 451	960	3 557~5 500	4 500	950~1 202	1 096	重壤~中黏
		砂泥质黄壤性土	扁砂泥土	A-BC-C	60	灰绿色/青灰色页岩坡残积物	16	1~5	3.97	340~1 656	930	3 500~6 000	4 731	900~1 400	1 117	沙壤~重黏
			黄泡土	A-BC-C	70	砂页岩/砂岩/板岩坡残积物	20	1~5	4.06	456~1 487	1 044	3 600~5 500	4 436	850~1 337	1 076	松沙~重黏
	漂洗黄壤	灰泥质漂洗黄壤	漂洗灰砂泥土	A-E-B-C	70	碳酸盐岩类坡残积物	20	1~5	3.89	340~1 632	990	3 500~5 500	4 251	840~1 300	1 092	中壤~中黏
			漂洗小粉土	A-E-B-C	70	碳酸盐岩类坡残积物	20	1~5	3.96	440~1 499	1 075	3 537~6 000	4 291	915~1 366	1 103	中壤~中黏
		泥质漂洗黄壤	漂洗黄泡土	A-E-C	80	砂页岩坡残积物	24	1~5	4.06	429~1 650	1 043	3 500~5 500	4 543	800~1 200	1 021	沙壤~轻壤
石灰土	黄色石灰土	黄色石灰土	胶泥土	A-AP-AC-R	80	泥质石灰岩坡残积物	21	1~5	3.81	427~1 649	897	3 500~6 000	4 551	800~1 397	1 061	中壤~重黏
			淋溶胶泥土	A-AP-AC-R	80	泥质石灰岩坡残积物	21	1~5	3.8	600~1 438	943	4 200~4 800	4 509	1 000~1 100	1 044	重壤~中黏
			大土泥土	A-B-C	60	石灰岩坡残积物	16	1~5	3.77	340~1 913	977	3 500~6 000	4 412	800~1 400	1 125	轻壤~重黏
			白云砂泥土	A-AC-C	70	白云灰岩/白云岩坡残积物	17.5	1~5	3.78	400~1 607	987	3 500~5 000	4 411	1 000~1 400	1 122	松沙~中黏
			淋溶白云砂泥土	A-AC-C	70	白云灰岩/白云岩坡残积物	17.5	3~5	4.09	689~1 398	968	5 119~5 541	5 454	1 060~1 100	1 073	中壤~中黏
			黄泡泥石灰土	A-BC-C	50	硅质灰岩/钙质砾岩/白云岩坡残积物	15	1~5	3.79	522~1 604	938	3 884~5 000	4 376	950~1 250	1 114	中壤~中黏
			豆瓣石灰土	A-BC-C	50	硅质灰岩/钙质砾岩/白云岩坡残积物	15	1~5	3.68	397~1 540	1 029	3 500~6 000	4 355	831~1 400	1 171	中壤~中黏
			大眼泥土	A-AP-AC-R	100	石灰岩坡积物	28	1~5	3.77	380~1 820	989	3 500~6 000	4 288	850~1 300	1 082	轻壤~中黏
			扁砂泥石灰土	A-AP-AC-C	89	白云灰岩/白云岩/硅质灰岩/钙质砾岩坡残积物	24	1~5	3.78	406~1 640	935	3 600~6 000	4 323	900~1 300	1 127	松沙~中黏
	黑色石灰土	黑色石灰土	岩泥土	A-AH-R	40	石灰岩残坡积物	10	1~5	3.9	340~1 820	974	3 500~6 000	4 450	800~1 300	1 076	轻壤~重黏

（续）

耕层厚度(cm)		pH		有机质(g/kg)		全氮(g/kg)		碱解氮(mg/kg)		有效磷(mg/kg)		缓效钾(mg/kg)		速效钾(mg/kg)		面积
范围	平均值	范围	平均值	范围	平均值	范围	平均值	范围	平均值	范围	平均值	范围	平均值	范围	平均值	(hm²)
19~30	20.34	4.8~7.5	6.36	7.9~84.7	34.62	0.55~3.24	1.9	38.91~249.33	138.71	0.5~44.2	10.04	80~1 079	359.86	40~297	112.51	2 364.54
15~30	25.06	4.3~7.5	5.28	4~90.1	21.33	0.27~2.56	1.19	32~299	124.69	0.6~88.9	18.2	10~970	361.76	40~440	140.43	1 428.3
15~30	21.21	4.6~7.3	6	7.1~42.65	25.99	0.55~2.79	1.35	28~267	98.9	1.4~59.3	9.3	56~825	271.9	40~240	118.8	823.09
10~30	20.39	4.4~7.6	6.13	2.9~72.1	26.83	0.18~4.21	1.72	14.9~441	132.7	0.1~88.3	14.2	32~1 713	401.2	21~470	137	16 663.6
15~30	20.1	5.03~7.1	6.14	11.9~70.78	25.4	0.96~3.01	1.65	75~216.7	129.2	3.05~46.1	18.8	58~701	355.41	47~269	135.02	316.04
10~30	19.86	4.2~7.6	5.96	7.8~70.8	27.67	0.05~5.36	1.67	31~394.4	135.1	0.2~85.6	15.6	15~1 841	359.5	25~530.3	129.5	25 232.13
13~30	19.81	4.5~7.5	5.96	6.1~88.4	34.07	0.46~4.33	1.89	20~466	167.6	1.2~75.5	23.8	36~1 624	251.6	25~380	126.4	8 090.25
13~30	20.65	4.3~7.5	6.13	6.6~71	33.5	0.42~4.33	2.01	24~384	183.98	0.4~68	22.94	45~864	212.33	33~390	118.86	10 668.26
15~25	19.46	4.4~7.3	5.83	9.2~89.8	29.5	0.83~3.82	1.7	42~454	146.62	2.9~52.8	16.82	64~731.33	302.6	52~347	136.04	1 408.83
15~30	22.02	4.45~7.5	6.28	6.2~69.6	33.64	0.41~3.37	1.81	43~623	140.3	1.1~53.2	12.3	76~1 097	304.6	20~498	128.7	3 476.78
10~30	20.1	7.5~8.85	7.76	2~78.1	32.15	0.56~3.68	1.92	30~377	145.16	0.4~74.6	21.63	27~1 503	268.91	28~558	135.82	10 182.26
15~30	19.78	7.5~8.88	7.72	4.1~84.5	33.52	0.69~3.7	1.97	21~452	168	4.5~72.1	23.93	25~840	231.28	21~540	132.45	4 693.88
12~30	20.57	7.5~8.89	7.79	1.3~111.8	30.43	0.08~4.83	1.79	13.6~758	145.1	0.2~89.8	16.2	3~1 807	325.6	20~500	139	94 244.04
12~30	19.7	7.5~8.90	7.78	2.1~86.2	31.44	0.09~4.74	1.83	20~437	156.59	1.3~79	22.03	25~1 243	242.79	15~536	133.13	24 154.39
17~22	19.95	7.5~7.95	7.74	20.22~30.4	24.33	1.074~1.501	1.24	70.7~198.6	129.67	7.05~27.8	17.64	137~478	302.66	68.9~167	111.46	96.69
10~30	20.8	7.5~8.3	7.8	12~107.5	30.1	0.58~3.22	1.73	50.7~237.3	135.72	0.5~61.9	15.18	72~815	321.94	43~413	123.65	1 529.51
15~26	19.46	7.5~8.02	7.78	16.9~66.2	29.43	1.06~3.29	1.65	63~277	128.22	0.9~26.7	8.61	78~937	347.43	69~317	160.64	609.33
10~30	21.44	7.5~8.87	7.8	4.5~109	33.3	0.49~4.87	1.99	34~623	171.6	0.2~89.6	19.1	50~876	259.7	28~545	132.5	16 528.86
14~30	20.52	7.5~8.85	7.79	3.8~79	31.43	0.27~4.11	1.93	11.5~418	169.82	0.9~87.6	21.79	26~985.75	245.51	25~530	126.73	23 813.95
12~30	20.33	7.5~8.8	7.77	3.7~109.2	31.56	0.49~4.03	1.83	29~472	151	0.1~86.5	17.8	26~1 215	283.4	20~530	133	50 346.8

土类	亚类	土属	土种	剖面构型	土体厚度(cm)	成土母质	抗旱能力(d)	耕地坡度级(级)		海拔(m)		有效积温(℃)		年降水量(mm)		耕层质地
								范围	平均值	范围	平均值	范围	平均值	范围	平均值	
紫色土	石灰性紫色土	灰紫泥土	钙质紫泥土	A-C	70	钙质紫色页岩残坡积物	18	1~5	3.79	446~1 493	924	3 900~6 000	4 472	850~1 300	1 089	轻壤~中黏
			钙质羊肝石土	A-C	50	钙质紫色页岩/砾岩残坡积物	14.5	1~5	3.65	448~1 418	905	3 857~6 000	4 623	850~1 255	1 039	轻壤~中黏
			钙质紫胶泥土	A-BC-C	50	钙质紫色泥页岩坡残积物	15	1~5	3.74	471~1 252	883	4 000~5 500	4 678	850~1 157	1 002	轻黏、中黏
		灰紫壤土	钙质紫砂泥土	A-BC-C/A-C	50	钙质紫色砂岩/红色粉砂岩残坡积物	15	1~5	3.97	406~1 014	697	4 000~5 500	4 803	850~1 050	1 015	轻黏
			钙质血泥土	A-C	70	钙质紫色砂岩/红色粉砂岩残坡积物	18	1~5	4	300~1 548	842	3 698~5 500	4 625	850~1 250	1 058	重壤~中黏
	酸性紫色土	酸紫砾泥土	酸性羊肝石土	A-C	70	酸性紫红色泥岩/砂岩残坡积物	18	1~5	4.09	358~1 500	862.8	3 987~5 500	4 742.4	800~1 150	987	中壤~中黏
		酸性紫壤土	酸性紫砂泥土	A-C/A-BC-C	88	酸性紫红色粉砂页岩坡残积物	25	1~5	3.82	260~1 602	633	3 560~5 500	4 901	800~1 400	1 135	松沙~重黏
			酸性紫砂土	A-C/A-BC-C	79	酸性紫红色砂岩/砾岩坡残积物	22	1~5	3.92	260~1 440	867	3 623~5 500	4 709	800~1 400	968	松沙~中黏
			酸性红砂泥土	A-BC-C	90	棕紫色砂页岩/紫色砂岩坡残积物	26	1~5	3.89	260~1 367	673	3 500~5 500	4 674	800~1 400	1 137	轻壤~轻黏
			酸性血泥土	A-C	80	酸性紫红色粉砂页岩坡残积物	20	1~5	3.95	448~1 336	890	3 973~5 250	4 568	850~1 300	1 033	沙壤~重黏
		酸紫黏土	酸性紫胶泥土	A-B-C	70	酸性紫红色泥岩/页岩坡残积物	18	1~5	3.62	260~1 465	673.5	3 500~6 000	4 935	850~1 400	1 061	轻壤~中黏
			酸性紫泥土	A-C	80	酸性紫红色砂页岩/砾岩坡残积物	20	1~5	3.78	302~1 660	998	3 800~5 500	4 459	850~1 250	1 056	轻壤~重黏
	中性紫色土	紫泥土	中性紫泥土	A-C	90	棕紫色页岩坡残积物	25	1~5	3.9	283~1 486	894	3 500~5 927	4 556	850~1 380	1 055	轻壤~重黏
			中性羊肝石土	A-BC-C/A-C	70	紫红色砂岩/紫砂岩/砾岩坡残积物	18	1~5	4.06	457~1 479	963	3 800~5 500	4 567	800~1 250	1 035	轻壤~重黏
			中性死胶泥土	A-C	70	紫色泥岩坡残积物	17.5	1~5	3.94	260~1 350	720	4 000~5 500	4 933	816~1 400	1 033	中壤~中黏
			中性紫胶泥土	A-C	70	紫色泥岩坡残积物	17.5	1~5	3.86	260~1 258	693	3 886~5 500	4 888	800~1 400	1 081	中壤~中黏
			中性紫砂土	A-C	30	紫色砂岩/紫色砾岩坡残积物	8	1~5	4.16	265~1 372	739	4 000~5 500	5 068	800~1 400	823	松沙~中黏
		紫壤土	中性血泥土	A-BC-C	90	紫色砂页岩/紫色砂岩坡残积物	25	3~5	3.84	809~990	915	4 561~4 600	4 575	1 001~1 103	1 075	轻黏
			中性紫砂泥土	A-BC-C	40	紫色砂岩/紫色砾岩坡残积物	10	2~5	4.18	260~1 561	769	4 000~5 500	5 032	800~1 400	946	松沙~中黏

（续）

耕层厚度(cm)		pH		有机质(g/kg)		全氮(g/kg)		碱解氮(mg/kg)		有效磷(mg/kg)		缓效钾(mg/kg)		速效钾(mg/kg)		面积(hm²)
范围	平均值	范围	平均值	范围	平均值	范围	平均值	范围	平均值	范围	平均值	范围	平均值	范围	平均值	
15~30	20.55	7.5~8.83	7.75	10.5~92.30	32.43	0.91~3.90	1.9	42~375	162.5	0.2~85	20.8	50~840	269.3	22~410	122.3	4 899.45
15~23	20	7.5~8.77	7.76	5.9~64.6	32.52	0.68~3.74	1.93	48~471	173.9	1.4~58.4	22.7	59~813	246.6	42~316	131.4	1 880.83
15~30	21.56	7.5~8.8	7.77	10.2~70.2	25.66	0.67~3.6	1.57	52~187	116	2.9~45	10.3	59~698	334	78~296	126.1	560.47
20~30	26.21	7.5~8.07	7.83	5~34.97	19.72	0.57~1.66	0.98	50~126	85.9	2~37.7	12.1	230~325	302.1	68~198	121.8	101.71
16~30	21.8	7.5~8.4	7.76	5.3~45.3	21.28	0.59~3.48	1.36	45.8~284.6	116.3	1.8~50	12.8	127~1 263	314.5	33~225	121.9	1 476.17
14~28	19.97	4.7~6.5	5.72	10.3~48.4	23.71	0.59~2.36	1.36	55.1~218	111.6	1~49.4	15.2	107~1 062	343.2	46~310	118.7	1 231.94
13~30	22.75	4.2~8	5.52	2.8~94.7	20.49	0.18~4.03	1.16	20~383	112.78	0.4~87.8	13.78	10~1 288	405	22~470	127.65	5 153.64
14~30	20.3	4.3~7	5.53	3.3~69.7	17.19	0.44~3.21	1.1	33.9~360	102.72	0.2~80.7	9.37	10~1 100	417.36	45~400	128.74	7 400.88
15~30	23.21	4.2~6.4	5.11	2.4~44.3	17.53	0.19~2.66	0.95	20~260	104.42	0.7~85.1	17.51	18~1 372	386.93	35~478	144.65	2 245.54
15~30	19.93	4.6~6.13	5.27	9.43~64	24.99	0.68~3.86	1.68	45.2~284	124.7	0.2~60.8	18.37	58~734	286.95	44~303.83	114.92	1 273.27
15~30	21.73	4.20~7.00	5.44	2.90~71.3	18.6	0.29~5.16	1.22	18.7~271.9	105.4	0.1~88.4	11.2	10~1 286	470	22~451	135.7	6 773.37
12~30	20.49	4.3~7.00	5.54	6.6~72	27.7	0.5~4.9	1.62	28.7~364	135.3	0.1~78.6	19.9	51~1 077	311.4	32~498	134.5	5 159.1
13~30	20.47	6.49~7.52	6.91	4.3~99.3	30.03	0.49~4.97	1.75	24~373	136.8	0.1~81.6	18.3	47~1 829	357.4	30~500	132.5	14 086.7
15~30	20.18	6.45~7.53	6.84	7.20~105.2	31.93	0.47~3.25	1.8	42~471	148.1	0.1~59.8	18.4	36~855	244.8	33~427	122.6	7 956.54
10~30	21.85	6.5~7.51	6.94	2.7~48.4	21.41	0.32~2.52	1.23	31~360	109.79	0.2~50.5	10.82	100~1 080	438.98	23~439	122.41	1 965.02
17~30	22.35	6.5~7.57	6.91	4~96.6	16.79	0.36~2.24	1.12	30~256.25	110.02	0.9~76.7	10.84	10~1 197	517.84	28~344	129.68	2 473.91
10~30	19.86	6.5~7.55	6.99	4.3~46.60	19	0.39~2.47	1.15	37.4~324	95.2	0.6~54.9	8.11	31~1 260	431.6	29~303	122.2	4 075.14
16~20	18.9	6.7~7.4	6.85	16~55	35.76	1.2~3.14	1.92	63.7~214	154.4	6.4~24	75.6	205~384	269.5	55~196	119.2	75.35
14~30	21.18	6.5~7.51	6.86	5.5~50.2	16.9	0.52~2.87	1.13	41~243	90.2	0.4~61.3	8.9	31~1 056	386.4	49~273	127	2 028.13

土类	亚类	土属	土种	剖面构型	土体厚度(cm)	成土母质	抗旱能力(d)	耕地坡度级(级) 范围	平均值	海拔(m) 范围	平均值	有效积温(℃) 范围	平均值	年降水量(mm) 范围	平均值	耕层质地
粗骨土	酸性粗骨土	灰泥质钙质粗骨土	砾石白云砂土	A-C	30	白云岩坡残积物	8	1~5	3.97	401~1 667	1 028	3 500~6 000	4 439	800~1 398	1 110	松沙~中黏
			砾质扁砂石灰土	A-C	30	白云灰岩/白云岩坡残积物	7	1~5	3.85	440~1 720	976	4 000~5 500	4 700	814~1 300	1 028	松沙~重壤
		泥质酸性粗骨土	扁砂土	A-C	60	页岩坡残积物	17	1~5	4.1	410~1 573	1 022	3 500~5 650	4 506	834~1 300	1 033	沙壤~中黏
			豆瓣土	A-C	60	页岩坡残积物	17	1~5	4.17	399~1 592	967	3 500~6 000	4 834	850~1 200	1 064	轻壤~重黏
			黄泡土	A-C	60	砂页岩坡残积物	17	1~5	3.88	441~1 463	909	3 619~6 000	4 783	904~1 330	1 068	松沙~中黏
			黄石砂土	A-C	30	砂页岩坡残积物	9	2~5	4.12	400~1 346	899	4 000~6 000	4 741	917~1 300	1 074	松沙~重壤
			黄灰泡土	A-C	40	砂岩/粉砂岩坡残积物	10	1~5	3.74	1 108~1 792	1 407	3 500~4 217	3 944	856~1 150	1 037	松沙~轻壤
			煤砂土	A-C	58	页岩/炭质页岩坡残积物	16	2~5	3.71	367~1 445	974	3 782~5 314	4 319	850~1 300	991	松壤~中黏
黄棕壤	暗黄棕壤	灰泥质暗黄棕壤	灰泡土	A-B-C	80	石灰岩/白云灰岩残坡积物	25	1~5	3.48	816~2 002	1 466	3 500~5 990	4 429	850~1 151	1 075	轻壤~中黏
		泥质暗黄棕壤	黑灰泡土	A-P-B-C	100	泥岩/泥页岩坡残积物	28	1~5	3.69	1 162~1 612	1 412	3 900~4 439	4 242	900~1 103	1 023	重壤~中黏
		砂泥质暗黄棕壤	黑灰泡砂土	A-P-B-C	100	砂岩/粉砂岩坡残积物	27	1~5	3.86	892~1 600	1 388	3 500~4 390	3 802	900~1 171	954	沙壤
潮土	典型潮土	潮壤土	潮砂泥土	A-BC-C	90	溪/河流冲积物	29	1~5	3.32	260~1 340	790	3 500~6 000	4 537	1 000~1 358	1 176	松沙~中黏
			潮砂土	A-C	40	溪/河流冲积物	11	1~5	3.68	503~1 268	828	4 000~5 487	4 449	950~1 200	1 107	松沙~沙壤

（续）

耕层厚度(cm)		pH		有机质(g/kg)		全氮(g/kg)		碱解氮(mg/kg)		有效磷(mg/kg)		缓效钾(mg/kg)		速效钾(mg/kg)		面积
范围	平均值	范围	平均值	范围	平均值	范围	平均值	范围	平均值	范围	平均值	范围	平均值	范围	平均值	(hm²)
12~30	19.33	7.5~8.85	7.74	6.60~101	30.36	0.5~3.91	1.76	33~389	143.31	0.9~77.3	18.64	25~1 243	272	15~538	145.33	19 147.09
11~30	18.6	7.5~8.2	7.8	10.7~85	31.03	0.52~3.46	1.73	25~279	129.8	0.2~77.6	12.1	59~1 087	276.4	22~325	124.1	6 512.05
10~30	20.65	4.5~7	5.69	11.8~99.8	31.26	0.67~3.69	1.73	40~289.5	134.95	0.5~72.9	16.02	50~773.3	298.32	30~420	119	3 709.9
13~30	20.3	4.3~8	5.71	6.8~59.4	25.82	0.67~3.83	1.57	29~326	125.27	0.3~73.1	13.87	31~1 075	402.58	47~399	117.56	6 465.29
13~30	20.63	4.3~7.2	5.55	8.7~86.2	29.12	0.74~4.08	1.56	30~351	139.6	0.2~67.8	19.5	36~992	303.2	31~327	118.3	2 662.25
15~30	22.24	4.9~6.98	5.84	8.4~46.8	26.5	0.7~2.79	1.53	45.6~187	118.7	1.9~66.8	17.7	163~679	323.1	39~253	147.3	551.9
20~23	20.65	4.6~5.97	5.38	21.9~49.97	35.84	1.57~2.6	2	108~210.4	159.6	3.2~19.6	11.4	148~544	301.9	84~296	160.3	249.94
15~25	19.88	4.4~7.3	5.54	11~49.2	31.32	1.1~2.91	1.94	81~225.2	146.76	1.9~60.1	14.44	86~784	404.38	49~202	128.35	457.05
14~28	20.02	5.1~7.58	6.44	8.4~89.2	30.36	0.76~4.31	1.63	38~561	141.4	1.6~50.3	13.1	136~775	327.7	44~450	138.2	3 613.27
15~20	19.74	4.6~5.97	5.22	18.7~36.0	30.14	1.29~3.2	2.47	75~281.9	181.4	4.5~29.2	17	186~800	435.2	50~220	159	322.36
15~21	19.35	5.1~6.0	5.68	8~44.15	29.9	0.68~2.54	1.76	47~118.7	98.6	0.2~13.6	6.2	432~730	571.2	65~245	183.8	213.86
12~30	20.22	4.5~7.45	6.11	3.8~64.1	29.56	0.41~3.2	1.84	54~485.2	171.63	2.3~67.6	19.38	90~1 138	236	52~322	110.48	324.25
13~30	20.58	6.03~7.5	6.87	12.8~57.8	28.39	0.7~3.44	1.74	49~394.4	142.14	2.7~86.9	19.28	147~879	400.22	41~331	132.4	402.88

主要参考文献

曹文藻，张明，蔡是华，等，1993. 贵州土壤及其改良利用 [M]. 贵阳：贵州科技出版社.

程晋南，2009. 基于 GIS 的县域耕地地力评价、动态分析及改良利用研究 [D]. 山东：山东农业大学.

高祥照，马常宝，杜森著，2005. 测土配方施肥技术 [M]. 北京：中国农业出版社.

高雪，龙胜碧，2013. 锦屏耕地 [M]. 贵阳：贵州科技出版社.

黄昌勇，2000. 土壤学 [M]. 北京：中国农业出版社.

刘世全，张明，1997. 区域土壤地理 [M]. 成都：四川大学出版社.

全国农业技术推广服务中心，2012. 耕地地力与科学施肥 [M]. 北京：中国农业出版社.

王蓉芳，曹贵友，彭世琪，等，1996. 中国耕地的基础地力与土壤改良 [M]. 北京：中国农业出版社.

邢世和，2003. 福建耕地资源 [M]. 厦门：厦门大学出版社.

曾希柏，2014. 耕地质量培育技术与模式 [M]. 北京：中国农业出版社.

张道勇，王鹤平，1997. 中国实用肥料学 [M]. 上海：上海科学技术出版社.

《遵义地区土壤》编辑委员会，1991. 遵义地区土壤 [M]. 贵阳：贵州人民出版社.

遵义市人民政府，2007. 遵义市土地利用总体规划修编大纲及说明 [R].

遵义市统计局，国家统计局遵义调查队，2015. 遵义统计年鉴 [M]. 遵义：遵义市统计局.

彩图1 遵义市行政区划示意图

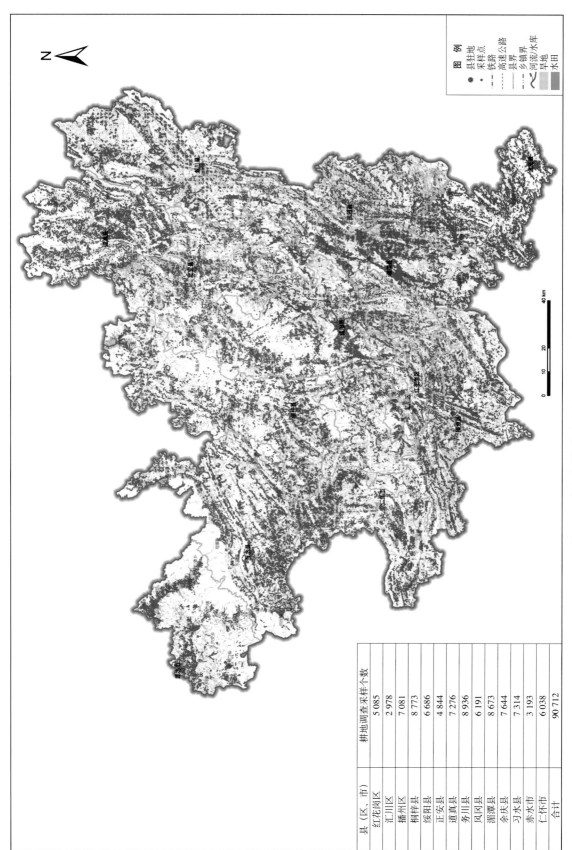

县 (区、市)	耕地地力调查采样个数
红花岗区	5 085
汇川区	2 978
播州区	7 081
桐梓县	8 773
绥阳县	6 686
正安县	4 844
道真县	7 276
务川县	8 936
凤冈县	6 191
湄潭县	8 673
余庆县	7 644
习水县	7 314
赤水市	3 193
仁怀市	6 038
合计	90 712

彩图2 遵义市耕地地力调查点位示意图

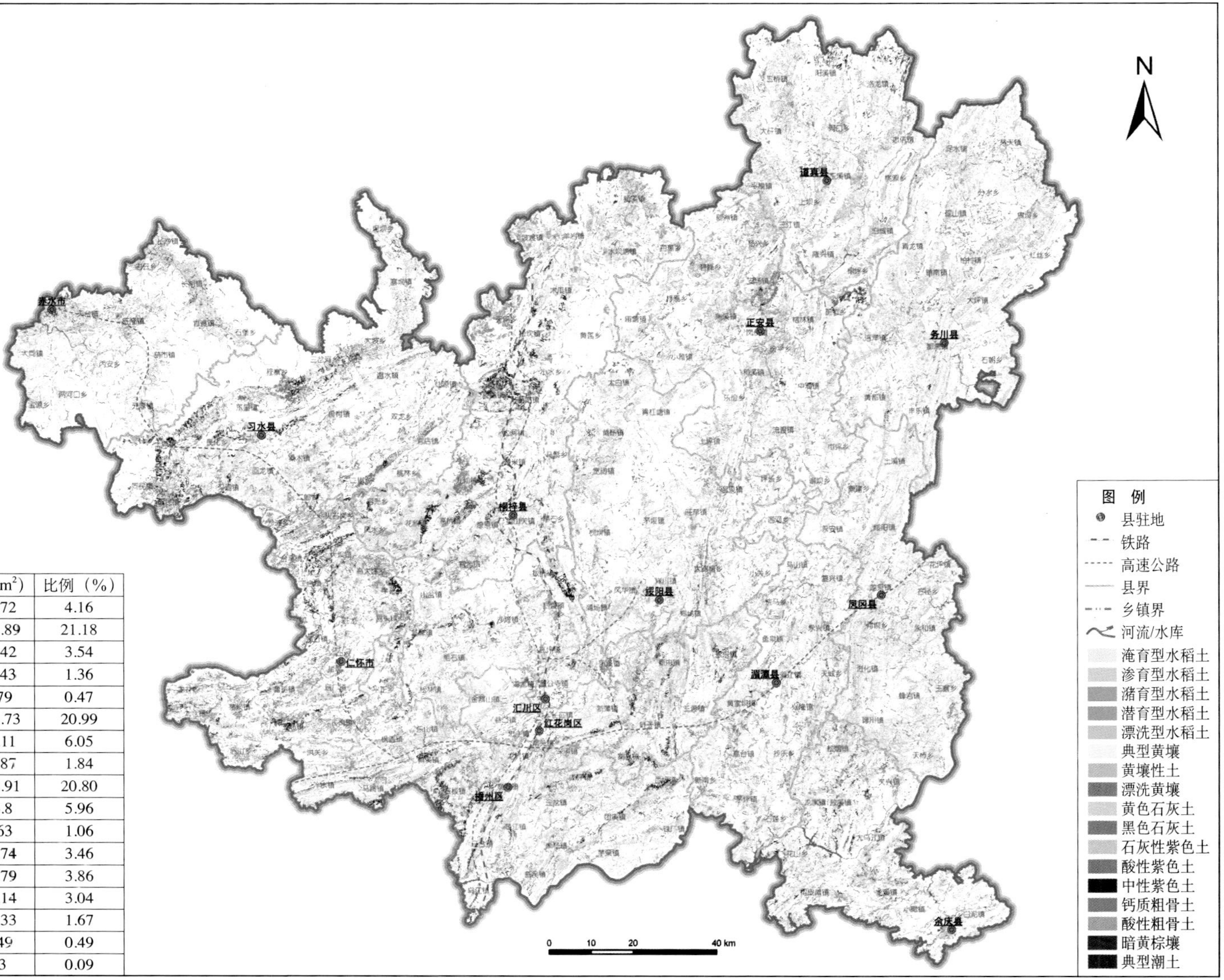

土壤名称		面积（hm²）	比例（%）
水稻土	淹育型水稻土	35 189.72	4.16
	渗育型水稻土	179 048.89	21.18
	潴育型水稻土	29 949.42	3.54
	潜育型水稻土	11 477.43	1.36
	漂洗型水稻土	3 956.79	0.47
黄壤	典型黄壤	177 414.73	20.99
	黄壤性土	51 125.11	6.05
	漂洗黄壤	15 553.87	1.84
石灰土	黄色石灰土	175 852.91	20.80
	黑色石灰土	50 346.8	5.96
	石灰性紫色土	8 918.63	1.06
紫色土	酸性紫色土	29 237.74	3.46
	中性紫色土	32 660.79	3.86
粗骨土	钙质粗骨土	25 659.14	3.04
	酸性粗骨土	14 096.33	1.67
黄棕壤	暗黄棕壤	4 149.49	0.49
潮土	典型潮土	727.13	0.09

彩图图3 遵义市耕地土壤示意图

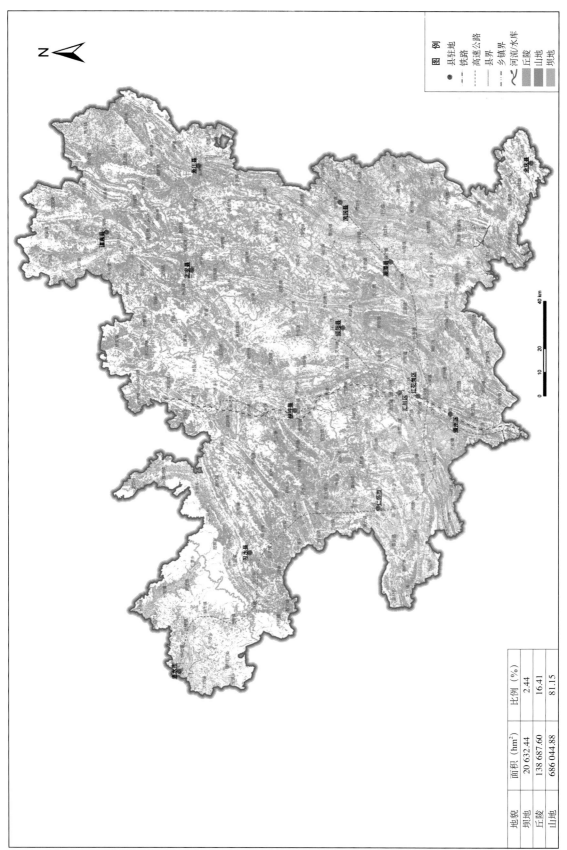

地貌	面积 (hm²)	比例 (%)
坝地	20 632.44	2.44
丘陵	138 687.60	16.41
山地	686 044.88	81.15

彩图图4　遵义市耕地地貌示意图

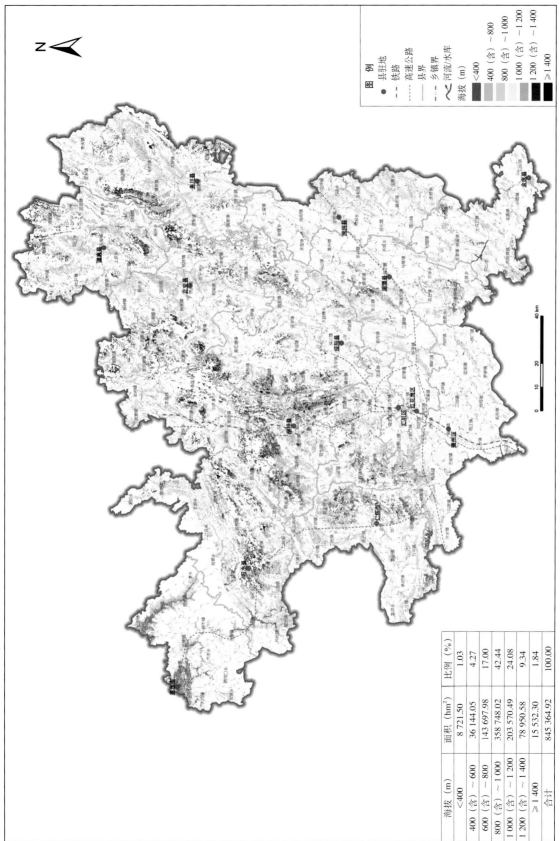

海拔 (m)	面积 (hm²)	比例 (%)
<400	8 721.50	1.03
400 (含) ~600	36 144.05	4.27
600 (含) ~800	143 697.98	17.00
800 (含) ~1 000	358 748.02	42.44
1 000 (含) ~1 200	203 570.49	24.08
1 200 (含) ~1 400	78 950.58	9.34
≥1 400	15 532.30	1.84
合计	845 364.92	100.00

彩图5　遵义市耕地海拔分段示意图

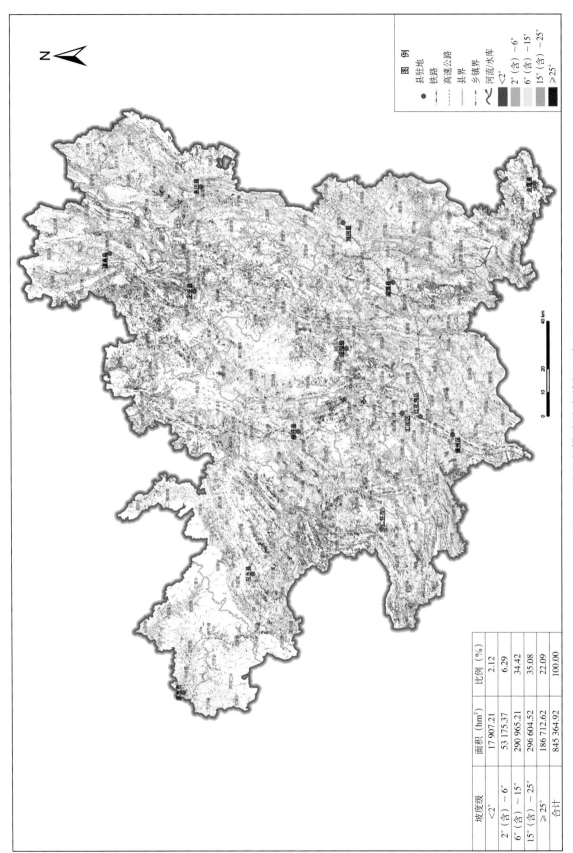

坡度级	面积（hm²）	比例（%）
<2°	17 907.21	2.12
2°（含）~6°	53 175.37	6.29
6°（含）~15°	290 965.21	34.42
15°（含）~25°	296 604.52	35.08
≥25°	186 712.62	22.09
合计	845 364.92	100.00

彩图图6 遵义市耕地坡度等级示意图

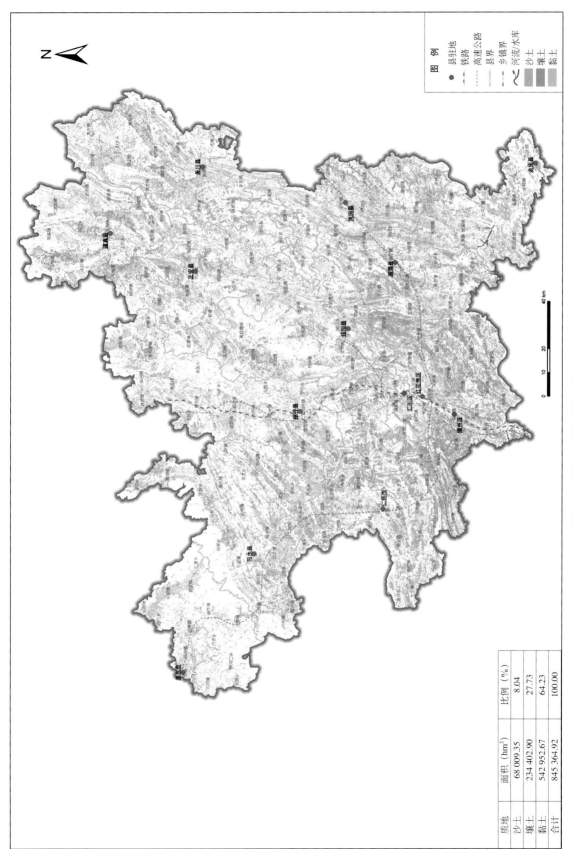

质地	面积（hm²)	比例（%)
沙土	68 009.35	8.04
壤土	234 402.90	27.73
黏土	542 952.67	64.23
合计	845 364.92	100.00

彩图7　遵义市耕地耕层质地示意图

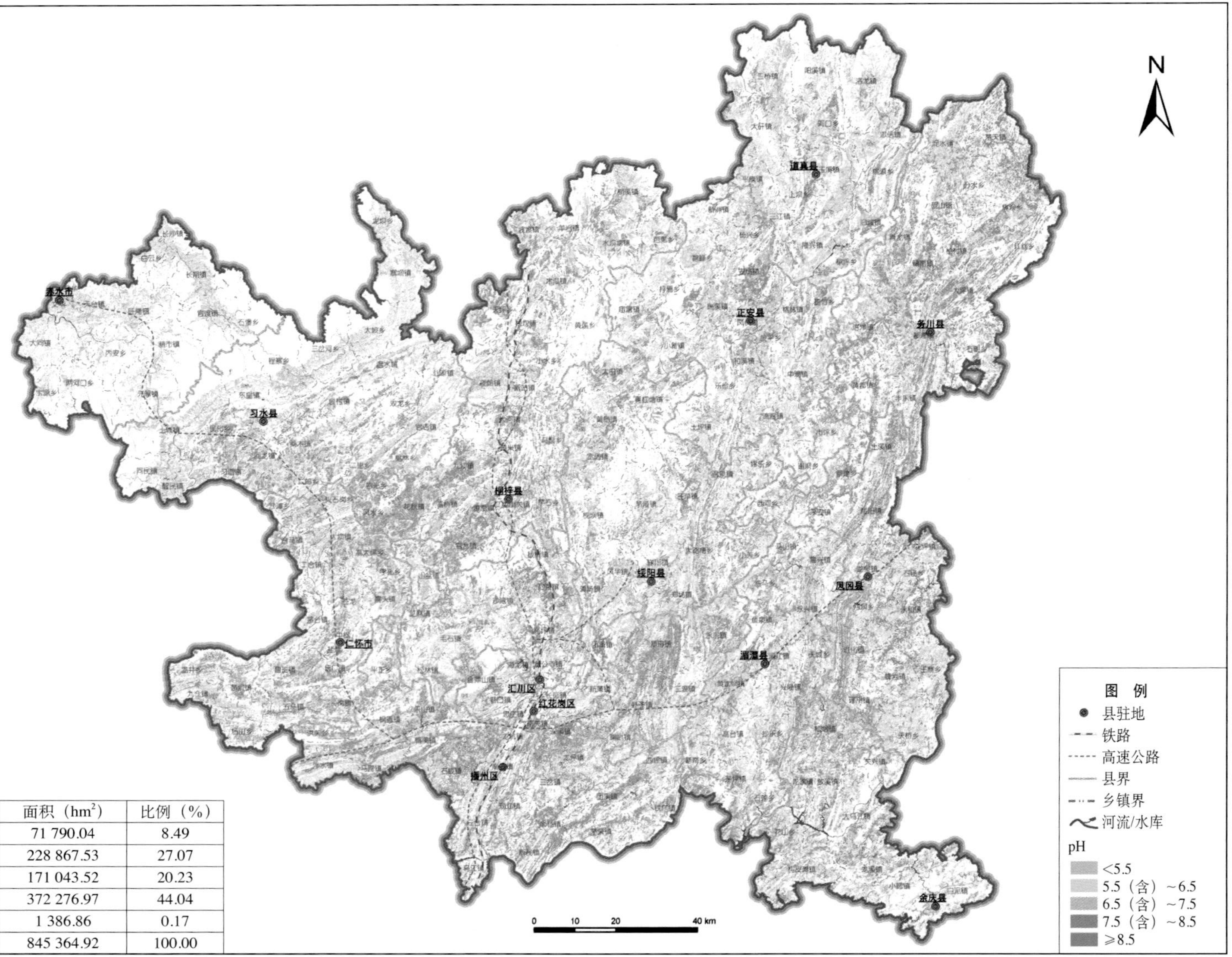

类别	pH 范围	面积（hm²）	比例（%）
强酸性	<5.5	71 790.04	8.49
酸性	5.5（含）～6.5	228 867.53	27.07
中性	6.5（含）～7.5	171 043.52	20.23
碱性	7.5（含）～8.5	372 276.97	44.04
强碱性	≥8.5	1 386.86	0.17
合计	—	845 364.92	100.00

彩图图 8　遵义市耕地 pH 等级示意图

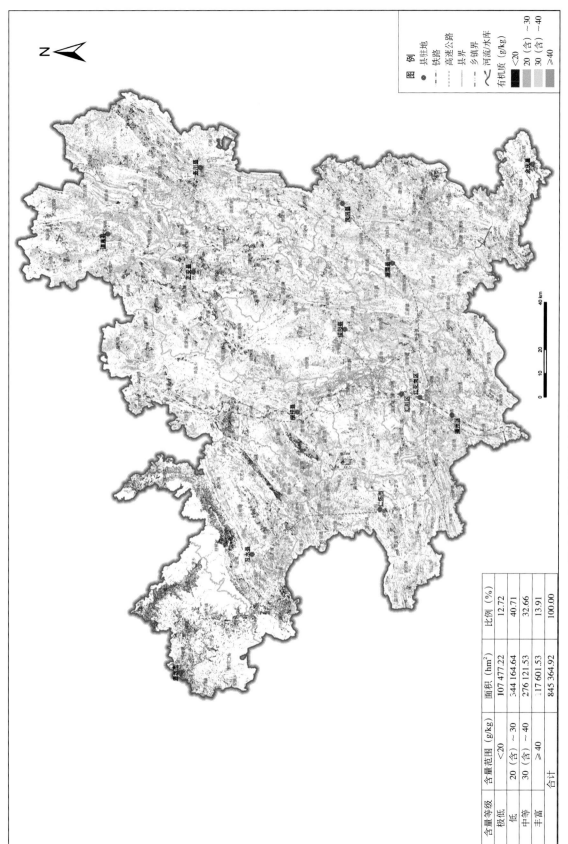

含量等级	含量范围 (g/kg)	面积 (hm²)	比例 (%)
极低	<20	107 477.22	12.72
低	20 (含) ~ 30	344 164.64	40.71
中等	30 (含) ~ 40	276 121.53	32.66
丰富	≥40	117 601.53	13.91
合计		845 364.92	100.00

图 例

- 县驻地
-·- 铁路
······ 高速公路
—— 县界
—— 乡镇界
∽ 河流/水库

有机质 (g/kg)
<20
20 (含) ~ 30
30 (含) ~ 40
≥40

彩图9 遵义市耕地有机质等级示意图

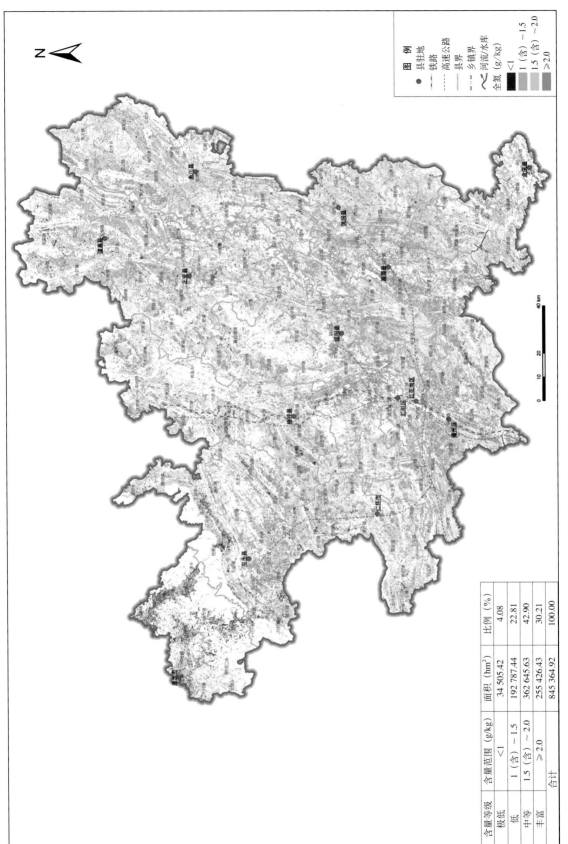

含量等级	含量范围 (g/kg)	面积 (hm²)	比例 (%)
极低	<1	34 505.42	4.08
低	1 (含) ~1.5	192 787.44	22.81
中等	1.5 (含) ~2.0	362 645.63	42.90
丰富	≥2.0	255 426.43	30.21
合计		845 364.92	100.00

彩图10 遵义市耕地全氮等级示意图

图 例

县驻地
铁路
高速公路
县界
乡镇界
河流/水库

全氮 (g/kg)
<1
1 (含) ~1.5
1.5 (含) ~2.0
≥2.0

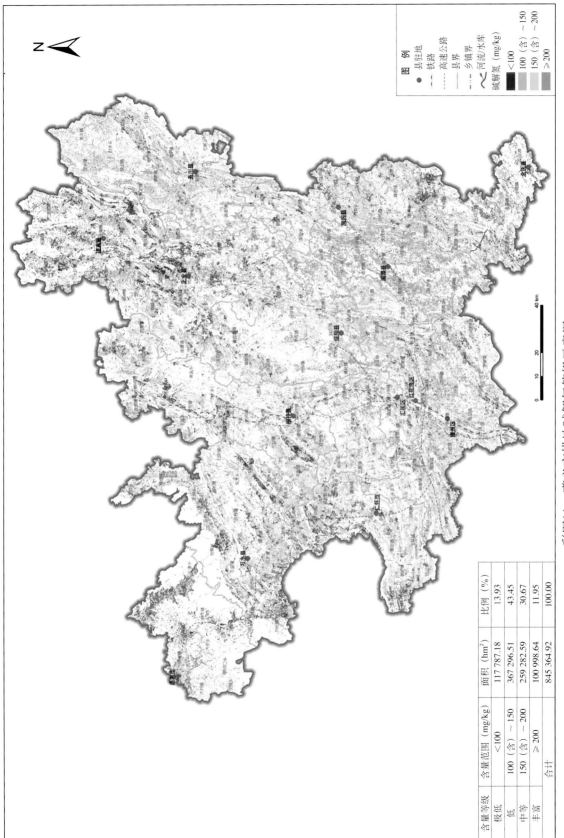

含量等级	含量范围 (mg/kg)	面积 (hm²)	比例 (%)
极低	<100	117 787.18	13.93
低	100 (含) ~150	367 296.51	43.45
中等	150 (含) ~200	259 282.59	30.67
丰富	≥200	100 998.64	11.95
合计		845 364.92	100.00

图 例

- 县驻地
-- 铁路
---- 高速公路
---- 县界
---- 乡镇界
~ 河流/水库

碱解氮 (mg/kg)
<100
100 (含) ~150
150 (含) ~200
≥200

彩图11 遵义市耕地碱解氮等级示意图

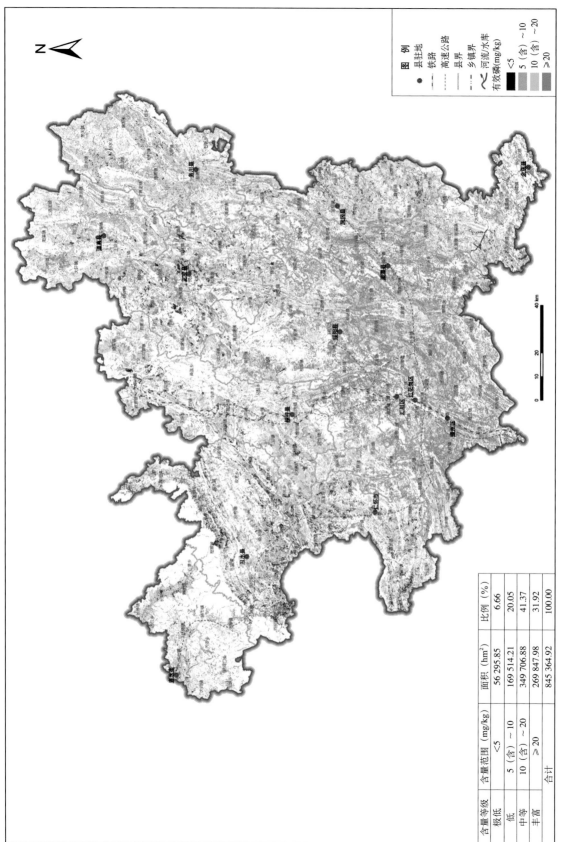

含量等级	含量范围（mg/kg）	面积（hm²）	比例（%）
极低	<5	56 295.85	6.66
低	5（含）～10	169 514.21	20.05
中等	10（含）～20	349 706.88	41.37
丰富	≥20	269 847.98	31.92
合计		845 364.92	100.00

图 例

- 县驻地
- 铁路
- 高速公路
- 县界
- 乡镇界
- 河流水库

有效磷(mg/kg)
- <5
- 5（含）～10
- 10（含）～20
- ≥20

0 10 20 40 km

彩图12 遵义市耕地有效磷等级示意图

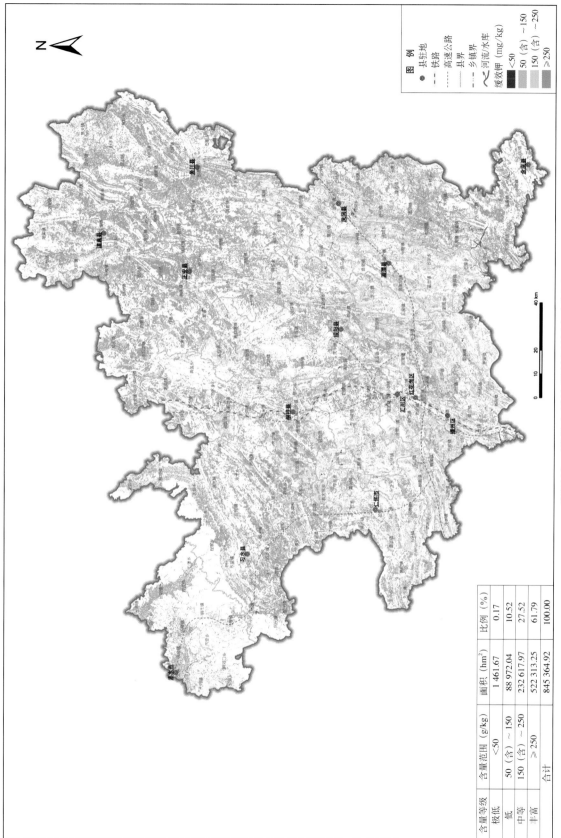

含量等级	含量范围（g/kg）	面积（hm²）	比例（%）
极低	<50	1 461.67	0.17
低	50（含）～150	88 972.04	10.52
中等	150（含）～250	232 617.97	27.52
丰富	≥250	522 313.25	61.79
合计		845 364.92	100.00

图　例

- 县驻地
-- 铁路
-- 高速公路
...... 县界
--- 乡镇界
～ 河流/水库

缓效钾（mg/kg）
<50
50（含）～150
150（含）～250
≥250

彩图13　遵义市耕地缓效钾等级示意图

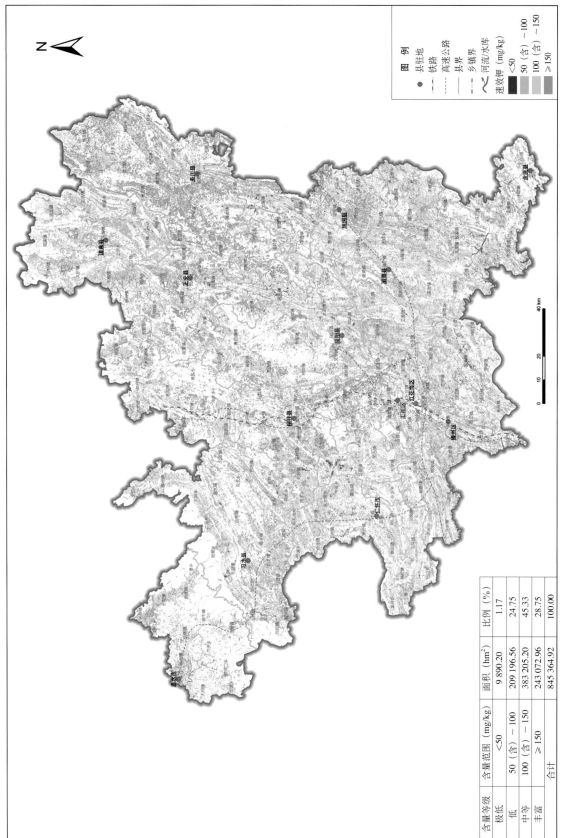

含量等级	含量范围 (mg/kg)	面积 (hm²)	比例 (%)
极低	<50	9 890.20	1.17
低	50 (含) ~ 100	209 196.56	24.75
中等	100 (含) ~ 150	383 205.20	45.33
丰富	≥150	243 072.96	28.75
合计		845 364.92	100.00

彩图14　遵义市耕地速效钾等级示意图

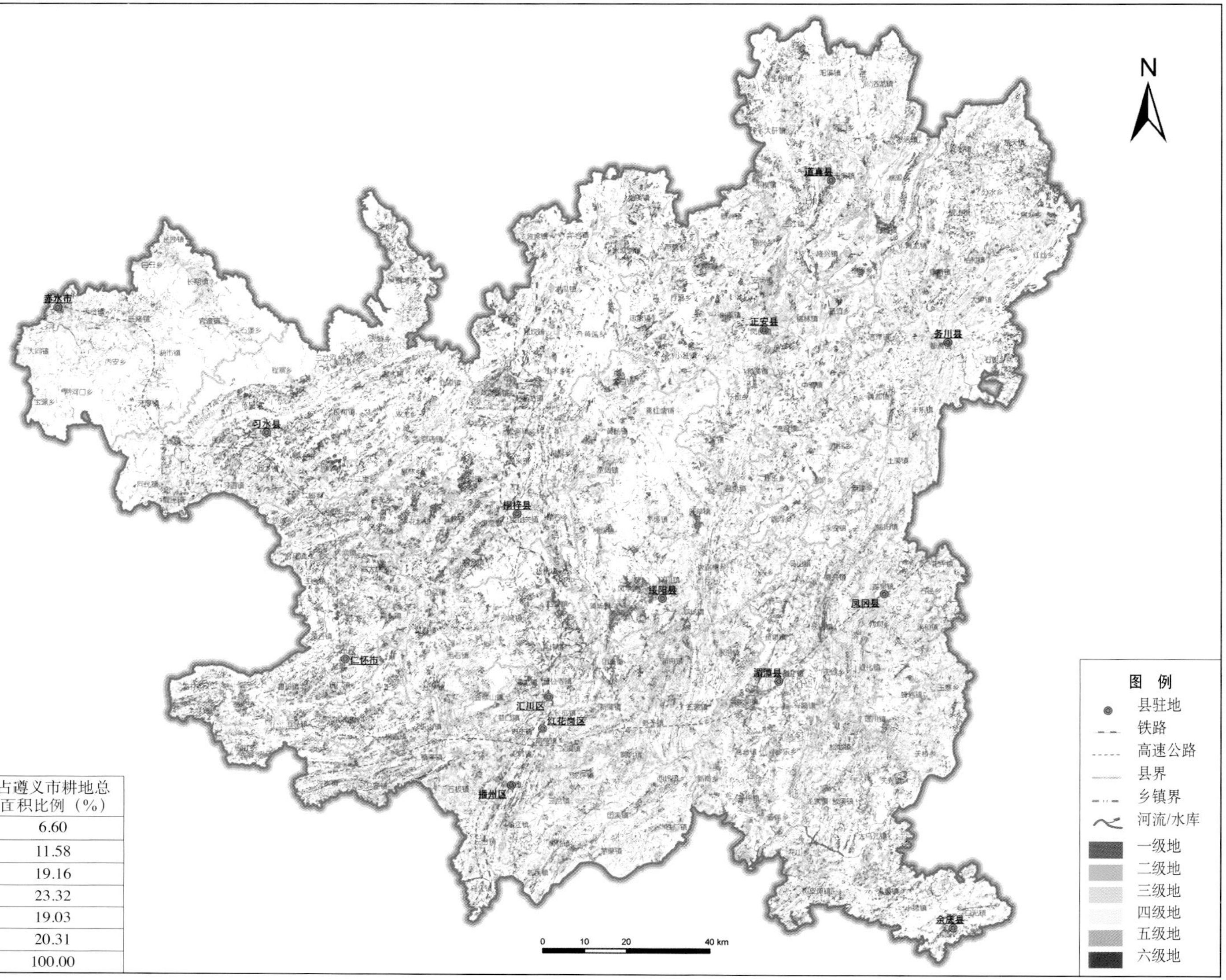

耕地等级	面积 (hm²)	占遵义市耕地总 面积比例 (%)
一级地	55 756.73	6.60
二级地	97 934.55	11.58
三级地	161 982.68	19.16
四级地	197 110.56	23.32
五级地	160 910.83	19.03
六级地	171 669.57	20.31
合 计	845 364.92	100.00

彩图15 遵义市耕地地力等级示意图(市等级)

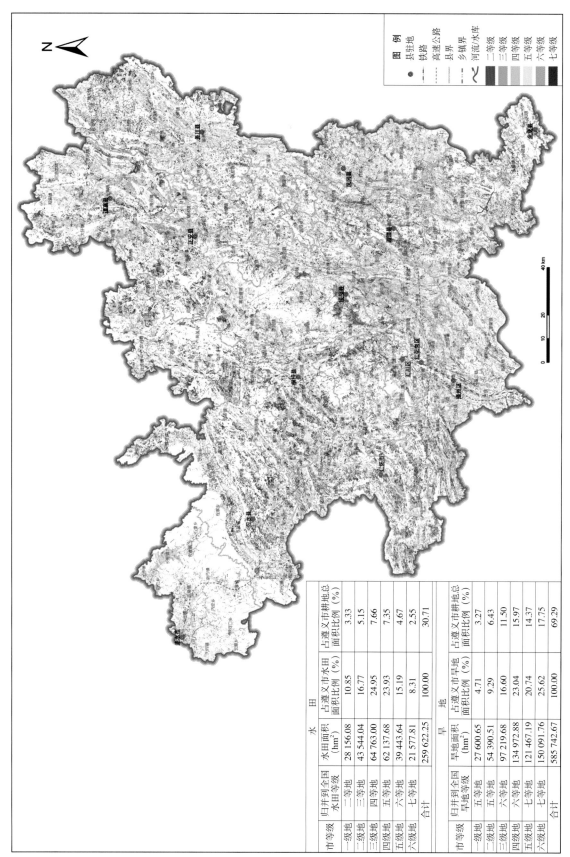

市等级	归并到全国水田等级	水田面积(hm²)	占遵义市水田面积比例(%)	占遵义市耕地总面积比例(%)
一级地	二等地	28 156.08	10.85	3.33
二级地	三等地	43 544.04	16.77	5.15
三级地	四等地	64 763.00	24.95	7.66
四级地	五等地	62 137.68	23.93	7.35
五级地	六等地	39 443.64	15.19	4.67
六级地	七等地	21 577.81	8.31	2.55
合计		259 622.25	100.00	30.71

水　田

市等级	归并到全国旱地等级	旱地面积(hm²)	占遵义市旱地面积比例(%)	占遵义市耕地总面积比例(%)
一级地	四等地	27 600.65	4.71	3.27
二级地	五等地	54 390.51	9.29	6.43
三级地	六等地	97 219.68	16.60	11.50
四级地	六等地	134 972.88	23.04	15.97
五级地	七等地	121 467.19	20.74	14.37
六级地	七等地	150 091.76	25.62	17.75
合计		585 742.67	100.00	69.29

旱　地

图　例

县驻地　　高速公路　　乡镇界

铁路　　　县界　　　　河流/水库

二等级　三等级　四等级　五等级　六等级　七等级

彩图16　遵义市耕地地力等级示意图(部等级)

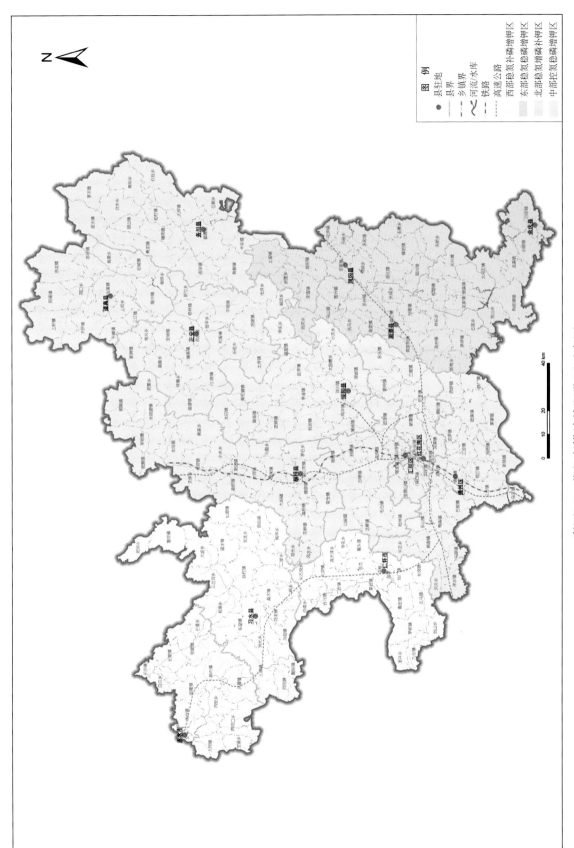

彩图17 遵义市耕地施肥分区示意图

彩图18 土壤采集布点规划

彩图19 土壤采集

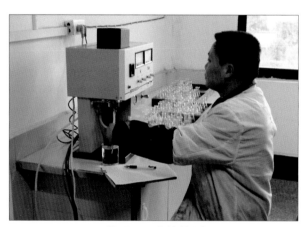

彩图20 土壤检测

彩图21 土壤陈列

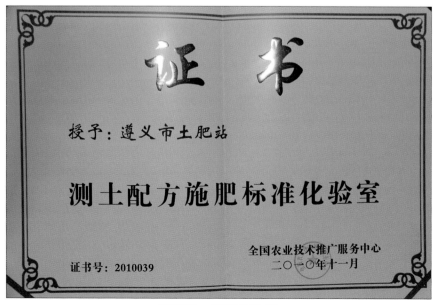

彩图22 标准化验室

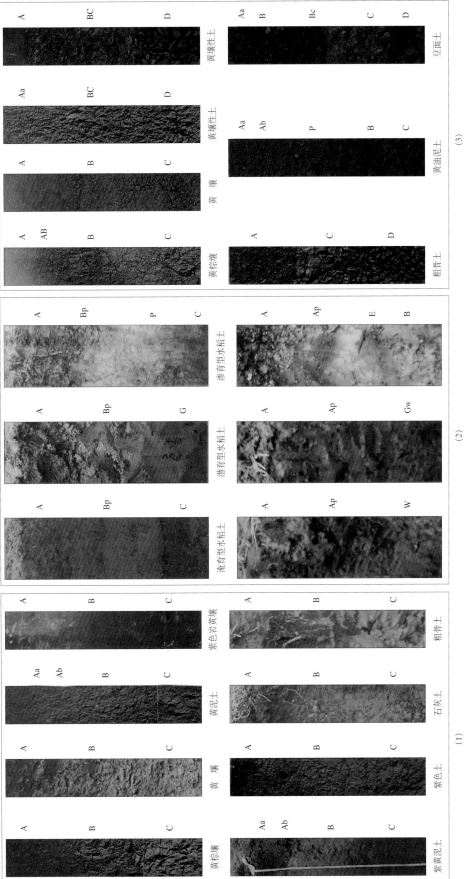

彩图23 典型土壤剖面形态

彩图24　辣椒"3414"施肥试验

彩图25　葡萄施肥示范

彩图26　油菜施肥试验

彩图27　马铃薯施肥示范

彩图28　2015年贵州省测土配方施肥配方肥落地经
验交流

彩图29　土壤墒情监测

彩图30　省、市、县领导参观遵义卓豪配方肥

彩图31　配方肥农企对接

彩图32　配方肥经销网点

彩图33　耕地地力评价结果实地验证

彩图34　测土配方施肥查询平台

彩图35　辣椒施肥信息系统

彩图36　领导参观指导施肥服务系统触摸屏

彩图37　省、市专家参观指导触摸屏建设

彩图38　施肥挂图

彩图39　施肥建议卡

彩图40　2011年贵州省测土配方施肥项目检查会

彩图41　遵义市2011年度测土配方施肥项目绩效考评

彩图42　油菜秸秆还田

彩图43　水稻秸秆粉碎还田

彩图44　水稻覆盖秸秆还田

彩图45　稻田绿肥

彩图46　旱地绿肥

彩图47 绿肥长势

彩图48 绿肥测产

彩图49 玉米地膜栽培

彩图50 水稻地膜栽培

彩图51　绥阳县旺草镇万亩大坝

彩图52　坝区油菜

彩图53　仁怀市坛厂镇八卦农业园区

彩图54　余庆县梯田

彩图55　资质认定

彩图56　专家审核《遵义耕地》